TRAITÉ DES ARBRES ET ARBUSTES.

TOME PREMIER.

TRAITÉ DES ARBRES ET ARBUSTES

QUI SE CULTIVENT EN FRANCE EN PLEINE TERRE.

Par M. DUHAMEL DU MONCEAU, *Inspecteur général de la Marine ; de l'Académie Royale des Sciences, de la Société Royale de Londres, Honoraire de la Société d'Edimbourg & de l'Académie de Marine.*

TOME PREMIER.

A PARIS,
Chez H. L. GUERIN & L. F. DELATOUR, rue Saint Jacques, à Saint Thomas d'Aquin.

M. DCC. LV.
Avec Approbation & Privilege du Roi.

PRÉFACE.

LE voiſinage de la Forêt d'Orléans, où eſt ſituée une de nos Terres, m'ayant fourni bien des ſujets d'obſervations, je me propoſai de prendre des inſtructions ſur tout ce qui pouvoit concerner les Bois & les Forêts; mais les recherches auxquelles je ne m'étois d'abord livré que par goût, devinrent pour moi un devoir lorſque M. le Comte de Maurepas m'engagea à ſuivre cet objet, & à m'attacher ſur-tout à certains points qu'il jugeoit intéreſſants pour la Marine.

M. Rouillé m'ayant depuis paru agréer ce travail, je l'ai continué avec une ardeur qui n'a fait qu'augmenter ſous le Miniſtere de M. le Garde des Sceaux, qui en ayant ſaiſi l'utilité, me recommanda de donner à cette recherche la préférence ſur tous les autres objets qui auroient pu m'occuper: j'y étois d'ailleurs engagé par le deſir que j'ai toujours eu de me rendre utile à la Marine, & de ſatisfaire au devoir que m'impoſe la place que j'occupe dans l'Académie.

Quelque deſir que j'euſſe de preſſer l'exécution de cet Ouvrage, les expériences & les obſervations qui me reſtoient à faire exigeoient néceſſairement des délais dont j'ai profité pour donner au Public mon *Traité de la Fabrique des Manœuvres*, mes *Eléments d'Architecture Navale*, mon *Traité de la Culture des Terres*, & celui *de la Conſervation des Grains*. Peut-être même me ſerois-je encore laiſſé entraîner à donner la préférence à quelque ouvrage moins étendu que celui que je commence à préſenter au Public, ſi Sa Majeſté ne m'avoit pas demandé, lorſque je lui préſentai mes Recherches ſur la Culture des Terres, en quel état étoit mon travail ſur les Bois de conſtruction. Ce mot me fit prendre la réſolution d'abandonner toute autre occupation pour me livrer entiérement à un objet qui avoit mérité l'attention de notre Auguſte Monarque.

J'ai donc travaillé ſans relâche à mettre en ordre mes Mémoires qui s'étoient accumulés depuis un nombre d'années que j'employois à faire continuellement des obſervations & des expériences. Mais parce que les différentes faces ſous leſquelles on peut conſidérer ce grand objet ſont comme autant de branches qui partent d'une ſouche commune, il ne m'étoit pas poſſible d'étudier les Bois relativement à la conſtruction des Vaiſſeaux ſans étendre mes connoiſſances ſur un nombre d'autres objets qui pouvoient devenir utiles au Public.

Ainſi après avoir mis un peu d'ordre dans mes Mémoires, je me ſuis cru en état de donner un ouvrage dont l'utilité ſeroit plus générale que le motif qui m'avoit engagé à l'entreprendre ; puiſque ſans rien perdre de ce qui peut intéreſſer la Marine, il ſeroit utile aux propriétaires des Forêts, à ceux qui voudront décorer leurs Terres, de Bois, d'Avenues, de Garennes, & de Remiſes ; ou, leurs Parcs & leurs Jardins, de boſquets délicieux d'une eſpece toute nouvelle ; enfin à un nombre conſidérable d'Arts & de Métiers qui font une grande conſommation de bois de toute eſpece.

On apperçoit déja que mes vues doivent s'étendre ſur la formation, l'entretien, le rétabliſſement & l'exploitation des Forêts & des Bois de tout genre, & encore ſur les agréments qu'ils peuvent procurer lorſqu'ils ſont ſur pied ; enfin les différents uſages auxquels on peut les employer quand ils ſont abattus, relativement à leur âge, à leur groſſeur, à leur qualité & à leur eſpece.

Je ne dois point négliger de prévenir que pluſieurs de ces objets ſeront traités ſuccinctement dans les deux Volumes que je mets au jour, pour ne point perdre de vue les bois de ſervice qui ſont le premier & le principal objet de mon travail.

Mais, malgré cette reſtriction, j'avoue franchement que quand j'ai pris la plume pour rédiger mes Mémoires, j'ai été effrayé de l'étendue de l'entrepriſe ; & peutêtre n'aurois-je pas eu le courage de la ſuivre, s'il ne m'étoit pas venu dans la penſée de décompoſer en quelque façon ce grand projet, pour m'attacher ſucceſſivement à des Traités particuliers, qui, pouvant être enſuite réunis, en formaſſent un général. Dans cette vue, je ferai mon poſſible pour que chacun des Traités ſéparés ſoit complet dans ſon genre, afin que ſi la totalité de mon ouvrage ne peut pas être conduit au terme que je me suis proposé, le Public puisse au moins profiter des parties que j'aurai données.

Comme le travail que j'ai entrepris regarde les Bois en général, j'ai cru qu'il convenoit de commencer par faire connoître les différents Arbres, Arbrisseaux & Arbustes qu'on peut élever en pleine terre dans les différentes Provinces de France. Ainsi c'est l'objet de ce premier Traité que je mets au jour, auquel j'ai donné pour titre : *Traité des Arbres & Arbustes qu'on peut élever en pleine terre en différentes Provinces de France.* Je vais entrer dans le détail du plan de cet Ouvrage, & des raisons qui m'ont déterminé à lui donner la forme que j'ai choisie.

J'ai suivi dans ces deux premiers Volumes l'ordre alphabétique : on peut donc les regarder comme un Dictionnaire. Chaque genre d'Arbre & d'Arbuste forme un article séparé qui est précédé d'une vignette en taille-douce sur laquelle on a représenté les caracteres de chaque objet, c'est-à-dire, le détail des fleurs & des fruits qui en sont les parties vraiment caractéristiques. On trouve ensuite un ou plusieurs noms latins ou françois sous lesquels les genres sont le plus généralement connus. Immédiatement après suit une description qui convient à tout le genre dont on traite : nous avons mis ensuite la liste de toutes les especes connues, avec les phrases latines & leur traduction en françois ; cette liste est suivie de la culture qui convient aux Arbres du genre dont il s'agit ; viennent ensuite les usages, sur lesquels nous nous sommes plus ou moins étendus, suivant que le genre nous a paru l'exiger ; enfin nous avons terminé chaque article par une, deux, trois ou un plus grand nombre de planches, sur lesquelles sont représentées des branches chargées de fleurs & de fruits, qui peuvent servir à faire connoître le port qui est propre à chaque genre. Voilà en général le tableau de notre Ouvrage : il faut maintenant en examiner les parties plus en détail.

§. I. *Pourquoi j'ai choisi l'ordre alphabétique.*

Je suis très-convaincu de l'avantage qu'il y a à suivre dans l'étude de la Botanique une des méthodes qui ont été si ingénieusement imaginées par MM. Ray, de Tournefort, Boerhaave, Van-Royen, Linnæus, Bernard de Jussieu, & autres savants méthodistes. C'est le seul moyen de soulager sa mémoire dans l'étude d'une science qui exige qu'on retienne non-seulement un grand nombre de noms, mais encore des phrases entieres, qui sont quelquefois fort longues.

De plus, un voyageur instruit d'une de ces méthodes (n'importe laquelle) pourra donner aux Botanistes avec lesquels il sera en correspondance, une idée exacte de toutes les plantes inconnues qui se présenteront à ses recherches, & il pourra le faire, en rapportant aux classes & aux genres déja établis, les plantes qui pourront naturellement s'y ranger ; il lui suffira de faire remarquer les singularités des especes nouvelles qu'il voudra faire connoître. S'il arrive qu'il trouve des plantes qui ne puissent absolument pas se rapporter aux genres précédemment établis, il en fera de nouveaux ; mais alors il aura soin de les rendre relatifs à la méthode qu'il aura adoptée. Donnons un exemple. Des voyageurs peu instruits, nous ont souvent parlé d'un Merisier de Canada fort différent de ceux d'Europe ; mais nous n'avons jamais pû prendre une idée juste de cet arbre, qu'après que les semences qu'on nous avoit envoyées du pays même, nous ont fait connoître que cet arbre qu'on nomme Merisier en Canada, est un véritable Bouleau à feuilles de Merisier. De même, des Canadiens nous ont souvent représenté le Bonduc comme une espece de Noyer; mais les Botanistes nous en ont donné une idée bien plus exacte par la description méthodique qu'ils en ont faite.

Quoique je fusse persuadé, par les raisons que je viens de rapporter, des avantages réels qu'on peut retirer des méthodes qui sont établies, j'ai néanmoins préféré dans cet ouvrage l'ordre alphabétique; parce que mon objet étant restraint aux arbres & aux arbustes qu'on peut élever en pleine terre, je n'aurois pû présenter que des ébauches de méthode qui auroient paru difformes aux Botanistes instruits, & qui auroient été assez inutiles aux simples amateurs : j'ai essayé de suppléer au défaut qu'on peut légitimement reprocher à l'ordre alphabétique, par des Tables méthodiques, dont j'indiquerai l'usage dans la suite. De quelque utilité que ces Tables puissent être, il y aura cependant bien des cas où un amateur sera dispensé d'y avoir recours. S'il reçoit, par exemple, de quelqu'un de ses correspondants, des semences ou des arbres en pied, dont les noms soient exactement marqués; ou si pour faire dans son Parc un bosquet singulier, il consulte les listes des Jardiniers, il ne connoîtra que des noms qui ne lui présenteront aucune idée des arbres qu'il se proposera de cultiver ou d'acheter; au lieu qu'en cherchant ces noms dans notre

Ouvrage, il prendra une connoiſſance preſque auſſi exacte de ces arbres, que s'il les avoit déja cultivés depuis plusieurs années. On apperçoit bien que ce que nous venons de dire des arbres de décoration, doit avoir ſon application aux arbres utiles dont on voudroit former des bois.

Il eſt bon d'avertir ici, que quoique nous ayions rangé les plantes par leurs noms latins, parce qu'ils ſont plus généralement connus, ceux qui ne ſauront que les dénominations françoiſes, ou même les vulgaires, trouveront à la fin de cet Ouvrage une Table très-détaillée qui leur indiquera les noms qu'ils doivent chercher.

§. II. *Raiſons qui m'ont déterminé à ſuivre la nomenclature de M. de Tournefort.*

Il y a peu d'arbres qui n'ayent reçu différents noms des Auteurs qui en ont traité. J'avois donc à choiſir, ſans me donner la liberté de faire encore une nouvelle nomenclature : mais comme les dénominations de M. de Tournefort ſont aſſez généralement connues, même de ceux qui ne font pas une étude particuliere de la Botanique, j'ai cru devoir leur donner la préférence pour me prêter aux connoiſſances qui ſont déja aſſez répandues, ſans néanmoins déſapprouver les Auteurs qui ont jugé à propos de ſuivre une autre nomenclature.

Je n'ai garde, par exemple, de blâmer M. Linnæus d'avoir réuni à un même genre qu'il appelle Pin, les Sapins, les Méleſes & les Pins de M. de Tournefort, puiſqu'en effet ces arbres ſe reſſemblent beaucoup par les parties de la fructification ; les Botaniſtes ne refuſeront pas d'approuver cette réunion ; mais comme les Sapins & les Méleſes ſont diſtingués des Pins par tous les Artiſtes qui font usage de ces différents bois, & par ceux qui ont quelque connoissance des Forêts, j'ai cru devoir conserver ces trois noms pour ne point troubler les idées reçues, ce qui seroit immanquablement arrivé, si j'avois appellé Pin, ce qu'ils ont nommé Mélese ou Sapin.

D'ailleurs il m'a paru convenable d'éviter de faire des genres trop chargés d'especes; car si, pour éviter la confusion qui en résulteroit, on se trouvoit obligé de diviser ces genres par sections, autant vaudroit-il conserver les noms déja reçus, en avertissant, comme l'a souvent fait M. de Tournefort, que tels ou tels genres ont beaucoup de rapport les uns avec les autres. Mais pour ne point dépayser ceux qui se seroient rendu la nomenclature de M. Linnæus familiere, j'ai eu soin de mettre à la tête de chaque genre & dans la Table générale, le synonime fourni par cet Auteur; ainsi on sera libre d'appeller avec M. Linnæus *Lonicera* les arbustes que M. de Tournefort a nommés *Caprifolium*, *Periclymenum* & *Chamæcerasus*.

J'ai cependant préféré quelquefois la dénomination de M. Linnæus : comme à l'article du *Baccharis*, qui ne m'a pas paru avoir le caractere du *Senecio* de M. de Tournefort : alors j'ai commencé par la dénomination de M. Linnæus, & j'ai rapporté celle de M. de Tournefort comme synonime.

Comme depuis M. de Tournefort la Botanique s'est enrichie de plusieurs genres qui étoient inconnus à ce célébre Botaniste, j'ai employé pour ces nouveaux genres, ou la dénomination de M. Linnæus, comme *Amorpha*, *Azalea*, *Ceanothus*, &c. ou celles des Auteurs qui ont les premiers fixé les caracteres,

comme

comme *Clethra Gronovii*, *Bonduc Plumerii.*

§. III. *Moyens que j'ai employé pour faire connoître les Arbres & les Arbustes.*

Si je n'avois travaillé que pour les Botanistes, il m'auroit suffi, à l'exemple de MM. de Tournefort, Van-Royen, Linnæus, & des autres célébres Méthodistes, de rapporter les points vraiment caractéristiques; mais comme j'ai principalement en vue de faire connoître les Arbres & les Arbustes aux Propriétaires des terres, aux Jardiniers, aux Officiers des Eaux & Forêts, aux Architectes, aux Constructeurs, & à quantité d'Ouvriers qui employent beaucoup de bois, sans avoir ni le temps, ni le goût de se livrer à l'étude de la Botanique, j'ai employé tous les moyens possibles pour me rendre intelligible, & pour épargner de la peine à ceux qui voudront faire usage de mon Ouvrage.

Comme les figures parlent aux yeux, & qu'elles mettent en état d'abréger beaucoup le discours, j'ai représenté les détails de la fleur & du fruit dans des vignettes gravées en taille-douce, qui sont placées à la tête de chaque genre, immédiatement au-dessus d'une description générique qui est fort abrégée, quoique j'y examine avec soin le calice, les petales, les étamines, les pistils, & même les feuilles; en sorte que tout ce qu'on trouve dans les descriptions, ainsi que dans les vignettes, convient à tout le genre dont il s'agit. Toutes les fois donc qu'on trouvera un Arbre ou un Arbuste dont les fleurs, les fruits ou les feuilles seront semblables à quelqu'une de nos descriptions, on pourra être assuré que cet Arbre est de ce genre: il ne restera plus qu'à découvrir quelle est son espece. Assez ordinairement les phrases qui sont elles-mêmes de courtes descriptions, suffiront pour guider un amateur attentif ; mais toutes les fois que les phrases nous ont paru insuffisantes, nous y avons suppléé par des marques singuliérement distinctives, qui, toutes abrégées qu'elles sont, nous ont semblé pouvoir suppléer à des descriptions spécifiques qui auroient été indispensablement longues & ennuyeuses.

Chaque genre d'Arbres & d'Arbustes a communément un port, propre à toutes les especes qui le composent : les Pins, les Sapins, les Cyprès, les Chênes, les Noyers ont des ports différents qui sont communs à toutes les especes de ces différents genres ; & ces ports qu'il seroit long & difficile de rendre par des descriptions, s'expriment très-bien par des desseins exacts *. C'est ce qui m'a engagé à placer à la fin de chaque article une ou plusieurs planches qui représentent une branche chargée de fleurs ou de fruits ; & afin de ne rien omettre de tout ce qui peut faciliter la connoissance des Arbres & des Arbustes, nous avons non seulement multiplié ces planches, toutes les fois que dans un même genre il se trouve des especes qui ont des ports différents, mais nous avons encore fait graver le contour des feuilles dans leur grandeur naturelle, lorsque les especes d'un même genre ont leurs feuilles de figures assez variées pour causer de l'embarras.

* J'ai eu le bonheur de recouvrer presque toutes les planches de la belle édition latine du Matthiole de Valgrise : les Imprimeurs de mon Ouvrage ont fait graver avec soin celles qui y manquoient ; entre celles-ci il s'en trouve plusieurs qui n'avoient point été représentées jusqu'à présent dans les livres de Botanique, ou qui l'étoient fort mal, n'ayant été dessinées que sur des plantes seches.

Nous venons de dire que les phraſes des Botaniſtes étoient de courtes deſcriptions qui aidoient ſouvent à connoître les eſpeces ; ces phraſes auroient en effet plus fréquemment cette utilité, ſi elles avoient toujours été faites dans cette vue ; mais les mêmes raiſons qui nous ont fait adopter la nomenclature de M. de Tournefort, nous ont détourné de faire de nouvelles phraſes, & nous ont déterminé à nous contenter de rapporter dans notre liſte celles qui ſont le plus en uſage, ſoit qu'elles ayent été faites par les Bauhins, ou par Matthiole, Cluſius, de Lobel, Dodonée, Dalechamp, de Tournefort, Barrelier, Pluknet, Linnæus, &c ; mais en faveur de ceux qui ne ſe ſont pas familiariſés avec le langage des Botaniſtes, on a eu toujours ſoin de mettre la phraſe françoiſe, & même autant que l'on a pu, les noms populaires en uſage dans différentes Provinces.

Je ſens bien qu'on pourra m'accuſer d'avoir étendu le nombre des eſpeces, en y comprenant beaucoup de variétés : mais outre que ce reproche pourroit ſouvent n'être pas fondé, comme j'eſpere le prouver ailleurs, il faut convenir que dans un Traité comme celui-ci, les variétés ſont ſouvent auſſi intéreſſantes que les eſpeces. J'avouerai, par exemple, ſi l'on veut, que l'Epine blanche, les Meriziers & les Ceriſiers à fleur double, ne ſont que des variétés des eſpeces ordinaires ; mais ces variétés ont l'avantage de fournir à nos boſquets une décoration, dont les autres eſpeces du même genre ne ſont point ſuſceptibles : ce que je dis de quelques Arbres à fleurs doubles, a ſon application aux Houx panachés, aux Roſiers, & même à quantité d'Arbres utiles.

§. IV. *Des vues que j'ai eu en parlant de la culture des Arbres & des Arbuſtes.*

Il y a des principes généraux, qui étant bien établis, & bien clairement expliqués, ont leur application à la culture de tous les Arbres : nous remettons ces grands objets à une autre partie de cet Ouvrage, où nous donnerons la façon d'élever les Arbres d'un ſervice vraiment utile, & qui doivent faire la maſſe des Forêts. Il faut cependant convenir que chaque genre d'Arbre exige des attentions qui lui ſont propres : celui-ci veut avoir ſes racines dans l'eau ; cet autre ſe plaît dans des ſables aſſez ſecs ; pluſieurs ſubſiſtent dans les mauvais terreins, pendant que la plûpart exigent des terres *ſubſtantieuſes* * & qui ayent beaucoup de fond : les uns ne ſe multiplient que par les ſemences ; d'autres produiſent des drageons enracinés, ou reprennent de marcotte & même de bouture. Ce ſont ces cultures particulieres aux différents Arbres qu'on trouvera dans la partie de mon Ouvrage que je preſente actuellement au Public ; & j'eſpere que ce que j'en dis, quoique fort en abrégé, ſuffira pour mettre un amateur intelligent en état de ſe procurer tous les Arbres & Arbuſtes dont il eſt fait mention dans notre Traité. C'eſt donc, en le conſidérant ſous ce point de vue, que cet Ouvrage pourra paroître complet, d'autant que je me ſuis quelquefois aſſez étendu ſur la culture de

* Comme j'aurai fréquemment à parler de terres remplies de ſucs nourriciers, il m'a paru néceſſaire d'employer un ſeul mot pour l'exprimer, afin d'éviter de longues périphraſes : j'inclinois pour le terme de *ſubſtantiel* ; mais comme ce terme eſt en quelque façon conſacré à la Logique & à la Morale, j'ai cru qu'on me permettroit celui de *ſubſtantieux*, qui d'ailleurs ſe trouve dans quelques Dictionnaires.

certains Arbres, tels que les Mûriers, les Oliviers, &c. qui ne peuvent pas être regardés comme des Arbres de Forêts, mais qui ont des utilités si intéressantes, qu'ils m'ont paru mériter une attention particuliere. Je terminerai ce que j'ai à dire présentement de la culture, par une réflexion qui pourra être utile aux Propriétaires de Terres assez étendues, & qui voudront se faire un plaisir de cultiver & de multiplier les Arbres étrangers.

La plûpart de ceux qui ont le goût de cette culture choisissent dans leurs Parcs une étendue de terrein qu'ils consacrent à ce genre de curiosité. On veut que tous les Arbres viennent dans ce même lieu ; & si quelques-uns n'y réussissent pas, on s'en prend au Jardinier, ou bien on se persuade que ces arbres ne peuvent réussir dans notre climat.

Je propose une conduite bien différente, & c'est celle que j'observe depuis plusieurs années. Tous nos Arbres étrangers sont semés & élevés dans un même Jardin, où on leur donne les soins nécessaires pour réparer le défaut du terrein ; mais dès qu'ils sont assez grands pour être transplantés, nous essayons de leur choisir une exposition & un sol qui leur conviennent. Ce sera pour les uns une terre de marais, pour d'autres une terre médiocrement humide, ou une terre forte, ou une terre sabloneuse, ou des côteaux fort secs : il y a peu de Propriétaires de Terres qui ne se trouvent avoir dans leurs Domaines ces différentes sortes de terreins. Il est vrai, qu'en suivant notre pratique, on n'a pas la satisfaction d'appercevoir d'un coup d'œil toutes ses richesses ; mais aussi l'on a le plaisir de voir ces différents Arbres réussir presque comme dans leur sol naturel, sans presque aucune culture ; & lorſqu'on entreprend des promenades dans la campagne, on jouit d'un ſpectacle qui les rend plus agréables. D'ailleurs on ſe ménage l'avantage de ne pas riſquer de perdre toutes ces plantations d'Arbres étrangers, par les changemens que la ſuite des temps amene néceſſairement dans la diſpoſition des Jardins & des Parcs.

§. V. *Sur ce que j'ai dit des uſages que l'on peut faire des Arbres & des Arbuſtes qui ſont compris dans ce Traité.*

Si je m'étois étendu dans l'Ouvrage que je mets préſentement au jour, ſur toutes les attentions qu'un économe intelligent doit apporter pour tirer le plus grand avantage poſſible des bois de ſervice, j'aurois ſatisfait à tout ce qu'on pourroit attendre du Traité général des Bois, dont je ne préſente au Public qu'une petite partie ; mais auſſi ce Traité particulier auroit été incomplet & peu ſatisfaiſant, ſi après avoir fait connoître les Arbres & parlé de leur culture, je n'avois rien dit de l'utilité & des agréments qu'on en peut retirer. Ces réflexions m'ont engagé à prendre à l'égard des uſages, le même parti que pour la culture : je ne fais qu'indiquer fort en abrégé l'uſage qu'on peut faire des bois pour la Marine, l'Architecture, les autres Arts ; me réſervant de traiter dans la ſuite ces objets avec plus de détail ; mais je me ſuis étendu ſur des articles qui ſont d'une utilité particuliere, auxquels je pourrai me diſpenſer de revenir dans la ſuite.

C'eſt, par exemple, dans cette vue que j'ai décrit avec ſoin la maniere d'adoucir les Olives & d'en retirer l'huile.

Ayant aussi remarqué que nos Auteurs ont laissé beaucoup de confusion sur ce qui regarde les Résines & les Arbres qui les fournissent, j'ai essayé d'éclaircir cette partie de l'Histoire naturelle, qui est également intéressante pour nos Colonies & pour la Marine. En effet nos Colonies sont amplement pourvues d'Arbres propres à fournir du Goudron, de la Résine, du Bray-gras & du Bray-sec; & comme la Marine fait une grande consommation de toutes ces matieres, on est dans la nécessité d'en tirer du Nord pour des sommes considérables, qu'il seroit bien plus avantageux de répandre dans nos Colonies.

Je suis aussi parvenu à éclaircir plusieurs faits concernant le Mastic, & à faire connoître la différence qu'il y a entre la Térébenthine de Scio ou Chio, celles que fournissent les différentes especes de Sapin, celle du Mélese, & la Térébenthine grossiere qu'on peut tirer des Pins. Enfin j'ai cru ne devoir pas négliger de dire quelque chose des usages qui ont rapport à la Teinture & à la Médecine.

Je m'étois d'abord proposé de ne comprendre dans cet Ouvrage que les Arbres les plus communs de nos Forêts, ou ceux qui sont d'une plus grande consommation : tels sont le Chêne, l'Orme, le Noyer, le Hêtre, le Châteignier, &c. Mais comme il n'y a point d'Arbre qui n'ait son utilité particuliere, j'ai cru devoir étendre mes vues sur tous ceux qui se trouvent dans les Bois, dans les Parcs & même les Jardins des différentes Provinces du Royaume. Quoiqu'au moyen de cette addition mon Ouvrage ait acquis beaucoup d'étendue, je crois qu'on l'auroit jugé incomplet, si je l'avois borné aux Arbres naturels à la France. Pourquoi effectivement refuser de s'enrichir des Arbres du Canada, de l'Isle Royale, de la côte de Virginie, de Boston, & de tant d'autres Pays où les hyvers sont autant ou plus rigoureux qu'en France? Nous savons par une longue expérience que la plûpart de ces Arbres réussissent très-bien au Jardin du Roi, à Trianon, à Saint-Germain-en-Laye chez M. le Duc d'Ayen, chez M. le Marquis de la Galissonniere, près de Nantes; en Bourgogne chez M. de Buffon; à Malesherbes dans le Gâtinois; dans nos Jardins près de Petiviers, & même dans nos campagnes, où nous n'avons pas hésité d'en placer un assez grand nombre. Enfin ces expériences se trouvent répétées dans la plûpart des Provinces du Royaume; car le goût de la culture des Arbres s'est beaucoup étendu, & il est en quelque façon annobli, depuis que des personnes de la plus haute distinction ont donné la préférence à ce genre de curiosité sur celui des fleurs. Ces succès ne semblent-ils pas annoncer que les Arbres dont on reconnoîtra l'utilité pour les Arts, ou pour la décoration des Jardins, pourront se naturaliser dans le Royaume? Le faux Acacia & le Marronnier d'Inde nous en fournissent des exemples, ainsi que l'Ebénier ou Cytise des Alpes, qui étoit rare dans plusieurs Provinces, quand nous avons commencé à nous livrer à la culture des Arbres, & qui est maintenant commun.

J'ai donc cru devoir comprendre dans mon Ouvrage les Arbres étrangers qui peuvent supporter la rigueur de notre climat, & s'élever en pleine terre avec presque autant de facilité que les Arbres qui croissent naturellement dans nos Bois; mais j'ai évité de parler des Arbres des Pays chauds, qui ne peuvent se passer des serres chaudes,

chaudes & des Orangeries, afin de ne point m'écarter de mon principal objet, qui est l'utilité. C'est dans la vue d'engager mes Compatriotes à cultiver & à multiplier les Arbres qui pourront être avantageux aux Arts, que je me suis proposé de les faire connoître plus particuliérement.

On ne voit point encore par tout ce que je viens de dire, ce qui m'a déterminé à comprendre dans cet Ouvrage les Arbrisseaux & les Arbustes : c'est, pour le dire en deux mots, dans la vue de ramener à l'utile par l'agréable. En effet, il se trouve des hommes fort riches qui recevroient mal la proposition de faire des Semis considérables de bois dans des terres peu propres à produire du grain : inutilement leur representeroit-on l'avantage qui en résulteroit pour la société, & qu'ils travailleroient bien plus utilement pour leur postérité en améliorant ainsi leurs Domaines, que s'ils en reculoient les limites : le présent est ce qui flatte, on veut jouir : prêtons-nous à cette façon de penser, quoiqu'elle ne soit pas d'un vrai citoyen ; essayons de faire goûter le bon & l'utile qui paroît insipide à plusieurs personnes, en le couvrant (qu'on me passe cette expression) du masque de la frivolité ; car il y a lieu d'espérer que nous serons mieux écoutés, des gens riches surtout, en leur proposant d'orner leurs Châteaux d'avenues faites d'Arbres étrangers, & leurs Parcs de Bosquets charmants remplis d'Arbustes singuliers. Si l'amour propre des Possesseurs de Terres est flatté par la vue des Parcs ordinaires, malgré la rebutante uniformité de leurs Bosquets qui ne sont variés que par les formes, n'y a-t-il pas lieu d'espérer qu'il le seroit encore plus, si les Bosquets de ces Parcs offroient des spectacles variés & propres à chaque saison ?

La chose est très-possible : on s'en procurera pour le premier Printemps en ménageant dans un Bosquet d'Arbres verds, des plate-bandes qu'on pourra remplir d'Arbustes, & même de plantes, qui fleurissent dès le commencement du mois d'Avril.

Les Bosquets du milieu du Printemps pouvant être formés d'un grand nombre d'Arbres & d'Arbustes qui fleurissent tous dans le même temps, on se procurera dans les beaux jours de cette saison un spectacle des plus agréables. Nous avons des Bosquets plantés dans ce goût, qui excitent l'admiration de ceux qui les voyent, quoiqu'ils soient fort petits. Qu'y a-t-il en effet de plus ravissant que de trouver dans son Parc une très-grande salle ornée de tapisseries aussi riches que les plus belles plate-bandes formées des fleurs les plus précieuses, & meublée d'Arbrisseaux & d'Arbustes qui tous portent dans le même temps des fleurs qui charment par la beauté de leurs couleurs, la variété de leurs formes & de leurs agréables odeurs ?

Ajoutons à cela que dès que la plus belle planche de Jacinthes ou de Tulipes a passé sa fleur, il n'y reste plus rien que de très-désagréable à la vue, au lieu que dans nos Bosquets une verdure admirable succede presque toujours à l'éclat des fleurs.

Par un choix convenable des Arbres, le spectacle dont nous venons de tracer l'esquisse, se peut renouveller jusqu'au milieu de l'Eté : il est vrai qu'alors il y a peu d'Arbres & d'Arbustes qui donnent des fleurs : mais on peut former d'assez beaux Bosquets pendant le reste de cette saison, & pendant toute celle de l'Automne, avec des Arbres qui conservent leur verdure jusqu'au temps des gelées ; & cette verdure eſt quelquefois accompagnée ou ſuivie de fruits, dont les couleurs & les formes agréables ou bizarres, fourniſſent de nouveaux plaiſirs.

On croiroit volontiers que pendant l'Hyver, la campagne eſt dépourvue de toute ſorte d'agréments ; cependant ceux qui paſſent cette ſaiſon dans leurs terres, peuvent trouver une reſſource dans les Arbres qui ne quittent point leurs feuilles. Notre Ouvrage en préſente un grand nombre d'eſpeces, dont on pourra former des Boſquets qui auront bien leur mérite, quand les autres Arbres ſeront dépouillés. J'avoue que la plûpart de ces Arbres ont leurs feuilles d'un verd foncé & obſcur, qui fait un contraſte déſagréable avec la belle verdure des Arbres qui ſe dépouillent : c'eſt pour cette raiſon que nous conſeillons de maſquer les Boſquets d'Arbres verds avec des paliſſades, ou par des ſalles d'Arbres qui ſe dépouillent, afin d'éviter la comparaiſon fâcheuſe de ces deux verdures, & que les Arbres verds ne puiſſent être apperçus des Appartements pendant l'Eté ; mais dans les beaux jours d'Hyver, on ira volontiers chercher ce Boſquet où l'on aura le plaiſir de ſe promener à l'abri du vent, au milieu d'Arbres touffus & remplis d'Oiſeaux, qui abandonnent les autres Bois pour profiter de l'abri qui leur eſt offert, & qu'ils ne peuvent plus trouver ailleurs.

Nous avons eu ſoin d'indiquer dans notre Ouvrage les Arbres qui pourront être plantés dans ces différents Boſquets : nous laiſſons aux Architectes, aux bons Jardiniers, & aux perſonnes de goût le ſoin d'étudier la forme de chaque Arbre, ſa grandeur, ſon port, la couleur de ſes fleurs ou de ſes feuilles pour donner d'autant plus de mérite à ces ſortes de Boſquets. La plus grande difficulté qui s'oppoſe à l'exécution de ce projet, eſt que la plûpart de ces Arbres ne ſe trouvent point à vendre dans les Pépinieres ; mais ſi ce genre de curioſité continue à faire du progrès, l'induſtrie de nos Jardiniers *pépiniériſtes*, s'exercera ſur cet objet : le ſuccès de l'application qu'ils ont donnée aux Arbres fruitiers, nous répond de celui des Arbres de décoration. Pour nous rendre utile à tout le monde, nous avons encore eu ſoin d'indiquer, en faveur de ceux qui aiment la Chaſſe, les Arbres qui ſont propres à former des Remiſes & des Garennes.

Mais je prie qu'on ſe ſouvienne que je me propoſe de traiter très-amplement dans un autre Ouvrage, la maniere de ſemer les Bois, de les entretenir, de rétablir ceux qui ſont dégradés, ainſi que tout ce qui regarde l'exploitation des Forêts : car j'avoue qu'on n'auroit pas lieu d'être content, ſi je me bornois aux généralités que je donne aujourd'hui, tant ſur la culture, que ſur les uſages des Arbres que j'eſſaye de faire connoître dans les deux volumes que je donne au Public.

Je prévois encore que ceux qui n'ont aucune connoiſſance de la Botanique pourront trouver mauvais que nous ayions employé quantité de termes propres à cette ſcience, ſans avoir eu ſoin de les expliquer. Ils ne ſauront peut-être ce que c'eſt que Chatons, Etamines, Sommets, Piſtils, Stigmates, Pétales, *Nectarium*, &c. ils auront peut-être peine à ſe prêter à la diſtinction des fleurs mâles & des fleurs femelles ; ils ſe trouveront embarraſſés par les dénominations de feuilles ſimples, feuilles compoſées, conjuguées, alternes, oppoſées ; les mots de folioles, de ſtipules, leur pourront être étrangers. J'avoue qu'il auroit peut-être été convenable de donner les Rudiments de la Langue des Botaniſtes, avant d'en faire uſage: c'étoit bien mon deſſein, & je comptois en faire la principale partie de cette Préface; mais les deux Volumes que je donne au Public ſe ſont trouvés trop gros pour admettre cette addition. Ainſi je me réſerve de traiter cette matiere dans le Volume ſuivant, qu'on regardera, ſi l'on veut, comme une introduction à ceux-ci, ou comme la premiere partie de tout l'ouvrage.

Nous avons compris dans notre Traité cent quatre-vingt-onze Genres & près de mille Eſpeces. Néanmoins je ſuis bien éloigné de penſer que j'y aye compris tous les Arbres, les Arbriſſeaux & les Arbuſtes qui peuvent ſupporter nos Hyvers : ainſi pour compléter ce Traité, je me propoſe d'y ajouter par forme de Supplément, les genres & les eſpeces qui auroient pû m'échapper, ou même ceux que nous pourrons nous procurer par la culture des Semences qui nous ſont envoyées de différents Pays par nos Correſpondants; & j'ai lieu d'eſpérer, qu'à l'exemple de pluſieurs bons citoyens qui ont bien voulu ſe réunir à moi, pour travailler de concert à la perfection de l'Agriculture, les Botaniſtes & les Amateurs ſe prêteront à m'informer des omiſſions qu'ils auront apperçues, & à me faire part des Arbres ſinguliers qu'ils auront élevés dans leurs Jardins.

J'ai déja éprouvé combien ces ſecours ſont avantageux. Sa Majeſté a trouvé bon que M. Richard (qui cultive avec tant de ſuccès les Jardins de Trianon) me fît part des Arbres de pleine terre qu'il s'eſt procuré en élevant des ſemences étrangeres, ou par la correſpondance qu'il a avec les Botaniſtes d'Angleterre; M. le Duc d'Ayen, & M. le Monnier Médecin du Roi à Saint Germain-en-Laye, qui préſide aux Jardins de ce Seigneur, me font pareillement part de tout ce qu'ils ont de ſingulier dans le genre qui m'intéreſſe: M. Bernard de Juſſieu, qui s'eſt prêté avec toute la généroſité poſſible à m'aider de ſes Livres, de ſes Mémoires, & plus encore que tout cela, de ſes conſeils, ſe fera un plaiſir de rendre mon Ouvrage plus complet, en me procurant les Arbres & les Arbuſtes de pleine terre que l'on élevera par la ſuite au Jardin du Roi. J'en dois dire autant de MM. Bombarde, Charantonneau, le Chevalier Turgot, l'Abbé Nollin, &c. qui font cultiver avec ſoin les graines que nous recevons de nos Colonies. M. le Marquis de la Galiſſonniere qui s'intéreſſe ſi utilement au progrès des Sciences, veut bien me faire part des Semences & des Arbres que ſes amis lui envoyent de différents Pays.

M. Gautier Correſpondant de l'Académie, Conſeiller au Conſeil ſupérieur de Quebec, & Médecin du Roi en Canada; M. de Fontenette Médecin du Roi à la Louyſiane; M. Peyſſonel Conſul de France à Smyrne; M. Couſineri Chancelier à Scio; & M. Prevôt Commiſſaire Ordonnateur de l'Iſle Royale, ſe font un plaiſir de m'envoyer tous les ans beaucoup de graines. MM. Mitchell Docteur en Médecine; Collinſon & Miller de la Société Royale de Londres, veulent bien me faire part des ſemences qu'ils reçoivent de la Virginie, de Boſton, &c. Avec ces ſecours il y a lieu d'eſpérer que nous pourrons en peu de temps rendre notre

Traité le plus complet qu'il ſera poſſible ; & pour ne point abuſer de la patience du Public, nous nous propoſons de donner de temps en temps les additions que nous nous mettrons en état de faire à notre Ouvrage, en fourniſſant à ceux qui auront acquis cet Ouvrage, dans la même forme, les nouveaux Genres & les nouvelles Eſpeces qui ſeront parvenues à notre connoiſſance : nous profiterons de l'occaſion de ces divers Suppléments pour faire part au Public des nouvelles connoiſſances que nous aurons pû acquérir ſur les matieres qui ſont déja traitées dans cet Ouvrage, & nous aurons toujours ſinguliérement l'attention de faire connoître les perſonnes auſquelles le Public ſera principalement redevable de ces additions.

TABLE

TABLE MÉTHODIQUE
DE TOUS LES GENRES
Contenus dans ce Traité.

SI un Amateur a dans son jardin ou dans ses bois un Arbre ou un Arbuste qu'il ne connoisse pas, il pourra, au moyen de cette Table & en examinant avec attention les fleurs, rapporter cet Arbre au genre qui lui convient. Pour y parvenir, il commencera par examiner si les fleurs contiennent des étamines, & un ou plusieurs pistils. Si elles ne contiennent que des étamines, ce seront alors des fleurs mâles; si elles ne contiennent que des pistils, ce seront des fleurs femelles : dans l'un & l'autre cas les Arbres appartiennent à la premiere Classe. Si les fleurs contiennent des étamines & des pistils, alors elles seront hermaphrodites : & pour connoître si les Arbres appartiennent à la seconde ou à la troisieme Classe, il faut en examiner les pétales; car si elles n'en ont qu'un, ces Arbres appartiendront à la seconde Classe ; si elles en ont plusieurs, ils seront de la troisieme. Il sera également aisé de connoître dans quelle Section ils doivent être placés ; car en supposant la fleur hermaphrodite polypétale, qui appartient à la troisieme Classe, si les pétales sont de figure réguliere, & attachées en rond autour du calyce, cet Arbre devra être rapporté à la premiere Section de cette troisieme Classe : ensuite on comptera les étamines & les pistils; alors si l'on trouve plus de douze étamines attachées au calyce, & cinq pistils, on sera certain que l'Arbre inconnu sera un Neflier, ou un Poirier, ou un Pommier, ou un Coignassier, ou un Spiræa. L'incertitude se trouvera ainsi réduite à un petit nombre de genres qu'il faudra chercher dans le corps de l'Ouvrage, où les descriptions génériques mettront en état de rapporter cet Arbre inconnu au genre précis qui lui convient.

Il eſt bon de faire remarquer 1°. que le nombre des étamines n'eſt pas une choſe abſolument conſtante, ni exempte de toute variation; mais il ſuffit que le nombre indiqué ſe trouve dans la plûpart des fleurs. 2°. A l'égard des Arbres qui compoſent la premiere Section de la premiere Claſſe, il faut être prévenu que l'on trouve quelquefois ſur les individus qui portent les fleurs mâles, quelques fleurs femelles; & réciproquement quelques fleurs femelles ſur les individus qui portent des fleurs mâles: mais nous n'avons pas cru devoir renvoyer les Arbres de la premiere Section à la troiſieme, parce que nous nous ſommes attachés à ce qui ſe rencontre le plus ordinairement.

Ainſi pour faciliter le rapport de chaque Arbre ou Arbuſte au genre qui lui convient, nous diviſons tous les Arbres & les Arbuſtes contenus dans ce Traité en trois Claſſes, ſavoir:

PREMIERE CLASSE. Les Arbres & Arbuſtes qui portent des fleurs mâles & des fleurs femelles diſtinctes l'une de l'autre ſur les mêmes pieds ou ſur différents pieds.

SECONDE CLASSE. Les Arbres & Arbuſtes qui portent des fleurs hermaphrodites & monopétales, ou dont la feuille de la fleur eſt d'une ſeule piece.

TROISIEME CLASSE. Les Arbres & Arbuſtes qui portent des fleurs hermaphrodites & polypétales, ou dont les fleurs ſont formées de pluſieurs feuilles.

La *Premiere Claſſe* ſe diviſe en trois Sections, ſavoir:

PREMIERE SECTION. Les Arbres & Arbuſtes dont les fleurs mâles & les fleurs femelles ſe trouvent ſur des individus différents.

SECONDE SECTION. Les Arbres & Arbuſtes dont les fleurs mâles & les fleurs femelles ſont ſéparées l'une de l'autre, mais ſe trouvent ſur le même pied.

TROISIEME SECTION. Les Arbres & Arbuſtes qui portent ſur les mêmes pieds des fleurs hermaphrodites, tantôt avec des fleurs mâles, tantôt avec des fleurs femelles, ou bien ces trois ſortes de fleurs en même temps, mais toujours diſtinctes l'une de l'autre.

La *Seconde Classe* se divise aussi en trois Sections, savoir :

PREMIERE SECTION. Les Arbres & Arbustes qui portent des fleurs hermaphrodites monopétales régulieres, ou d'une seule feuille, semblables à un grelot, à un godet, à une cloche, à un entonnoir, à une soucoupe, &c.

SECONDE SECTION. Les Arbres & Arbustes qui portent des fleurs hermaphrodites monopétales irrégulieres, ou qui sont formées d'une seule feuille qui a la figure d'un cornet, d'un capuchon ou d'une gueule, souvent symmétriquement, mais toujours irréguliérement & inégalement découpées par les bords.

TROISIEME SECTION. Les Arbres & Arbustes qui portent des fleurs monopétales régulieres ou irrégulieres, hermaphrodites, mâles ou femelles, mais toujours rassemblées en forme de tête.

La *Troisieme Classe* se subdivise en deux Sections, savoir :

PREMIERE SECTION. Les Arbres & Arbustes qui portent des fleurs hermaphrodites polypétales régulieres, ou composées de plusieurs feuilles de figures assez semblables, & qui sont attachées circulairement autour du calyce.

SECONDE SECTION. Les Arbres & Arbustes qui portent des fleurs hermaphrodites polypétales irrégulieres, ou dont les feuilles de figures très-différentes les unes des autres, sont attachées circulairement & irréguliérement, quoique souvent symmétriquement, autour du calyce.

PREMIERE CLASSE.

Des Arbres & Arbustes qui portent des fleurs mâles & des fleurs femelles distinctes l'une de l'autre, sur les mêmes pieds ou sur différents pieds.

PREMIERE SECTION.

Arbres & Arbustes dont les fleurs mâles & les fleurs femelles se trouvent sur des individus différents.

I. Ceux qui ont deux étamines.

Salix, 1 *pistil.*

II. Ceux qui ont trois étamines.

Casia. *Oxyris*, LINN. 1 *pistil.*

III. Ceux qui ont quatre étamines.

Rhamnoides. *Hippophaë*, LINN. 1 *pistil.*
Viscum, 1 *stigmate.*
Gale. *Myricà*, LINN. 2 *stiles.*

IV. Ceux qui ont cinq étamines.

Terebinthus, Lentiscus, } *Pistacia*, LINN. 3 *stigm.*
Siliqua, *Ceratonia*, LINN. 1 *pistil.*

V. Ceux qui ont six étamines.

Smilax, 3 *stiles.*
Gleditsia, 1 *pistil.*
Zantoxilum, LINN.
Fagara. *Le nombre des étamines varie quelquefois.* 5 *pistils.*
Asparagus, 1 *pistil.*

VI. Ceux qui ont huit étamines.

Populus, 1 *pistil.*

VII. Ceux qui ont dix étamines.

Coriaria, 5 *pistils.*

VIII. Ceux qui ont plus de douze étamines réunies.

Juniperus, Cedrus, Sabina, } *Juniperus*, LINN. 3 *stigm.*
Taxus, 1 *stigmate.*
Ruscus, 1 *pistil. L'espece n°. 5, porte sur le même pied des fleurs mâles & d'autres femelles.*
Ephedra, 2 *stiles.*

SECONDE SECTION.

Arbres & Arbustes dont les fleurs mâles & les fleurs femelles sont séparées l'une de l'autre, mais se trouvent sur les mêmes pieds.

I. Ceux qui ont quatre étamines :

Alnus, } Betula, } *Betula*, Linn. 2 *stiles*.

Morus, 2 *stiles*.
Buxus, 2 *stiles*.

II. Ceux qui ont plus de douze étamines.

Quercus, } Ilex, } Suber, } *Quercus*, Linn. *plusieurs stil.*
Nux. *Juglans*, Linn. 2 *stigmates*.
Fagus, } Castanea, } *Fagus*, Linn. 3 *stiles*.

Corylus, *plusieurs stiles*.
Carpinus, 2 *stiles*.
Platanus, 1 *pistil*.
Liquidambar, 2 *stiles*.

III. Ceux qui ont des étamines réunies en un seul corps.

Pinus, } Abies, } Laryx, } *Pinus*, Linn. 1 *stile*.

Cupressus, *presque point de pistile*.
Thuya, 2 *stiles*.

TROISIEME SECTION.

Arbres & Arbustes qui portent sur les mêmes pieds des fleurs hermaphrodites, tantôt accompagnées de fleurs mâles & tantôt accompagnées de fleurs femelles, ou ces trois sortes de fleurs à la fois, mais toujours distinctes l'une de l'autre.

Atriplex, 1 *stile*.
Empetrum, 1 *stile*.
Acer, 1 *pistil*.

Fraxinus, 1 *pistil*.
Celtis, 2 *stiles*.
Alaternus. *Rhamnus*, Linn. 3 *stigmates*.

La plupart des Genres de cette Classe pourroient être renvoyés aux Hermaphrodites en regardant comme monstrueuses ou comme avortées les fleurs qui n'auroient qu'un sexe.

SECONDE CLASSE.

Des Arbres & Arbuſtes qui portent des fleurs hermaphrodites monopétales, ou dont la feuille de la fleur eſt d'une ſeule piece.

PREMIERE SECTION.

Arbres & Arbuſtes qui portent des fleurs hermaphrodites monopétales régulieres, ou d'une ſeule feuille, ſemblables à un grelot, ou à un godet, ou à une cloche, ou à une ſoucoupe, &c. toujours réguliérement découpées par les bords.

I. Ceux qui ont deux étamines & un piſtil.

Lilac. *Syringa*, LINN.
Jaſminum.
Liguſtrum.
Phyllirea.
Olea.
Chionanthus.

II. Ceux qui ont quatre étamines & un piſtil.

Burcardia. *Callicarpa*, LINN.
Elæagnus.

III. Ceux qui ont quatre étamines & quatre piſtils.

Aquifolium. *Ilex*, LINN. 4 *ſtigmates*.

IV. Ceux qui ont cinq étamines & un piſtil.

Azalea.
Periclymenum, } *Lonicera*, LINN.
Xyloſteon, } *Lonicera*, LINN.
Symphoricarpos, } *Lonicera*, LINN.
Belladona. *Atropa*, LINN.
Jaſminoides. *Licium*, LINN.
Solanum.
Pervinca. *Vinca*, LINN.
Nerion. *Nerium*, LINN.
Sideroxilon.

V. Ceux qui ont cinq étamines & deux piſtils.

Periploca.
Ulmus.

VI. Ceux qui ont cinq étamines & trois piſtils, ou plutôt trois ſtigmates.

Tinus, 3 *ſtigmates*.
Viburnum, 3 *ſtigmates*.
Opulus, 3 *ſtigmates*.
Sambucus, 3 *ſtigmates*.

VII. Ceux qui ont ſix étamines & trois ſtigmates.

Yucca, 3 *ſtigmates*.

VIII. Ceux qui ont huit étamines & un pistil.

Dirca.
Thymelæa, 1 *stigmate.* } *Thymelæa.*
Daphne,
Passerina,
Erica.
Vitis idæa. *Vaccinium*, LINN.
Guaiacana. *Diospiros*, LINN.

IX. Ceux qui ont dix étamines & un pistil.

Chamærhododendros. *Rhododendron*, LINN.
Kalmia.
Arbutus.
Uva Ursi.
Gualteria.

X. Ceux qui ont plus de dix étamines attachées au calyce.

Styrax.

SECONDE SECTION.

Arbres & Arbustes qui portent des fleurs hermaphrodites monopétales irrégulieres, ou formées d'une seule feuille qui a la figure d'un cornet ou d'un capuchon, ou d'une gueule toujours irréguliérement & inégalement, quoique souvent simétriquement découpée par les bords. Toutes ont un pistil.

I. Ceux qui ont deux étamines avec quatre semences renfermées dans le calyce

Rosmarinus.
Salvia.

II. Ceux qui ont quatre étamines, dont deux plus longues que les deux autres, avec quatre semences renfermées dans le calyce.

Teucrium, } *Teucrium*, LINN.
Chamædris,
Thymus.
Lavandula, } *Lavandula*, LINN.
Stæchas,
Phlomis.
Hyssopus.

III. Ceux qui ont quatre étamines, dont deux plus longues que les deux autres, & dont les semences sont contenues dans une capsule.

Bignonia.
Vitex.

IV. Ceux qui ont cinq étamines, & les semences contenues dans une baye.

Caprifolium, } *Lonicera*, LINN.
Chamæcerasus,
Diervilla,

TROISIEME SECTION.

Arbres & Arbustes qui portent des fleurs monopétales régulieres ou irrégulieres, hermaphrodites mâles ou femelles, mais toujours rassemblées en forme de tête, connues sous le nom de Fleurs à fleurons & demi fleurons.

I. Ceux qui ne portent que des fleurs hermaphrodites dans lesquelles on trouve quatre étamines & un pistil.

Globularia. | Cephalanthus.

II. Ceux qui portent des fleurs hermaphrodites & des fleurs femelles, & dont les fleurs hermaphrodites renferment cinq étamines & un pistil.

Abrotanum, } *Abrotanum*, LINN.
Absynthium, }

Baccharis, *Senecio*, TOURN.
Othonna.

III. Ceux qui ne portent que des fleurs hermaphrodites dans lesquelles on trouve cinq étamines & un pistil.

Santolina.

IV. Ceux qui ne portent que des fleurs hermaphrodites dans lesquelles on trouve plus de douze étamines & un pistil.

Acacia, *Mimosa*, LINN.

V. Ceux qui portent des fleurs mâles & des fleurs femelles couvertes d'une enveloppe qui empêche qu'on ne les apperçoive, & un pistil.

Ficus.

TROISIEME CLASSE.

Des Arbres & Arbustes qui portent des fleurs hermaphrodites polypétales, ou dont les fleurs sont formées de plusieurs feuilles attachées au calyce.

PREMIERE SECTION.

Arbres & Arbustes qui portent des fleurs hermaphrodites polypétales régulieres, ou composées de plusieurs feuilles de figure assez semblable, attachées circulairement autour du calyce.

I. Ceux qui ont trois étamines & un pistil.

Chamælea, *Cneorum*, LINN.

II.

II. Ceux qui ont trois étamines & deux ſtiles.

Arundo.

III. Ceux qui ont quatre étamines & un piſtil.

Cornus.
Evonimus.
Ptelea.

IV. Ceux qui ont quatre étamines & deux piſtils.

Hamamelis.

V. Ceux qui ont cinq étamines & un piſtil.

Rhamnus, Frangula, } *Rhamnus*, LINN. 3 *ſtigm.*
Itea.
Hedera.
Vitis, 1 *ſtigmate.*
Groſſularia, *Ribes*, LINN.
Ceanothus.
Evonimoides, *Celaſtrus*, LINN.

VI. Ceux qui ont cinq étamines & deux ſtiles.

Ziziphus, *Rhamnus*, LINN.
Chenopodium.
Buplevrum. *Sa fleur eſt en ombelle.*

VII. Ceux qui ont cinq étamines & trois ſtiles ou ſtigmates.

Paliurus, *Rhamnus*, LINN.
Rhus, Toxicodendron, Cotinus, } *Rhus*, LINN.
Tamariſcus, *Tamarix*, LINN. *quelquefois dix étamines.*
Staphylodendron, *Staphylæa*, LINN. No. 2 *n'a que 2 ſtiles.*
Granadilla; *Paſſiflora*, LINN.

VIII. Ceux qui ont cinq étamines & cinq piſtils.

Aralia. *Les fleurs ſont en ombelle; elles ont quelquefois ſix étamines.*

IX. Ceux qui ont ſix étamines & un piſtil.

Berberis.

X. Ceux qui ont ſix étamines & trois piſtils.

Meniſpermum.

XI. Ceux qui ont ſept étamines & un piſtil.

Hippocaſtanum. *Eſculus*, LINN. *Ces fleurs approchent des irrégulieres.*
Pavia.

XII. Ceux qui ont huit étamines & un piſtil.

Ruta.

XIII. Ceux qui ont huit étamines & trois ſtiles.

Polygonum. *Atraphaxis*, LINN.

XIV. Ceux qui ont neuf étamines & un pistil.

Laurus.

XV. Ceux qui ont dix étamines & un pistil.

Azedarach. *Melia*, LINN.
Clethra.
Ledum, LINN.
Molle. *Scinus*, LINN.

XVI. Ceux qui ont dix étamines & deux pistils.

Hydrangea.

XVII. Ceux qui ont plus de douze étamines attachées au calyce, & un pistil.

Myrtus.
Punica.
Persica, } *Amygdalus*, LINN.
Amygdalus, }
Prunus, } *Prunus*, LINN.
Armeniaca, }
Cerasus, }
Lauro-cerasus, }

XVIII. Ceux qui ont plus de douze étamines attachées au calyce, & trois, quatre ou cinq stiles.

Syringa. *Philadelphus*, LINN.
Cratægus.
Sorbus.
Mespilus.
Pyrus, } *Pyrus*, LINN.
Malus, }
Cydonia, }
Spiræa, 3 *pistils*.

XIX. Ceux qui ont plus de douze étamines attachées au calyce, avec un nombre indéterminé de stiles ou pistils.

Rosa.
Butneria.
Rubus, *pistil*.
Pentaphylloides. *Potentilla*, LINN.

XX. Ceux qui ont plus de douze étamines attachées à la base du pistil & un pistil.

Capparis.
Tilia.
Cistus.
Stewartia.
Grewia.

XXI. Ceux qui ont plus de douze étamines attachées à la base du pistil avec un nombre indéterminé de pistils.

Tulipifera, *Liriodendron*, LINN.
Magnolia.
Anona.
Clematitis. *Clematis*, LINN.

XXII. Ceux qui ont plus de douze étamines qui se réunissent par le bas formant un corps, & cinq stigmates.

Ketmia.

XXIII. Ceux qui ont plus de douze étamines réunies en plusieurs corps, & deux stiles.

Androsæmum. *Hypericum*, LINN.

XXIV. Ceux qui ont plus de douze étamines réunies par le bas en plusieurs corps, & cinq stiles.

Hypericum. | Ascyrum, *Hypericum*, LINN.

SECONDE SECTION.

Arbres & Arbustes qui portent des fleurs hermaphrodites polypétales irrégulieres, & dont les feuilles qui sont de figures très-différentes les unes des autres, sont attachées circulairement & irréguliérement, quoique souvent simétriquement autour du calyce. Elles ont toutes dix étamines.

Spartium. *Genista*, LINN.
Genista. *Spartium*, LINN.
Genista-Spartium. *Ulex*, LINN.
Cytiso-Genista. *Spartium*, LINN.
Cytisus.
Anonis. *Ononis*, LINN.
Emerus, } *Coronilla*, LINN.
Coronilla, }

Anagyris.
Pseudo-Acacia. *Robinia*, LINN.
Colutea.
Tragacantha.
Barba-Jovis. *Anthyllis*, LINN.
Siliquastrum.
Amorpha. *Sa fleur n'a que le Vexillum.*

TABLE
DES ARBRES ET DES ARBUSTES
RANGÉS
SUIVANT LA FORME DE LEURS FRUITS.

POUR aider encore à rapporter les Arbres & les Arbuſtes aux genres qui leur conviennent, nous avons cru qu'il ſeroit avantageux de donner la Table ſuivante, afin que, ſi l'on trouvoit quelque embarras dans l'uſage de la précédente, on pût lever ſes doutes, en conſultant dans celle-ci quelle eſt la forme des Fruits qui convient à chaque genre d'arbre : nous ne préſentons point ceci comme une Méthode exacte ; le nombre des ſemences eſt ſujet à trop de variations ; mais comme des notes qui pourront être utiles à ceux qui voudront acquérir la connoiſſance des Arbres & des Arbuſtes : c'eſt pour cette raiſon que nous nous contenterons de préſenter les Fruits par Famille.

Les Genres qui ſont liés par des crochets, ſe reſſemblent ſi fort, qu'on pourroit n'en faire qu'un ſeul.

PREMIERE FAMILLE.

Arbres & Arbuſtes qui portent des fruits ſecs, & qui contiennent un nombre de ſemences ſous des écailles, ou dans des capſules, ou dans des alvéoles, ou ceux dont les ſemences nues ſont raſſemblées en maſſe.

I. *Fruits écailleux qu'on nomme Cônes.*

{ Pinus.
Abies.
Larix. }

{ Thuya.
Cupreſſus. }

{ Alnus.
Betula. }

II. *Fruits composés de capſules raſſemblées en forme de cônes.*

Magnolia.

III. *Fruits dont les ſemences ſont reçues dans des alvéoles.*

Liquidambar.

IV. *Fruits dont les semences rassemblées en masse forment par leur extrêmité des écailles.*

Tulipifera.

V. *Fruits dont les semences rassemblées en masse forment des sphéres.*

Platanus. | Cephalanthus.

SECONDE FAMILLE.

Arbres & Arbustes qui portent des fruits plus ou moins charnus, avec des semences recouvertes d'une enveloppe coriacée, & que je nommerai Pepins.

I. *Fruits à pepin, qui ont beaucoup de chair succulente.*

{ Pyrus.
Cydonia.
Malus. }

II. *Fruits à pepin dont l'enveloppe est charnue, mais peu succulente; presque séche, & qu'on nomme Brou.*

{ Castanea.
Fagus. } | { Hippocastanum.
Pavia. }

III. *Fruits dont les pepins sont simplement enchâssés dans le brou.*

{ Quercus.
Ilex.
Suber. }

IV. *Fruits à pepin, succulents ou non; qui renferment beaucoup de semences dans une ou plusieurs cavités.*

Granadilla. | Punica. | Ficus.

TROISIEME FAMILLE.

Arbres & Arbustes qui portent des fruits à noyau; ou dont l'amande est contenue dans une boîte ligneuse.

I. *Fruits à noyau, qui sont charnus & succulents.*

{ Armeniaca.
Prunus.
Cerasus. }
Persica.

II. *Fruits à noyau, qui sont charnus & succulents, & dont le noyau contient deux amandes.* *

Olea.
Elæagnus.
Ziziphus.

Cornus.
Celtis.

Lauro-cerasus.
Laurus.

III. *Fruits dont le noyau est simplement recouvert d'un brou.*

Nux.

Amygdalus.

IV. *Fruits dont le noyau est simplement enchâssé dans le brou.*

Corylus.

QUATRIEME FAMILLE.

Arbres & Arbustes qui portent de petits fruits charnus, succulents ou non, que l'on nomme Bayes : suivant les genres elles renferment plus ou moins de semences.

I. *Bayes succulentes qui renferment une semence.*

Chionanthus.
Cotinus.
Oxiacantha.
Menispermum.
Opulus.

Phyllira.
Rhamnoides.
Syderoxilon.
Thymelæa.

Daphne.
Tinus.
Viburnum.
Viscum.

II. *Bayes succulentes dont le noyau est simplement enchâssé dans la chair.*

Taxus.

III. *Bayes succulentes qui renferment un noyau & cinq amandes.*

Azedarach.

IV. *Bayes seches ou peu charnues qui renferment une semence.*

Dirca.
Gale.
Lentiscus.
Terebinthus.

Molle.
Rhus.
Toxicodendron.
Passerina.

V. *Bayes succulentes charnues ou seches, qui renferment deux semences.*

Asparagus.
Berberis.
Caprifolium.
Periclymenum.

Cratægus.
Ephedra.
Frangula.
Jasminum.

Smilax.
Styrax.
Chamæcerasus.
Xylosteon.

* *Il est bon de remarquer que souvent il y a une de ces deux amandes qui avorte, ce qui fait que l'on n'en trouve qu'une, quoique la boîte ligneuse forme deux loges.*

VI. *Bayes charnues ſucculentes ou ſeches, qui renferment trois ſemences.*

Alaternus.
Cedrus.
Juniperus.
Sabina.
Rhamnus.
Ruſcus.
Sambucus.

VII. *Bayes charnues ſucculentes ou ſéches, qui renferment quatre ſemences.*

Aquifolium.
Burcardia.
Liguſtrum.
Vitex.

VIII. *Bayes charnues ſucculentes ou ſeches, qui renferment cinq ſemences.*

Aralia.
Hedera.
Meſpilus, *pluſieurs eſpeces.*
Uva Urſi.
Vitis.

IX. *Bayes charnues ſucculentes ou non, qui contiennent plus de cinq ſemences.*

Arbutus.
Belladona.
Groſſularia.
Jaſminoides.
Myrtus.
Solanum.
Vitis idæa.
Roſa.
Butneria.
Capparis.
Guaiacana.

CINQUIEME FAMILLE.

Arbres & Arbuſtes qui portent leurs ſemences dans des capſules épaiſſes ou membraneuſes, diviſées ſuivant les genres en plus ou moins de cavités.

I. *Capſule à une cavité & une ſemence.*

Carpinus.

II. *Capſule membraneuſe à une cavité & une ſemence.*

Ulmus.
Ptelæa. *Preſque toujours deux ſemences avortent.*
Polygonum.
Atriplex.

III. *Capſule à une cavité, avec quantité de ſemences.*

Itæa.

IV. *Deux capſules réunies, une cavité, une ſemence dans chacune.*

Acer.
Fagara.

V. *Deux capſules réunies, une cavité, pluſieurs ſemences dans chacune.*

Salix.
Populus.
Tamariſcus.

VI. *Deux capſules à deux cavités, deux ſemences.*

Hamamelis.
Lilac.

VII. *Capſules à trois cavités, trois ſemences.*

Ceanothus. | Chamelæa. | Paliurus.

VIII. *Capſules à trois cavités, ſix ſemences.*

Buxus.

IX. *Capſules à trois cavités, quantité de ſemences.*

Androſœmum. | Clethra. | Tithymalus.
Hypericum. | Evonimoydes. | Yucca.

X. *Capſules à quatre ou cinq cavités, quatre ou cinq ſemences.*

Evonymus. | Grewia.

XI. *Capſules à quatre cavités, beaucoup de ſemences.*

Ruta. | Syringa. | Erica. | Diervilla.

XII. *Capſules à cinq cavités, une ſemence, parce que les autres avortent.*

Tilia.

XIII. *Capſules à cinq cavités, cinq ſemences.*

Stewartia.

XIV. *Capſules à cinq cavités, quantité de ſemences.*

Aſcyrum. | Gualteria. | Ketmia.
Chamærhododendros. | Kalmia. | Spiræa.
Azalea.

X V. *Capſules à un nombre indéterminé de cavités, beaucoup de ſemences.*

Ciſtus.

SIXIEME FAMILLE.

Arbres & Arbuſtes qui portent leurs ſemences dans des eſpeces de gaines qu'on nomme Siliques : lorſqu'elles ſont courtes on les nomme Siliculles.

I. *Siliculles ſans cloiſon, qui renferment une ſemence.*

Barba-Jovis. | Amorpha. | Spartium.

II. *Siliculles ſans cloiſon, qui renferment trois ou quatre ſemences.*

Tragacantha. | Geniſta-Spartium.

III. *Siliques ſans cloiſon, & qui ſont comprimées entre chaque ſemence.*

Coronilla. | Emerus.

IV.

IV. *Siliques sans cloison, & dans lesquelles il n'y a point de pulpe.*

Pervinca.	Genista.	Siliquastrum.
Anonis.	Cytiso-Genista.	Pseudo-Acacia.
Anagyris.	Cytisus.	

V. *Siliques sans cloison, dont les semences sont retenues dans une pulpe.*

Acacia.	Siliqua.	Bonduc.

VI. *Siliques qui ont une cloison qui les divise en deux suivant leur longueur.*

Phaseoloides.	Bignonia.

VII. *Fruits qui approchent de la forme des Siliques, & qui n'en ont point exactement le caractere.*

Nerion.	Anona.	Staphilodendron.
Periploca.	Colutea.	

SEPTIEME FAMILLE.

Arbres & Arbustes qui portent leurs semences nues, ou qui n'ont pour enveloppe que le calyce ou le pétale.

I. *Semences nues & sans aucune enveloppe.*

Clematitis.	Buplevrum.

II. *Semences enveloppées par un calyce particulier.*

Chenopodium.

III. *Quatre semences enveloppées par le calyce commun.*

Chamædris.	Lavandula.	Ros marinus.
Teucrium.	Stœchas.	Salvia.
Hyssopus.	Phlomis.	Thymus.

IV. *Cinq semences enveloppées par un calyce commun.*

Coriaria.

V. *Nombre indéterminé de semences, enveloppées par un calyce commun.*

Abrotanum.	Baccharis.	Globularia.
Absynthium.	Othonna.	Pentaphylloides.
Santolina.		

Je prie qu'on se rappelle que j'ai dit que le nombre des semences varioit beaucoup, & que je ne présentois ces Tables que comme des indications, qui dans certains cas pourroient être utiles à ceux qui se trouveroient embarrassés dans l'usage de la Table méthodique que nous avons donnée en premier lieu.

TABLE

Dans laquelle les Arbres & les Arbuſtes ſont rangés en différentes Claſſes, ſuivant la forme & la poſition de leurs feuilles.

IL y a lieu de croire qu'avec le ſecours des deux Tables précédentes on parviendra à rapporter les Arbres & les Arbuſtes contenus dans ce Traité, aux genres qui leur conviennent, toutes les fois que l'on pourra examiner les parties dont nous avons tiré les caracteres: mais l'uſage de ces Tables ſera tout-à-fait inutile dans le temps que les Arbres n'auront ni fleurs ni fruits. Dans ce cas il ſera naturel de déſirer d'être guidé par une Méthode tirée des feuilles, non-ſeulement parce que les Arbres en ſont garnis une partie de l'année, mais encore parce que les jeunes Arbres produiſent des feuilles bien long-temps avant qu'ils puiſſent être en état de donner des fleurs & des fruits. Malheureuſement cette partie des Arbres varie trop pour qu'elle puiſſe ſervir de fondement à une bonne Méthode; & les tentatives des Botaniſtes, n'ont ſervi qu'à les convaincre qu'il falloit tirer les caracteres des fleurs & des fruits, & n'avoir recours aux feuilles que dans des cas particuliers & rares.

Il y a néanmoins certaines propriétés des feuilles qui conviennent aſſez généralement à tous les Arbres d'un même genre; & il eſt avantageux de les connoître, ne fût-ce que pour parvenir à diſtinguer l'un de l'autre, deux genres qui ſe reſſemblent à beaucoup d'égards. Suppoſons, par exemple, qu'on connoiſſe aſſez bien l'*Opulus Ruellii*, on pourroit, lorſqu'il n'a ni fleurs ni fruits, le confondre avec le *Spiræa Opuli folio*, ſi on n'étoit pas prévenu que l'*Opulus* a ſes feuilles oppoſées, & que celles du *Spiræa Opuli folio* ſont alternes. J'en pourrois dire autant du *Liquidambar Aceris folio*, dont les feuilles ſont alternes, au lieu que celles des *Acer* ſont oppoſées.

Je ne me propoſe donc point d'établir par la forme & la poſition des feuilles ſur les branches, une Méthode aſſez exacte pour mettre un Amateur en état de rapporter les Arbres & les Arbuſtes aux genres qui leur conviennent ; mais j'eſpére qu'on me ſaura gré de fournir des indications, qui, dans certaines circonſtances, pourront être d'un grand ſecours pour ſervir à diſtinguer certains Arbres les uns des autres.

La différence que la nature a miſe entre les Arbres qui conſervent leurs feuilles pendant l'Hiver, & ceux qui ſe dépouillent, eſt trop frappante pour n'en pas profiter : ainſi je ne confondrai point ces deux eſpeces d'Arbres, mais la diſtinction des Claſſes générales ſera tirée de la forme des feuilles.

PREMIERE CLASSE. Arbres & Arbuſtes qui ont leurs feuilles ſimples ou entieres, ſans grandes découpures, telles que celles de l'Orme, du Laurier.

SECONDE CLASSE. Arbres & Arbuſtes qui ont leurs feuilles ſimples, mais découpées aſſez profondément, telles que celles de la Vigne, de l'Erable, de l'Opulus.

TROISIEME CLASSE. Arbres & Arbuſtes qui ont leurs feuilles compoſées & empanées, ou conjuguées, formées de folioles, rangées aux deux côtés d'un filet commun, ainſi que celles de l'Acacia, du Noyer, ou du Frêne.

QUATRIEME CLASSE. Arbres & Arbuſtes qui ont leurs feuilles compoſées & palmées, ou compoſées de 3, 5, 7, &c. folioles, diſpoſées en éventail au bout d'une queue commune, & formant comme une main ouverte.

Les Sections ou ſubdiviſions de ces Claſſes ſont tirées de la poſition des feuilles ſur les branches, ſuivant qu'elles ſont ou oppoſées deux à deux, ou placées alternativement, ainſi que de la circonſtance d'avoir les bords des feuilles ou des folioles unies ou dentelées.

PREMIERE CLASSE.

Arbres & Arbustes qui ont leurs feuilles simples & entieres, sans grandes découpures.

SECTION PREMIERE.

Arbres & Arbustes qui ont leurs feuilles fort étroites.

Ceux dont les feuilles subsistent pendant l'Hiver.	*Ceux dont les feuilles se renouvellent.*
I. *Longues & étroites.*	
Pinus. Abies. Larix Orientalis, &c. Taxus. Ros marinus. Cistus, Roris marini folio. Lavandula. Stœchas.	Larix folio deciduo.
II. *Courtes, étroites, piquantes, ou non piquantes.*	
Asparagus foliis acutis. Cedrus. *Plusieurs especes.* Juniperus. Erica.	
III. *Presque pas apparentes, & comme articulées les unes avec les autres, ou articulées sur les branches.*	
Cupressus. } Thuya. } Tamariscus. Sabina. Cedrus. *Plusieurs especes.* Santolina.	

SECONDE SECTION.

Arbres & Arbustes qui ont leurs feuilles ovales & fort allongées, comme celles du Saule, du Pêcher, &c.

Ceux dont les feuilles subsistent pendant l'Hiver.	*Ceux dont les feuilles se renouvellent.*
I. *Allongées, opposées, non dentelées.*	
Ligustrum. Pervinca angustifolia. Kalmia. Chamærhododendros. Nerion. Olea. Viscum. Phyllirea angustifolia.	

Ceux dont les feuilles subsistent pendant l'Hiv.	*Ceux dont les feuilles se renouvellent.*

II. *Allongées, alternes, non dentelées.*

Chamelæa.	Elæagnus.
Thymelæa semper virens.	Genista.
Othonna.	Jasminoides.
Casia.	Rhamnoides.
	Thymelæa foliis deciduis.

III. *Allongées, opposées, dentelées.*

Azalea.	

IV. *Allongées, alternes, dentelées.*

	Celtis. *Elles sont quelquefois assez larges, sur-tout du côté de la queue.*
	Amygdalus.
	Persica.
	Salix.
	Spiræa salicis folio.

SECTION III.

Arbres & Arbustes qui ont leurs feuilles ovales & assez larges, comme celles du Laurier, du Poirier, de l'Orme, &c.

I. *Ovales, opposées, point dentelées.*

Buxus.	Cornus.
Tinus.	Cephalanthus.
Cistus. *Plusieurs especes.*	Punica.
Salvia. *Plusieurs especes.*	Chamæcerasus.
Phlomis.	Symphoricarpos.
Teucrium Bœticum.	Periclymenum.
Thymus.	Xylosteon.
Pervinca latifolia.	Viburnum.
Phyllirea levis.	Lilac ligustri folio.
Caprifolium semper virens.	Butneria.

II. *Ovales, alternes, point dentelées.*

Lauro-cerasus. *Les dentelures presque imperceptibles.*	Cotonaster.
Benzoin.	Belladona.
Myrtus.	Capparis.
Buplevrum.	Styrax.
Magnolia.	Spiræa Hyperici folio.
Vitis idæa.	Guaiacana.
Uva Ursi.	Frangula.
Tithymalus.	Chenopodium.
	Dirca.
	Sideroxilon.
	Anona.
	Dulcamara.

Ceux dont les feuilles subsistent pendant l'Hiv.	*Ceux dont les feuilles se renouvellent.*

III. *Ovales, opposées, dentelées.*

Phyllirea. *Plusieurs especes.* Chamædris.	Rhamnus. Syringa. Evonymus. Diervilla. Burcardia. Hydrangea.

IV. *Ovales, alternes, dentelées.*

Suber. } Ilex. } Itea. Alaternus. Aquifolium. Caffine Aquifolium. Arbutus. Grewia. Gualteria. Laurus. Gale.	Alnus. Berberis. Corylus. Castanea. } Fagus. } Malus. } Pyrus. } Cydonia. } Prunus. Ceanothus. Clethra. Mespilus folio laurino. Ulmus. Ziziphus. Paliurus. Spiræa folio crenato. Cratægus folio oblongo & arbuti. Cerasus. Hamamelis. Tacamahaca. Carpinus.

SECTION IV.

Arbres & Arbustes qui ont leurs feuilles arrondies, larges du côté de la queue, où elles forment une espece de cœur, & terminées en pointe.

I. *Opposées, point dentelées.*

Ascyrum.	Lilac. MATTH. Periploca. Coriaria. Hypericum. } Androsæmum. }

II. *Alternes, non dentelées.*

Ruscus. *Plusieurs especes.*	Siliquastrum. Menispermum.

Ceux dont les feuilles subsistent pendant l'Hiv.	*Ceux dont les feuilles se renouvellent.*

III. *Alternes, dentelées.*

Smilax.	Betula. Armeniaca. Populus. Tilia. Evonymoides.

SECONDE CLASSE.

Arbres & Arbustes qui ont leurs feuilles simples & découpées assez profondément.

I. *Découpées, opposées, non dentelées.*

Acer Cretica.	Acer. *Plusieurs especes.*

II. *Découpées, alternes, non dentelées.*

Sassafras. Hedera. Atriplex. *Les feuilles sont quelquefois opposées.* Granadilla.	Liquidambar. Platanus. Cratægus. *Plusieurs especes.* Quercus. Baccharis. Ficus.

III. *Découpées, opposées, dentelées.*

	Opulus. Acer. *Plusieurs especes.*

IV. *Découpées, alternes, dentelées.*

	Ketmia. Grossularia. Vitis. Spiræa Opuli folio. Mespilus. *Plusieurs especes.*

Ceux dont les feuilles subsistent pendant l'Hiv.	*Ceux dont les feuilles se renouvellent.*

TROISIEME CLASSE.

Arbres & Arbustes qui ont leurs feuilles composées & empanées, ou conjuguées.

I. *Conjuguées, opposées, folioles non dentelées.*

	Lilac laciniato folio. Jasminum.

II. *Conjuguées, alternes, folioles non dentelées.*

Siliqua. Lentiscus. Tragacantha.	Phaseoloides. Bonduc. Pseudo-Acacia. Toxicodendron foliis pinnatis. Terebinthus.

III. *Conjuguées, opposées, folioles dentelées.*

	Fraxinus. Acer foliis trifidis. Bignonia Fraxini folio. Staphilodendron.

IV. *Conjuguées, alternes, folioles dentelées.*

Molle.	Nux. Fagara. Rhus. Rosa. Rubus idæus. Sambucus. Sorbus. Azedarach.

QUATRIEME CLASSE.

Arbres & Arbustes qui ont leurs feuilles composées & palmées, ou en éventail.

I. *Palmées, opposées, point dentelées.*

	Vitex.

II.

Ceux dont les feuilles subsistent pendant l'Hiv.	*Ceux dont les feuilles se renouvellent.*

II. *Palmées, alternes, point dentelées.*

Toxicodendron triphyllum, glabrum.
Anagyris.
Bignonia capreolis donata.
Cytisus.
Cytiso-Genista.
Ptelea.

III. *Palmées, opposées, dentelées.*

Vitex de la Chine. *An*, Agnus minor foliis angustissimis.
Staphilodendron triphyllum.
Toxicodendron folio pubescente.

IV. *Palmées, alternes, dentelées.*

Rubus.
Anonis.
Hippocastanum. }
Pavia. }

V. *Laciniées, & assez irrégulieres.*

Vitis Petroselini folio.
Sambucus laciniato folio.
Abrotanum.
Absynthium.
Genista-Spartium.
Ruta.
Pentaphylloides.

ARBRES ET ARBUSTES qui peuvent ſervir à faire des Boſquets dans les différentes Saiſons de l'Année, garnir des Tonnelles, former des Avenues, &c.

QUOIQUE j'aye marqué dans le corps de cet Ouvrage en quelle ſaiſon chaque arbre & chaque arbuſte produiſoit ſes fleurs, j'ai cru que les Amateurs verroient ici avec plaiſir une Liſte dans laquelle ils pourroient trouver d'un coup d'œil ceux qui peuvent concourir à faire des boſquets agréables dans les différentes ſaiſons de l'Année. Mais comme cette Liſte eſt bornée à de ſimples indications, on ne ſera pas diſpenſé de conſulter les différents articles de notre Ouvrage où nous avons eu la liberté de nous étendre beaucoup plus que nous ne pouvons le faire préſentement.

Fin de MARS, & commencement d'AVRIL.

Les productions de la terre ſont ordinairement trop peu avancées à la fin du mois de Mars & au commencement d'Avril, pour entreprendre de former des boſquets avec les arbres & les arbuſtes qui ſont alors en fleur. Nous ne connoiſſons que le Cornouiller, dont les fleurs cependant n'ont pas beaucoup d'éclat, & les *Mezereon*, ou Bois-gentil à fleurs blanches & à fleurs rouges, & l'Amandier nain, qui produiſent de fort jolies fleurs; & comme il eſt bien agréable de jouir de ces avant-coureurs du Printemps, on fera bien d'en orner un petit boſquet planté des plus beaux arbres verds.

Fin d'AVRIL.

Dès la fin de ce mois on a le *Mahaleb* qui pouſſe à la fois des feuilles & des fleurs qui répandent une odeur très-agréable; nous en avons fait de belles paliſſades: le grand Pêcher à fleurs doubles ; il donne peu de fruit, mais les fleurs en sont aussi belles que de petites roses très-doubles : les Poiriers, celui qu'on nomme à doubles fleurs, & celui à fleurs doubles ; ils produisent de belles & grandes fleurs blanches : le Pêcher nain à fleurs doubles, qui est tout couvert de fleurs très-doubles d'une couleur fort vive : la grande Pervenche dont les fleurs sont d'un très-beau bleu ; enfin les petites Pervenches qui font des tapis d'un très-beau verd, ornés de fleurs, les unes bleues & les autres blanches.

Commencement de MAY.

C'est dans ce temps qu'on peut commencer à former des bosquets d'une grande beauté par la quantité d'arbres & d'arbustes qui donnent alors des fleurs extrêmement variées.

Les Merisiers & les Cerisiers à fleurs doubles sont chargés de grandes guirlandes de fleurs blanches qui ressemblent à des Renoncules semi-doubles : les Padus ou Cerisiers à grappes & les Lauriers-Cerises, donnent des pyramides de fleurs blanches qui font un bel effet : les *Caragagnia* ordinaires & à bouquets produisent des fleurs jaunes : le Ragouminer fait dans le même temps un fort joli arbuste. Tout le monde connoît le mérite des fleurs du Lilas qui satisfont également les yeux & l'odorat : les Amelanchiers, les Azeroliers, les Buisson-ardents, sont tout couverts de fleurs blanches : l'Obier & le *Spiræa* à feuilles d'Obier, produisent de gros bouquets de fleurs blanches rassemblées en ombelle ou en boule : ensuite les grands Cytises se chargent de longues grappes de fleurs jaunes ; les Gaîniers d'une quantité prodigieuse de fleurs pourpres : l'Epine blanche, sur-tout celle à fleurs doubles, a l'avantage de répandre une odeur très-agréable.

A l'égard des Arbustes, on a les *Emerus*, plusieurs especes de Cytise, le *Spartium purgans*, le *Pentaphylloides* & le Mille-pertuis, qui sont couverts de fleurs jaunes : le *Butneria* en donne dans le même temps de purpurines ; & les *Spiræa*, à feuilles de Mille-pertuis, produisent alors de longs épis de fleurs blanches.

Voilà certainement de quoi former un très-beau bosquet ;

cependant celui de la fin de ce même mois pourra offrir un spectacle encore plus frappant, parce qu'on pourra joindre plusieurs grands arbres avec les arbrisseaux & les arbustes.

La fin du mois de MAY.

C'est dans ce temps que le Marronnier d'Inde est garni de ses beaux & grands épis de fleurs: le Frêne à fleurs est aussi très-agréable à cause des grosses grappes de fleurs dont il est chargé: le Mélese ordinaire produit des cônes rouges qui font un aussi bel effet que des fleurs, & d'ailleurs les feuilles dont il se garnit sont du plus beau verd naissant qu'on puisse desirer: le faux Acacia est garni de grandes grappes de fleurs blanches qui répandent une très-agréable odeur: le *Pavia* est tout chargé de fleurs d'un fort beau rouge: le Bonduc de Canada produit des bouquets de fleurs blanches.

A l'égard des arbrisseaux & arbustes; le *Styrax* a ses fleurs approchantes de celles de l'Oranger; le *Staphylodendron* produit de longues grappes de fleurs blanches; le *Syringa* donne, comme l'on sait, des bouquets de fleurs blanches qui ont beaucoup d'odeur; les *Colutea* se garnissent de fleurs, les unes jaunes, les autres rouges; les branches des Tamarisques sont terminées par des fleurs qui sont d'un assez beau rouge; les *Diervilla* se garnissent de fleurs jaunes; le Troëne, le *Xylosteon* & le *Jasminoides* portent des fleurs blanches.

Ainsi les bosquets de la fin du mois de May peuvent être garnis d'arbres & d'arbustes qui, fleurissant tous dans le même temps, concourent à les rendre très-agréables.

JUIN.

Je ne connois point de grands arbres qui donnent de belles fleurs pendant le mois de Juin; mais on en sera dédommagé par la quantité d'arbrisseaux & d'arbustes qui portent dans cette saison des fleurs d'une beauté admirable.

L'*Amorpha* produit de grands épis de fleurs pourpres qui paroissent semées de pailletes d'or; le Sanguin donne des ombelles de fleurs blanches; les fleurs de l'*Elæagnus* sont d'un jaune pâle peu brillant ; mais elles répandent une odeur très-forte qui eſt agréable de loin ; le *Grewia* eſt charmant par ſes fleurs violettes, c'eſt dommage qu'il ſoit ſenſible aux gelées : rien n'eſt plus éclatant que les fleurs rouges des Grenadiers : les ombelles des Sureaux ont auſſi leur agrément : les *Spiræa* à feuilles de Saule, & le Laurier-Thym font beaucoup d'effet : les fleurs des Roſiers, des Capriers, des Chevre-feuilles, des *Periclymenum* ſont charmantes par leur forme, leur couleur, leur odeur : on en peut dire autant des Jaſmins blancs & jaunes, des *Clematitis* ſimples, du *Phaſeoloides*, du *Chamærhododendros*, du *Chionanthus*, du Genêt, du Sparte-Genêt & de quantité d'arbuſtes, tels que le Romarin, la Sauge, la Santoline, le *Spartium*, le Mille-pertuis, la Toute-ſaine, la Lavande, le *Stæchas*, l'Hyſſope, le Thym, le *Chamæceraſus*, le *Xyloſteon*, l'*Anonis*.

Juillet, Aoust, Septembre, Octobre.

Comme la plus grande partie des fleurs ſont paſſées au mois de Juillet, on ſera obligé pour le mois de Juillet & les ſuivants, juſqu'à l'entrée de l'hyver, de former les boſquets avec des arbres & des arbuſtes qui tirent leur principal mérite de leur belle verdure : tels ſont les Platanes & les Tulipiers ; ces arbres portent de grandes feuilles qui ne ſont preſque jamais attaquées par les inſectes ; le Mûrier de la Louyſiane, & celui d'Eſpagne à grandes feuilles ; l'Érable de Canada, dont les feuilles deviennent d'un très-beau rouge en Automne ; le Peuplier noir de Virginie dont les feuilles ſont prodigieuſement larges ; l'*Anona*, le Piaqueminier, le Bonduc, le *Fagara*, le *Gleditſia*, le Fuſtet, le Porte-chapeau, le Jujubier, le *Ptelea*, le Micocoulier, le *Liquidambar*, les Sumacs, les Térébinthes, le *Gale*, le *Coriaria*, dont la fleur qui paroît en Juin eſt peu éclatante. On peut y joindre les arbres & les arbuſtes qu'on a coutume d'employer pour les boſquets ordinaires ; on les trouvera indiqués dans le corps de l'ouvrage ; car ils ſont trop connus pour qu'il ſoit néceſſaire de les rappeller ici : mais nous ne devons pas nous diſpenſer de faire remarquer qu'on pourra relever l'éclat de ces boſquets par quelques arbres &

arbustes qui fleurissent tard ou qui se trouvent en Automne chargés de fruits colorés qui tiennent en quelque façon lieu des fleurs qui sont alors très-rares. Je vais les indiquer.

L'*Aralia* épineux, qui fleurit au commencement d'Octobre, produit quantité d'ombelles de fleurs ; le *Bignonia* donne pendant tout le mois de Juillet, & une partie d'Août & de Septembre, de grandes fleurs rouges. Le *Catalpa* produit en Juillet de grands bouquets de belles fleurs purpurines qui répandent une odeur très-gracieuse ; le Capprier continue à épanouir ses belles fleurs presque jusqu'au temps des gelées ; le *Clematitis* à fleurs doubles fleurit en Juillet, aussi-bien que le *Clethra* ; l'*Hamamelis* fleurit en Septembre & en Octobre ; l'*Hydrangea*, donne sa fleur en Juillet, ou en Août & même en Septembre ; le *Ketmia* est en fleur pendant le mois de Septembre ; la Ronce à fleurs doubles fournit des fleurs depuis le mois d'Août jusqu'aux gelées, ainsi que le Rosier de tous les mois & le Laurier-Thym ; l'*Agnus-castus* fleurit dans les mois de Septembre & d'Octobre.

Outre cela le Troêne, le Buisson-ardent, l'*Evonimus*, l'*Evonimoides*, les *Jasminoides* sont garnis de fruits colorés qui ont bien leur mérite pour décorer les bosquets d'Automne.

Pendant l'HYVER.

Au commencement de Novembre tous les arbres bien loin de produire des fleurs quittent leurs feuilles, & les fruits les plus tardifs tombent. On n'a plus alors d'autre ressource pour garnir les bosquets que celle des arbres qui conservent leurs feuilles pendant toute l'année. Nous allons donner une liste de ces arbres, que nous rangerons à peu près suivant l'ordre de leur grandeur, en commençant par les plus grands arbres & finissant par les plus petits arbustes.

Le Cedre du Liban, les différentes especes de Pin, le cultivé & le grand maritime, ont un très-beau feuillage ; les Sapins & les Epicias ; les Cyprès, celui qui rassemble ses branches, fait un très-bel effet sur les bordures, l'autre doit être placé dans les massifs ; l'If, ceux de bouture branchent beaucoup & sont presque toujours courbes, ceux de graine se tiennent fort droits

& s'élevent ; plusieurs especes de Cedres à feuilles de Cyprès ou à feuilles de Genievre, les uns & les autres font de beaux arbres; les *Thuya*, celui de Canada n'est bon que dans les massifs, mais celui de la Chine soutient ses branches & est d'un plus beau verd ; les Chênes verds & les Lieges font de beaux arbres quoique leur verdure soit terne ; les Houx ordinaires font de beaux arbres, leurs feuilles sont d'un beau verd, & leurs fruits rouges en augmentent le mérite, mais les panachés font dans les bosquets un effet admirable : les *Phyllirœa* ne sont, à la vérité, que de grands arbrisseaux, mais ils sont touffus & d'un assez beau verd : les Tamarisques répandent leurs branches de côté & d'autre & sont peu touffus, ainsi ils ne conviennent que dans les massifs. L'Érable de Candie est assez joli, mais il quitte ses feuilles quand les hyvers sont rudes : les Lauriers ont un beau port, mais leur verd est très-foncé ; le Laurier-Cerise ne forme dans ce pays-ci que des buissons, mais dont la verdure est très-éclatante : l'Alaterne fait à peu près le même effet que le *Filaria* ordinaire, mais il est un peu tendre à la gelée : le *Grewia* est malheureusement trop sensible à la gelée : le Laurier-Thym a ses feuilles d'un verd très-foncé, néanmoins il feroit un très-bel effet s'il n'étoit pas de temps en temps endommagé par les fortes gelées : le Benjoin a ses feuilles d'un beau verd, mais il est encore fort rare : le *Buplevrum* fait un fort beau buisson ; ses feuilles sont d'un beau verd tirant sur le bleu : l'Olivier n'a pas la couleur de ses feuilles d'un verd fort éclatant : les Buis de la grande espece & les Buis panachés font de beaux buissons, c'est dommage qu'ils répandent une odeur peu agréable : l'Arbousier fait un fort beau buisson : le Sassafras peut être comparé aux Lauriers, mais il est encore fort rare : les Genevriers & les Sabiniers font des buissons assez agréables, quoique de forme très-bizarre : le *Caprifolium semper virens* ne perd ses feuilles que dans les très-grands hyvers : les *Ruscus*, les Lauriers-Alexandrins, font de fort jolis buissons, mais ils sont très-bas. Nous en dirons autant des arbustes suivants qui sont toujours très-nains.

Le Troêne ; l'Oseille maritime qui a ses feuilles argentées ; le *Baccharis* ; les *Gale* ; le Romarin ; l'Asperge en arbrisseau ; le *Chamærhododendros* ; le *Kalmia* ; *Phlomis* ; *Cistus* ; *Salvia* ; *Santolina* ; *Abrotanum* ; *Ruta* ; *Absynthium* ; *Lavandula* ; *Stœchas* ; *Teucrium* ;

Tithymalus ; Hypericum ; Androsæmum ; Ascyrum ; Chamelæa ; Thymelæa semper virens ; Smilax ; Gualteria ; Chenopodium ; Ephedra ; Pervinca ; Vitis idæa ; Uva-ursi ; Thymus.

On pourra former dans les Jardins de propreté des tonnelles avec des plantes grimpantes, telles que le Jasmin blanc qui fleurit en Juin ; les *Bignonia* qui fleurissent en Septembre & en Octobre ; le Capprier qui est en fleur depuis le mois de Juin jusqu'aux gelées ; les Chevre-feuilles qui fleurissent dans le mois de Juin ; le *Periclymenum* produit des fleurs presque jusqu'aux gelées : le Clématite simple fleurit à la fin de Juin, & celui à fleurs doubles en Juillet ; la Granadille fleurit dans le mois de Juin ; le *Phaseoloides*, au commencement de Juillet ; l'*Evonimoides* ne donne point de belles fleurs, mais il se charge de fruits d'un fort beau rouge qui subsistent jusqu'aux gelées ; la Ronce double est en fleur jusqu'aux gelées ; le *Menispermum* n'est estimable que par son feuillage ; le *Dulcamara* donne de jolies fleurs bleues & des fruits rouges qui subsistent jusqu'aux gelées ; les fleurs de la Vigne-vierge n'ont aucun mérite, mais elle produit une quantité de branches chargées de feuilles qui sont d'un très-beau verd en Été & d'un rouge très-vif en Automne.

A l'égard des avenues & des quinconces, on pourra les former avec les Ormes, qui, comme on sait, sont de beaux & de grands arbres : avec les Platanes d'Orient & d'Occident qui deviennent fort grands & qui portent des feuilles très-larges qui ne sont point endommagées par les insectes ; les Chênes qui sont de grands arbres assez beaux ; les Maronniers d'Inde dont tout le monde connoît le mérite ; les Frênes, celui à fleurs est préférable aux autres, qui néanmoins seroient très-estimables si leurs feuilles n'étoient pas ordinairement mangées par les Cantharides ; les Noyers de France & de Virginie qui dans les terreins où ils se plaisent sont de très-beaux arbres ; les Châtaigniers & les Mûriers, sur-tout ceux à grandes feuilles, sont de fort beaux & grands arbres ; les Hêtres ; les Tilleuls ; quelques especes d'Erable ; l'Ypréau ; le Peuplier noir de Virginie ; les Merisiers ; les faux Acacia ; les Cedres du Liban ; les Pins ; les Sapins, &c. tout le monde connoît le mérite de ces différents arbres.

FIN DES TABLES.

TRAITÉ

OBSERVATION

En faveur de ceux qui desireroient faire des Remises pour le Gibier.

LES Lapins & les Lievres ne mangent point les Sapins, les Pins, ni les Genievres; ils endommagent peu les Noyers, les Sureaux; ils font peu de tort à l'Aune, au Tilleul, à l'Epine-Noire; ils ne sont pas trop friands du Bouleau, de l'Orme, de l'Erable, des Noisettiers, sur-tout lorsque ces Arbres ont acquis une certaine grosseur: ils endommagent plus fréquemment les jeunes Taillis de Chênes; mais ils attaquent plus volontiers les Châtaigniers, les Charmes, les Nefliers & l'Epine-Blanche; ils se jettent par préférence sur la Bourdaine, le Frêne, le Marsau, le Peuplier blanc & le Mûrier. Presque tous les Arbres & Arbustes à fleurs légumineuses, tels que les *Colutea*, les Cytises, les Faux-Acacia, &c. sont mangés par ces animaux. Au reste lorsqu'ils sont pressés par la faim, comme il arrive dans les temps de neige, il y a peu d'arbres à couvert de leurs dents.

EXPLICATION
Des Noms abrégés des Auteurs & des Ouvrages cités dans ce Traité.

ACT. Acad. R. P. Acta Academiæ Regiæ Parisiensis : *ou* Histoire & Mémoires de l'Académie Royale des Sciences.

Adv. Adversaria nova Stirpium Petri Penæ & Matthiæ de Lobel.

Amm. Ruth. Amman Stirpes Ruthenicæ.

Banister. Cat. Stirp. Virg. Banisteri Catalogus Stirpium Virginiæ, nondum editus, sed à Pluknetio memoratus.

Bar. Icon. R. P. Jacobi Barrelieri Icones Plantarum 1300. per Galliam, Hispaniam & Italiam observatarum, & ad vivum exhibitarum.

Bocc. Mus. Museo di Fisica di Paolo Boccone.

Boerh. Ind. Alt. Hermanni Boerhaave, Index alter Plantarum quæ in Horto Academico Lugduno-Batavo aluntur.

Bot. Monsp. Botanicon Monspeliense Petri Magnoli.

Bot. Par. Botanicon Parisiense.

Breyn. Prod. Jacobi Breynii Prodromus fasciculi rariorum Plantarum primus.

Bross. Brossæus ; *ou* Description du Jardin Royal des Plantes médicinales, par Guy de la Brosse, Médecin ordinaire du Roi, & Intendant dudit Jardin.

Burman. Burmanni Thesaurus Zeylanicus.

Cæsalp. Andræas Cæsalpinus, de Plantis.

Cam. Hort. Hortus medicus & philosophicus, Joannis Camerarii.

C. B. vel C. B. P. vel C. B. Pin. Caspari Bauhini Pinax Theatri Botanici.

Cast. Dur. Herbario nuovo di Castore Durante.

Catal. Hort. R. P. Catalogus Horti Regii Parisiensis : *ou* Catalogue manuscrit des Plantes du Jardin du Roi.

Catesb. Hist. Nat. Histoire naturelle de la Caroline, de la Floride & des Isles-Bahama, &c. par Marc Catesby, de la Société Royale.

Clayt. Flor. Virg. Clayton, Flora Virginiaca.

Cluſ. Hiſp. Caroli Cluſii, rariorum Plantarum in Hiſpania obſervatarum Hiſtoria.

Cluſ. Hiſt. Caroli Cluſii rariorum Plantarum Hiſtoria.

Col. in Recch. Columna in Recchum, in Hernandez.

Cor. Inſt. Pitton de Tournefort, Corollarium Inſtitutionum rei herbariæ.

Cord. Hiſt. Valerii Cordi Hiſtoriæ Stirpium libri IV.

Corn. Jacobi Cornuti, Hiſtoria Plantarum Canadenſium.

Dod. Pempt. Remberti Dodonæi Pemptades ſex.

Eyſt. Hortus Eyſtettenſis, Baſilii Belleri.

Flor. Suec. Flora Suecica Linnæi.

Gault. M. Gaultier, Médecin du Roi à Québec.

Ger. Emac. Joannis Gerardi, Hiſtoria Plantarum emaculata.

Gmel. Flor. Sib. Gmelini Flora Siberica.

Gron. Fl. Virg. Gronovii Flora Virginica: *Item.* dans les Ouvrages de M. Linnæus.

Hall. Helv. Haller Stirpes Helveticæ.

Heiſt. Heiſteri Index Plantarum Horti Helmſtadenſis.

H. Cath. Hortus Catholicus Franciſci Cupani.

Hort. Cliff. Hortus Cliffortianus Linnæi.

H. Edinb. Hortus Medicus Edinburgenſis, Jacobi Sutherland.

Hort. Eltham. Hortus Elthamenſis, Joannis-Jacobi Dillenii.

H. L. vel *H. L. B.* vel *H. L. Bat.* Hortus Academicus Lugduno-Batavus, Pauli Hermanni.

H. R. Monſp. Hortus Regius Monſpelienſis, Petri Magnol.

H. R. P. vel *H. R. Par.* Hortus Regius Pariſienſis.

Hort. Piſ. Catalogus Plantarum Horti Piſani, Michaelis-Angeli Tillii.

Hort. Upſ. Hortus Upſalenſis, Linnæi.

J. B. Joannis Bauhini Hiſtoria Plantarum univerſalis.

Inſt. vel *Inſtit.* vel *Tourn.* Inſtitutiones Rei Herbariæ Joſephi Pitton de Tournefort.

Jonc. Hort. Dionyſii Joncquet, Hortus.

Lignon. M. Lignon, Botaniste à S. Domingue.

Linn. Act. Upf. Linnæi Acta Upsaliensia.

Linn. Gen. Plant. Linnæi Genera Plantarum.

Linn. Spec. Plant. Linnæi Species Plantarum.

Lob. Icon. Matthiæ Lobelii Plantarum seu Stirpium Icones.

Matth. Petri Matthioli Opera, illustrata à Casparo Bauhino.

Mich. Micheli Genera Plantarum.

M. C. Philippi Miller Catalogus Arborum Fructicumque, &c.

Mitch. Mitchel Genera Plantarum Virginiæ.

Mor. Hist. Roberti Morison Plantarum Historia universalis.

M. H. R. Bl. Hortus Regius Blesensis, auctus à Roberto Morison.

Munt. Phyt. Abrahami Muntingii Phytographia curiosa.

Par. Bat. Paradisus Batavus, Pauli Hermanni.

Parck. Theat. Parckinsonii Theatrum Botanicum.

Pass. Crispini Passæi Icones.

Pet. Petiverii Gazophylacium, & Musæum.

Pluk. Alm. Leonardi Pluknetii Almagestum Botanicum.

Pluk. Phyt. Leonardi Pluknetii Phytographia.

Plum. Caroli Plumier, nova Plantarum Americanarum Genera.

Prosp. Alp. Prosperi Alpini de Plantis exoticis libri duo.

Rand. Isaacus Rand, Præfectus Horti Chelseyani.

Raii Hist. Joannis Raii Historia Plantarum.

Raii Synops. Joannis Raii Synopsis Stirpium Britannicarum.

Royen, Prodro. Van-Royen Prodromus Floræ Lugduno-Batavæ.

Royen, Flor. Van-Royen Flora Leydensis.

Ruell. Ruellus de Natura Stirpium.

Sarrac. vel *Sarracenus.* M. Sarrasin, Médecin du Roi à Québec.

Tabern. Ic. Jacobi Theodori Tabernæ-Montani, Icones Plantarum.

T. Cor. Josephi Pitton de Tournefort, Corollarium Institutionum Rei Herbariæ.

Vaill. M. Vaillant, Démonstrateur des Plantes au Jardin du Roi.

ADDITIONS ET CORRECTIONS.

TOME PREMIER.

PRÉFACE. Page iv. ligne 1. conduit, *lisez* conduite.

Ibid. *Page vj. ligne* 17. méthode, *lisez* méthodes.

Ibid. *Page xxij. Ajoutez :* Nous ne devons pas négliger de témoigner les obligations que nous avons à M. Perrichon de Vandeuil qui fait cultiver avec soin, sous ses yeux, & par conséquent avec succès, les semences que nous recevons des pays étrangers, & qui se fait un plaisir de nous donner les plantes qui en proviennent & qui n'ont pas réussi dans nos Jardins.

Page 3. ligne 26. *Abies piceæ, foliis brevibus ;* lisez : *Abies piceæ foliis brevibus.*

Page 31. *ligne antépenultieme ; ajoutez* : Cet Erable n°. 11. dont les variétés sont représentées dans les planches placées à la fin de cet article, produit des fleurs en grappes qui se soutiennent droites comme celles du *Padus* ; ces fleurs sont fort petites & les grappes très-longues : je soupçonne que quelques-uns de ces Erables donnent du sucre.

Page 38. *ligne* 24. H. R. Pav. *lisez :* H. R. Par.

Ibidem, ligne 26. Même correction.

Page 55. *ligne* 21. graines divisées en deux rangées ; *lisez :* graines placées sur une rangée.

Page 85. ligne 13. *fructuosus ;* lisez : *fruticosus.*

Ibidem, lignes 16 & 17. *Atriplex Orientalis, frutex aculeatus, &c.* Cette phrase entiere doit être portée *à linea* & faire un article séparé, d'autant qu'elle n'est point un synonime de l'*Atriplex maritima, &c.*

Page 104. ligne 4. *Arbor syringæ, ceruleæ folio ;* lisez : *Arbor syringæ ceruleæ folio.*

Page 131. *ligne* 17. Amæn. Ruth. *ou* O*ZIRIS* ; *lisez :* Amman. Ruth. *ou* O*ZYRIS.*

Page 161. *ligne* 17. *ESPECES ; lisez : CULTURE.*

Page 165. ligne 17. *Catini foliis ;* lisez : *Cotini foliis.*

Page 182. *avant-derniere ligne ;* Amœn. Stirp. rar. *lisez :* Amman. Stirp. Ruth.

Page 183. *ligne* 3. Amœn. Stirp. rar. *lisez :* Amman. Stirp. Ruth.

A l'article des Usages de la Bruyere, ajoutez : Paul Constant, Chap. CXXVI.

page 137. dit, que l'*Erica* de Dioscoride est la Bruyere mâle qui croît dans le territoire du Duché de Châtelleraud, & qu'on la nomme dans ce pays, *Brumelle* : il ajoute qu'on y trouve encore une autre espece de Bruyere que l'on employe à faire des balais, des brosses ou *Epoussettes*. En Normandie, aux environs du Village de Bugle, on cultive avec soin une espece de Bruyere qui, selon le même Auteur, sert à faire *de fines Epoussettes*.

Page 254. ligne 2. *Jessili* ; lisez : *Sessili*.

Page 366. *ligne* 20. *Ajoutez* : Les semences que M. Peissonel nous a envoyées, ont fourni des Arbres dont les feuilles sont un peu différentes de celles du Liquidambar de la Louysiane ; elles sont plus découpées.

TOME SECOND.

Page 6. ligne 27. *& viridi* ; lisez : *è viridi*.

Page 16. ligne 18. *terminalis facie* ; lisez : *torminalis facie*.

Page 95. *ligne* 16. arbuste ; *lisez* : arbrisseau.

Page 191. ligne 20. *Ulmi Sammaris* ; lisez : *Ulmi Salmaris fructu*.

Page 236. *ligne* 20. *Ajoutez*, *à linea* : M. Gaultier, Médecin du Roi à Quebec, m'écrit que ce qu'on appelle en Canada : *Plat-de-bierre* est un véritable Framboisier-nain qui croît sur les rochers du Nord à Merigan, Côte de Labrador.

Page 318. *ligne* 17. C. L. Hist. *lisez* : Cl. Hisp.

TRAITE

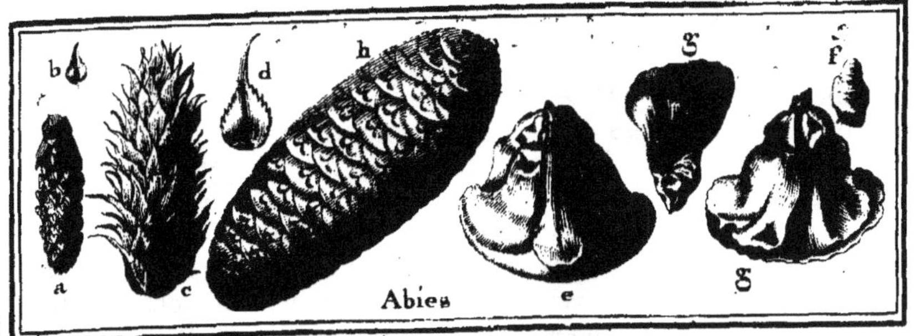

TRAITÉ DES ARBRES ET ARBUSTES

QUI SE CULTIVENT EN FRANCE EN PLEINE TERRE.

ABIES, Tournef. & Linn. *Gen. Plant.* *Pinus*, Linn. *Spec. Plant.* SAPIN.

DESCRIPTION.

Les Sapins portent ſur les mêmes arbres des fleurs mâles (*a*) & des fleurs femelles. (*c*)

Les fleurs mâles (*a*) ſont groupées ſur un filet ligneux & forment des chatons écailleux.

Sous les écailles (*b*) on apperçoit des étamines qui ſont courtes & ſurmontés de ſommets, qui ſemblent de petits corps ovales diviſés ſuivant leur longueur par une rainûre.

Les fruits paroiſſent, à d'autres endroits du même arbre, d'abord ſous la forme d'un cône écailleux. (*c*)

Les embrions des ſemences ſont, ſous les écailles, (*d*) ſurmontés d'un ſtile court; & dans le temps de la maturité, on trouve ſous chaque écaille (*e*) deux ſemences ovales, (*f*) quelquefois anguleuſes, qui ſont garnies chacune d'une aîle membraneuse. (*g*) On appelle ordinairement les fruits entiers & mûrs des cônes à cause de leur figure. (*h*)

Les fleurs femelles sont d'un assez beau rouge ; elles ont cependant peu d'éclat, à moins qu'on ne les regarde de près : elles paroissent au commencement de Mai.

Au Picea, les écailles des jeunes cônes sont arrondies par le bout, & renversées vers la queue ; elles se redressent ensuite & s'appliquent les unes sur les autres comme on le voit dans la vignette. (*h*)

Le tronc des Sapins s'éleve tout droit : il est terminé par la pousse de la derniere seve. Ainsi à chaque pousse il s'éleve une branche verticale qui est le prolongement du tronc, & en même temps il en paroît trois ou quatre qui s'étendent horisontalement ; ensorte que les branches sont disposées par étage, & qu'elles forment toutes ensemble une piramide fort réguliere.

Il est important, pour distinguer les *Abies* des Pins & des Melezes, de remarquer que dans toutes les especes du genre des *Abies*, il ne sort qu'une seule feuille de chaque support. *

On peut en général diviser les Sapins en deux ordres : savoir, les Sapins proprement dits, & les Piceas ou Epicias.

Les Sapins proprement dits, ont la pointe de leurs fruits ou cônes, tournée vers le ciel ; leurs feuilles sont longuettes, émoussées, échancrées par le bout, assez souples, blanchâtres en dessous & rangées à peu près sur un même plan des deux côtés d'un filet ligneux, ainsi que les dents d'un peigne.

Ils fournissent de la Térébenthine liquide, ou le Beaume blanc de Canada, ou ce qu'on appelle en Angleterre le Beaume de Gilead, &c.

Les cônes des Piceas ou Epicias ont la pointe tournée en en-bas.

Les feuilles des Piceas sont étroites, assez courtes, roides, piquantes, & rangées tout autour d'un filet commun ; ensorte qu'elles forment toutes ensemble par leur pointe une espece de cilindre.

Les Piceas ne donnent point de Térébenthine ; mais il sort de leur écorce un suc épais où une raisine, qui s'épaissit & devient concrete & semblable à des grains d'encens commun.

* Voyez ce qui est dit aux mots LARIX & PINUS.

Il y a outre cela des especes mitoyennes entre le Sapin & l'Epicia, telles que N°. 4. qui a les feuilles d'if, mais dont les pointes des fruits sont tournées en en-bas, & N°. 6. qui est un vrai Epicia dont les feuilles sont rangées comme les dents d'un peigne.

ESPECES.

1. *ABIES taxi folio, fructu sursum spectante.* Inst.
SAPIN à feuilles d'if, dont la pointe du fruit est tournée vers le ciel, ou SAPIN ordinaire, ou improprement SAPIN FEMELLE, ou encore dans quelques endroits AVET.

2. *ABIES taxi folio, fructu rotundiori obtuso.* M. C.
SAPIN à feuilles d'if & à fruit rond ou obtus.

3. *ABIES taxi folio, odore Balsami Gileadensis.* Raii. hist. app.
SAPIN à feuilles d'if, dit Beaumier de Gilead.

4. *ABIES taxi folio, fructu longissimo deorsum inflexo.* M. C.
SAPIN à feuilles d'if d'Amérique, à fruit long dont la pointe regarde la terre.

5. *ABIES tenuiori folio, fructu deorsum inflexo.* Inst.
SAPIN, PECE ou PESSE, PICEA ou EPICIA à feuille étroite, dont la pointe du fruit est tournée vers la terre: les Provençaux l'appellent SERENTO.

6. *ABIES minor, pectinatis foliis, Virginiana, conis parvis subrotundis.* Plutk.
SAPIN ou PETIT EPICIA de Virginie, dont les feuilles sont disposées en peigne, & à petits cônes arrondis.

7. *ABIES picea, foliis brevibus, conis minimis.* Rand.
SAPIN ou EPICIA à feuilles courtes, ou EPINETTE blanche de Canada, à petites feuilles.

8. *ABIES picea, foliis brevioribus, conis parvis, biuncialibus laxis.* Rand.
SAPIN ou EPICIA à feuilles très-courtes, à petit fruit peu serré, ou EPINETTE de la Nouvelle Angleterre.

9. *ABIES foliis prælongis, Pinum simulans.* Raii. hist.
SAPIN à longues feuilles, semblable au Pin.

10. *ABIES Orientalis, folio brevi & tetragono, fructu minimo, deorsum inflexo;* Elate *Græcorum recentiorum.* Cor. Inst.

SAPIN ou EPICIA d'Orient à feuille courte & quarrée, à petit fruit dont l'extrémité est tournée vers la terre.

M. Linneus a réuni au genre des Pins les Sapins & les Mélezes. On peut consulter ce que nous disons à ce sujet au mot *PINUS.*

CULTURE.

Toutes les especes de Sapins viennent dans les terres qui ont beaucoup de fonds, & assez fortes ; mais l'Epicia est moins délicat que le Sapin proprement dit.

L'une & l'autre espece se plaisent dans les terreins frais & humides, dans les lieux ombragés & sur les revers des montagnes du côté du Nord. Ils réussissent bien dans les terreins graveleux, pourvu qu'ils aient beaucoup de fonds. Ils ne craignent point le froid, & ne font que languir dans les climats chauds.

On cueille les fruits ou cônes de toutes les especes de Sapin & d'Epicia quand ils sont mûrs, en Janvier, en Février, & en Mars. Si on les cueille trop tard, les pluies d'Avril & le Soleil qui se fait sentir vivement à la fin de Mai, font ouvrir les écailles ; alors les semences tombent d'elles-mêmes, & les cônes restent vuides.

Il faut toujours cueillir les cônes qui sont à l'extrémité des branches au-dessous des jeunes pousses ; les autres sont vieux & vuides de semences, quoique les écailles paroissent rapprochées les unes des autres, sur-tout quand l'air est humide.

On étend ces cônes sur des draps, ou dans des caisses bien jointes ; on les expose à la rosée & à la grande ardeur du soleil : les écailles s'ouvrent, & en secouant les cônes les graines tombent sur le drap ou au fond de la caisse.

Il y en a qui mettent les cônes au four ; mais alors il faut bien prendre garde qu'une chaleur trop forte n'altere les semences.

Ces graines sont menues, ainsi il ne faut pas les semer bien avant en terre. Si l'on fait le semis dans une terre labourée, il faut la herser, ensuite on répand la graine, & l'on herse une seconde fois ; ou bien on fait traîner des broussailles par un cheval, ce qui suffit pour enterrer la graine, qui ne leve point lorsqu'elle est trop avant dans la terre. On la seme dans les mois d'Avril ou de Mai, aussi-tôt qu'on l'a tirée des cônes: elle leve rarement dans les terreins exposés au soleil.

Pour semer plus commodément la graine de Sapin, on en peut mêler un litron avec six ou huit litrons d'avoine, & semer ce mêlange comme de l'avoine pure: les Sapins se trouveront assez bien distribués, & les feuilles de l'avoine formeront une ombre qui sera avantageuse aux jeunes plantes de Sapin.

Si l'on veut transplanter le jeune plant, ce qui n'est praticable que pour les avenues & les plants de peu d'étendue, la saison la plus convenable sera dans les mois d'Avril & de Mai. On doit tâcher qu'il reste un peu de terre autour des racines, & de replanter promptement, sans quoi il périra beaucoup de pieds. Si on les met en pepiniere, il faut laisser au moins trois pieds de distance d'un arbre à l'autre, afin que l'on puisse les lever en motte quand on voudra les mettre en place; car dès qu'ils ont acquis une certaine grosseur, ils ne peuvent plus se transplanter autrement. Néanmoins ils reprennent assez bien quand on les transplante la seconde année, ou fort petits.

Dans l'un & dans l'autre cas, il faut éviter de planter les Sapins trop avant, parce que la superficie de la terre est toujours la meilleure.

On ne prend en Suisse aucune précaution pour élever des bois de Sapin & d'Epicia: les uns & les autres produisent leurs cônes qui mûrissent, & qui s'ouvrant naturellement laissent tomber les graines qui se sement ainsi elles-mêmes.

Les cônes des Sapins mûrissent tous les ans, & ne tombent point; mais les Ecureuils qui sont très-friands de leur graine les vont écailler. On dit que les cônes des Epicias demeurent sur l'arbre trois ans avant de mûrir & de tomber: je ne conviens pas de ce fait, car j'ai observé que les cônes qui se sont formés vers le printems sont en parfaite maturité dans le mois de Mars suivant; alors ils répandent leur graine, & les cônes vuides restent attachés aux arbres.

Comme les forêts de Sapins & d'Epicias se trouvent ordinairement dans les Pays de montagnes, il arrive assez fréquemment que les ouragans rompent, déracinent & couchent sur le côté trente & quarante arpens de bois : on enleve ces arbres abattus pour les différens usages auxquels ils sont propres ; mais dans ce cas la forêt aura peine à se repeupler. Si l'on néglige les précautions dont nous allons parler, on est quelquefois vingt-cinq à trente ans sans y voir un arbre de la hauteur d'un pied. D'abord il y vient beaucoup de Framboisiers ; ensuite la terre se couvre d'herbe ; (car on sait qu'il n'en vient point sous les Sapins ; on n'y trouve que de la Mousse, un peu de Fougere & de l'Oxis ou Alleluia.) Si on laisse brouter l'herbe par les animaux, le bois n'y revient pas ; mais si on n'y laisse point paître l'herbe, on voit au bout de trois ou quatre ans paroître de jeunes Sapins ; ce qui prouve que cet arbre veut être à couvert des rayons du soleil. En voici encore une preuve : Si on coupe dans une forêt un gros Sapin entre les autres, on voit deux ans après la place que ce Sapin occupoit garnie d'autres jeunes Sapins, qui sont aussi près à près que le chanvre qui leve dans une chenevière ; au contraire si l'on a assez abattu de Sapins pour que le soleil donne sur le terrain, on n'y en voit lever aucuns, ou très-peu.

On remarque que les Sapins viennent mieux qu'ailleurs, dans les endroits où d'autres Sapins ont pourri ; & il ne manque jamais de lever beaucoup de Sapins sur les grosses souches où sur les grosses racines qui sont réduites en terreau.

Les Sapins croissent lentement ; & un semis de Sapins ne commence à se distinguer de l'herbe que vers la cinquieme ou la sixieme année.

Nous venons de le dire, & nous le répétons encore, il est important de bannir tout bétail des semis de Sapins : car l'herbe est absolument nécessaire pour les défendre du soleil pendant qu'ils sont jeunes ; & quoique les bestiaux ne mangent point le Sapin, ils l'arrachent néanmoins avec l'herbe qu'ils paissent, ou bien ils le foulent avec leurs pieds.

Comme à mesure que les Sapins grossissent, les plus forts étouffent les foibles, on pourra abattre ceux qui languissent : cet éclaircissement produira un petit bénéfice, & il ne sera qu'avantageux aux beaux Sapins, pourvu toutefois, que ce retranchement ne se fasse que peu à peu, & sans trop éclaircir la futaie.

On prétend encore qu'il eſt néceſſaire d'abattre les arbres rompus ou malades, parce qu'il s'engendre entre le bois & l'écorce des vers, qui, devenant ſcarabés, endommagent les arbres ſains.

On n'a point coutume d'élaguer les Sapins, de même qu'on n'élague point les arbres qui viennent en maſſif de bois ; les branches du bas étant privées d'air par celles du haut ſe deſſechent, tombent en pourriture, & la plaie ſe cicatriſe. Cependant nous ne penſons pas comme bien d'autres, que les plaies ſoient pernicieuſes à ces arbres : nous avons élagué de jeunes Sapins qui étoient iſolés ; les plaies ſe ſont recouvertes en très-peu de temps, & le peu de raiſine qui s'échappoit des Epicias ne leur faiſoit aucun tort. Nous convenons bien que le retranchement d'une groſſe branche fait tort aux Sapins ; mais elle en fait à toute ſorte d'arbres, & à l'endroit où l'on a retranché une de ces branches, il reſte néceſſairement une ſolution de continuité, une roulûre, en un mot un défaut qui n'en exiſte pas moins pour être caché par une belle cicatrice ; mais on ne doit point craindre le retranchement des jeunes branches.

Les arbres des liſieres pouvant jouir de l'air, ne manquent pas de pouſſer de ce côté-là beaucoup de branches ; ce qui fait que les Sapins des liſieres ſont peu eſtimés. On peut retrancher ces branches pour en faire du charbon, & ſi les arbres en ſouffrent un peu, le dommage n'eſt pas grand, puiſqu'il eſt rare qu'on les emploie à autre choſe qu'à brûler ; mais il faut bien ſe donner de garde de les arracher, puiſque ces liſieres protégent les arbres qui ſont derriere eux : car comme ils étendent leurs racines dans les terres voiſines, ils ſont en état de ſupporter le premier choc du vent, & ils garantiſſent les autres d'être rompus ou renverſés.

Quand une partie des arbres commencent à ſe couronner, c'eſt-à-dire à mourir par la cime, il eſt temps d'abattre la forêt ; mais il eſt eſſentiel d'entamer l'exploitation du côté que le vent eſt le moins violent, (c'eſt ordinairement dans la partie de l'Eſt,) afin que les liſieres qui ſubſiſtent du côté de l'Oueſt & du Nord-Oueſt continuent de protéger la futaie qui ſans cela courroit riſque d'être renverſée.

Si nous avons dit ci-devant, que pour renouveller une forêt

dans les pays où il y a beaucoup de Sapins, il suffiroit d'empêcher les bestiaux d'y entrer; c'est parce que la graine du Sapin qui est menue & aîlée, est facilement portée au loin par le vent.

USAGES.

Les Sapins de toutes les especes, doivent être mis dans le bosquet d'hyver; & l'on en fait de très-belles avenues en plantant un de ces arbres qui s'éleve fort haut, & ensuite un arbre d'une autre espece, pour garnir le bas : les Sapins viennent aussi très-bien en massif de bois.

On sait qu'on fait des planches & des pieces de charpente avec le bois de Sapin; mais souvent on confond les planches de Sapin avec celles de Pin, qui, dans plusieurs Pays, sont meilleures que les premieres.

Nous avons déja dit que les Sapins proprement dits, qui ont les feuilles blanchâtres par-dessous, d'un verd clair par-dessus, & que l'on nomme Sapins à feuilles d'if, sont les seuls qui fournissent cette raisine liquide & transparente, connue sous le nom de térébenthine; qu'il transsude des Piceas une raisine qui se seche, qui devient tellement concrete qu'elle ressemble à des grains d'encens, & qu'on l'appelle Poix, dans le Comté de Neuf-Châtel où l'on en ramasse une grande quantité : comme on trouve dans les Auteurs beaucoup d'obscurité & de confusion sur les raisines que fournissent les Sapins, les Piceas, les Mélezes & les Pins; j'ai cru devoir m'étendre ici sur cette matiere, & j'espere, au moyen des réponses qu'on a faites aux Mémoires que j'ai envoyés sur les lieux, & principalement avec les éclaircissemens qui m'ont été fournis par M. le Clerc, célebre Chirurgien établi en Suisse à sept ou huit lieues de Besançon, pouvoir dissiper les nuages qui jettent de l'obscurité sur ce point.

Toutes les années vers le mois d'Août, des Paysans Italiens voisins des Alpes, font une tournée dans les Cantons de la Suisse où les Sapins abondent, pour y ramasser la térébenthine : nous allons détailler leur procédé.

Ces Paysans ont des cornets de fer-blanc qui se terminent en pointe aiguë, & une bouteille de la même matiere pendue à leur ceinture. Ceux qui tirent la térébenthine des Sapins qui croissent

ſent ſur les montagnes des environs de la grande Chartreuſe ; ſe ſervent de cornes de bœuf, qui ſe terminent en pointe ainſi que les cornets de fer-blanc.

C'eſt une choſe curieuſe, de voir ces payſans monter juſqu'à la cime des plus hauts Sapins, au moyen de leurs ſouliers armés de crampons qui entrent dans l'écorce des arbres dont ils embraſſent le tronc avec les deux jambes & un de leurs bras, pendant que de l'autre ils ſe ſervent de leur cornet pour crever de petites tumeurs ou des Veſſies que l'on apperçoit ſur l'écorce des Sapins proprement dits. (N°. 1.) Lorſque leur cornet eſt rempli de cette térébenthine claire & coulante qui forme les veſſies ; ils la verſent dans la bouteille qu'ils portent à leur ceinture, & ces bouteilles ſe vuident enſuite dans des outres ou peaux de bouc, qui ſervent à tranſporter la térébenthine dans les lieux où ils ſavent en avoir le débit le plus avantageux.

Comme il arrive aſſez ſouvent qu'il tombe dans les cornets des feuilles de Sapin, des fragmens d'écorce & des lichens qui ſaliſſent la térébenthine, ils la purifient par une filtration, avant de la mettre dans les outres : pour cet effet, ils levent un morceau d'écorce à un Epicia, ils en font une eſpece d'entonnoir, dont ils garniſſent le bout le plus étroit avec des pouſſes du même arbre ; enſuite ils rempliſſent cet entonnoir de la térébenthine qu'ils ont ramaſſée ; elle s'écoule peu à peu, & les ordures reſtent engagées dans la garniture ; c'eſt-là la ſeule préparation que l'on donne à cette réſine liquide, avant de l'expoſer en vente.

Il n'y a que les Sapins proprement dits qui fourniſſent la véritable térébenthine : ce n'eſt pas qu'il ne ſe forme auſſi quelquefois des veſſies ſur l'écorce des jeunes Epicias, dans leſquelles on trouve un ſuc réſineux, clair & tranſparent ; mais ce ſuc n'eſt point de la vraie térébenthine ; c'eſt de la poix toute pure, qui en très-peu de temps s'épaiſſit à l'air : on apperçoit rarement de ces ſortes de veſſies ſur l'écorce des Epicias, & ce n'eſt que lorſqu'ils ſont très-vigoureux & plantés dans un terrein gras. La réſine de ces arbres découle des entailles que l'on fait à leur écorce, comme nous le dirons dans la ſuite ; au contraire il ne coule point de térébenthine par les inciſions que l'on fait à l'écorce des Sapins proprement dits. Toute la térébenthine ſe tire des vessies ou tumeurs qui se forment naturellement dans l'écorce ; si quelquefois on fait par hazard ou par expérience des incisions à l'écorce des Sapins, il en sort si peu de térébenthine qu'elle ne mérite aucune attention. Il est vrai que ces gouttes de résine qui sortent liquides des pores de l'arbre s'épaississent à l'air presque comme celles des Epicias ; mais il y a cette différence, que le suc des Epicias devient en s'épaississant opaque comme l'encens ; aulieu que celui des Sapins est clair & transparent comme le mastic.

Il est bon de remarquer que les vessies ou tumeurs qui paroissent sous l'écorce des Sapins sont quelquefois rondes, & quelquefois ovales ; mais dans ce dernier cas le grand diametre des tumeurs est toujours horisontal, & jamais perpendiculaire.

Dans les endroits où le fond est gras, & la terre substantieuse, on fait deux récoltes de térébenthine dans la saison des deux seves, savoir celle du Printemps & celle d'Août : mais chaque arbre ne produit qu'une fois des vessies pendant le cours d'une seve ; ils n'en produisent même qu'à la seve du Printemps dans les terreins maigres.

Il n'en est pas ainsi des Epicias. Ces arbres fournissent une récolte tous les quinze jours, pourvu qu'on ait soin de rafraîchir les entailles qu'on a déja faites à leur écorce.

Les Sapins commencent à fournir une médiocre quantité de térébenthine dès qu'ils ont trois pouces de diametre, & ils en fournissent de plus en plus jusqu'à ce qu'ils aient augmenté jusqu'à un pied ; alors les piquures qu'on a faites à leur écorce forment des écailles dures & racornies : le corps ligneux qui continue à s'étendre en grosseur oblige l'écorce qui est dure & incapable d'extension de se crever, & à mesure que l'arbre grossit, cette écorce qui, quand l'arbre étoit jeune, n'avoit qu'un quart de pouce d'épaisseur, acquiert jusqu'à 1 pouce $\frac{1}{2}$, & alors elle ne produit plus de vessies.

Les Epicias au contraire, fournissent de la poix tant qu'ils subsistent, ensorte qu'on en voit dont on tire de la poix en abondance, quoiqu'ils aient plus de trois pieds de diametre.

Les Sapins ne paroissent pas s'épuiser par la térébenthine qu'on en tire, ni par les piquures qu'on fait à leur écorce. Les écailles qu'elles occaſionnent & les gerſures de l'écorce des gros Sapins ne leur ſont pas plus contraires que celles qui arrivent naturellement aux écorces des gros Ormes, des gros Tilleuls ou des Bouleaux.

Il découle naturellement, comme nous l'avons déjà dit, de l'écorce des Epicias des larmes de réſine qui en s'épaiſſiſſant font une eſpece d'encens; mais pour avoir la poix en plus grande abondance, on emporte, dans le temps de la ſeve, qui arrive au mois d'Avril, une laniere d'écorce, en obſervant de ne point entamer le bois.

Si l'on apperçoit ſur des Epicias qui ſont entaillés depuis long-temps, que les plaies ſont profondes, c'eſt parce que le bois continue à croître tout autour de l'endroit qui a été entamé; & comme il ne ſe fait point de productions ligneuſes dans l'étendue de la plaie, peu à peu ces plaies parviennent à avoir plus de dix pouces de profondeur.

Les plaies augmentent auſſi en hauteur & en largeur, parce qu'on eſt obligé de les rafraîchir toutes les fois qu'on ramaſſe la poix, afin de détruire une nouvelle écorce qui ſe formeroit tout autour de la plaie, & qui empêcheroit la réſine de couler; ou plutôt pour emporter une portion de l'écorce qui devient calleuſe à cet endroit, lorſqu'elle a rendu ſa réſine.

Bien loin que ces entailles & cette déperdition de réſine faſſe tort aux Epicias, on prétend que ceux qui ſont plantés dans les terreins gras périroient, ſi l'on ne tiroit pas par des entailles une partie de leur réſine.

Tous les ans, les Epicias ordinaires dont les cônes ſont très-longs, & dont les feuilles ſont d'un verd plus clair que celles des Sapins, fourniſſent de la poix pendant les deux ſeves; c'eſt-à-dire depuis le mois d'Avril juſqu'en Septembre; mais les récoltes ſont plus abondantes quand les arbres ſont en pleine ſeve, & l'on en ramaſſe plus ou moins ſouvent, ſuivant que le terrein eſt plus ou moins ſubſtantieux; enſorte que dans les terreins gras, on en fait la récolte tous les quinze jours, en détachant la poix avec un inſtrument qui eſt taillé d'un côté comme le fer d'une hache, & de l'autre comme une gouge: ce fer ſert encore à rafraîchir la plaie toutes les fois qu'on ramaſſe la poix.

Il eſt bon de faire remarquer que cette ſubſtance réſineuſe

ne ſort point du bois ; il en ſuinte un peu, à la vérité, de l'épaiſſeur de l'écorce, mais la plus grande quantité tranſſude d'entre le bois & l'écorce : elle ſe fige auſſi-tôt qu'elle eſt ſortie des pores de l'arbre ; elle ne coule point à terre, mais elle reſte attachée à la plaie en groſſes larmes ou flocons ; & c'eſt ce qui établit une ſi grande différence entre la poix que fourniſſent les Epicias & la térébenthine que donnent les Sapins.

Les Epicias ne ſe plaiſent pas dans les pays chauds ; mais s'il s'y en trouvoit, il pourroit arriver que la poix qu'ils fourniroient ſeroit coulante preſque comme la raiſine des Pins : on ſait que la chaleur amollit les réſines aulieu de les deſſecher ; & ceux qui ramaſſent la poix des Epicias, remarquent bien qu'elle ne tient point à leurs mains lorſque l'air eſt frais, & qu'elle s'y attache au contraire quand il fait chaud ; alors ils ſont obligés de ſe les frotter avec du beurre ou de la graiſſe, afin d'empêcher cette poix qui eſt gluante de coller leurs doigts les uns contre les autres.

La poix des jeunes Epicias eſt plus molle que celle des vieux ; mais elle n'eſt jamais coulante.

Dans les forêts d'Epicias qui ſont ſur des rochers on apperçoit beaucoup de racines qui s'étendent ſouvent hors de terre. Si on les entaille elles fourniſſent de la poix en abondance ; mais cette poix eſt épaiſſe comme celle qui coule des entailles faites aux troncs.

Enfin la poix des Epicias eſt ſuffiſamment ſeche pour être miſe dans des ſacs. C'eſt dans cet état que les payſans la tranſportent dans leurs maiſons, pour lui donner la préparation dont nous allons parler.

On met la poix avec de l'eau dans de grandes chaudieres ; un feu modéré la fond ; enſuite on la verſe dans des ſacs de toile forte & claire qu'on porte ſous des preſſes, qui appuyant deſſus peu à peu font couler la poix pure & exemte de toutes immondices. Alors on la verſe dans des barrils ; & en cet état on la vend ſous le nom de poix graſſe ou poix de Bourgogne : on met rarement cette poix en pain, ſur-tout quand on veut la tranſporter au loin, parce que la moindre chaleur l'attendrit & la fait applatir. On la renferme encore dans des cabas d'écorce de Tilleul.

Ce que nous venons de dire regarde la poix blanche, ou pour mieux dire la poix jaune. On en vend aussi de noire, qui est préparée avec cette poix jaune dont on vient de parler & dans laquelle on met du noir de fumée. Pour bien incorporer ces deux substances, on fait fondre à petit feu & doucement de la poix jaune dans laquelle on mêle une certaine portion de noir de fumée : ce mêlange s'appelle la poix noire, mais elle est peu estimée.

Dans les années chaudes & seches, la poix est de meilleure qualité, & la récolte en est plus abondante que dans celles qui sont fraîches & humides.

Si l'on met cette poix grasse dans des alambics avec de l'eau, il passe avec l'eau, par la distillation, une huile essentielle, & la poix qui reste dans la cucurbite est moins grasse qu'elle ne l'étoit auparavant; elle ressemble alors à la colophone dont nous parlerons dans l'article des Pins : mais l'huile essentielle qui a monté avec l'eau, n'est pas de l'esprit de térébenthine; c'est de l'esprit de poix qui est d'une qualité bien différente & fort inférieure : comme on a coutume de le vendre pour de l'esprit de térébenthine, on doit prendre bien des précautions pour n'être point trompé, sur-tout lorsqu'il est important d'avoir de véritable huile essentielle de térébenthine, soit pour des médicamens, soit pour dissoudre certaines résines concretes.

On fait la véritable essence de térébenthine, en distillant avec beaucoup d'eau celle qu'on retire des vessies du Sapin : la térébenthine qui a été ramassée au mois d'Août fournit un quart d'essence; c'est-à-dire, que de quatre livres de belle térébenthine, on en tire une livre d'essence.

Dans les forêts épaisses où le soleil ne peut pénétrer, on fait toutes les entailles du côté du midi; mais dans celles où le soleil pénetre, ce qui est rare, on les fait indifféremment de tous les côtés, pourvu néanmoins que ce ne soit point du côté du vent de pluie. On fait quelquefois trois ou quatre entailles à un gros Epicia; mais on a l'attention de n'en point faire, comme nous venons de le dire, du côté où la pluie vient en plus grande abondance.

Quand on ne fait qu'une plaie aux Epicias, ils fournissent de la poix pendant vingt-cinq à trente ans; il y a des arbres pourris au-dedans qui donnent encore de la poix; parce qu'à mesure qu'une couche intérieure se pourrit, il s'en forme de nouvelles à l'extérieur.

Lorsque l'on fait plusieurs entailles, l'humidité, sur-tout dans les temps de neige, pénetre la substance ligneuse & occasionne une maladie qui annonce que le bois tombera bien-tôt en pourriture : le cœur de l'arbre, de blanc qu'il doit être, devient rouge; plus le bois rouge s'étend en hauteur, plus il approche de la circonférence du tronc, & plus l'arbre approche de sa fin.

Les Epicias qui ont fourni beaucoup de résine, pourvu toutefois que leur bois ne soit point rouge, sont bons pour faire de la charpente, de la menuiserie, du bardeau, des seaux, des tonneaux à mettre du vin ou des marchandises. Il paroît néanmoins que cette espece de bois a souffert quelque altération; car le charbon qu'on en fait est plus leger & de moindre qualité que celui des arbres qui n'ont point été entaillés.

Les Sapins rouges ne sont bons qu'à brûler; souvent même on les laisse pourrir dans les forêts.

Un arbre vigoureux & planté en bon fond, peut au plus rendre chaque année trente à quarante livres de poix.

M. le Clerc assure que l'on contrefait l'ambre jaune en mêlant, par une chaleur modérée & augmentée peu à peu, de l'huile d'asphalte rectifiée avec de la térébenthine, dans un vase de cuivre jaune : quand cette matiere a pris deux ou trois bouillons, on en peut mouler de très-belles tabatieres.

On sait que la térébenthine entre dans les vernis communs, qu'elle fait la base de plusieurs emplâtres, de quelques onguens & de quelques digestifs; on l'ordonne encore intérieurement pour les maladies des reins & de la vessie; & elle passe pour être antiscorbutique, déterstive, résolutive, dessicative.

La bonne térébenthine doit être nette, claire, transparente, de consistance de sirop, d'une odeur forte, & d'un goût un peu amer.

L'huile essentielle de térébenthine sert aux peintres pour rendre leurs couleurs plus coulantes, aux vernisseurs pour dissoudre des résines concretes, aux maréchaux pour dessecher les plaies des chevaux & les guérir de la galle : les médecins l'ordonnent dans quelques potions pour faciliter l'expectoration.

La poix entre aussi dans la composition de plusieurs onguens; on la mêle avec du beurre, & l'on en fait une composition qui sert à graisser les voitures : on pourroit en la fondant avec du goudron faire du brai gras pour en enduire les vaisseaux. Dans le Comté de Neuf-Châtel on fait un brai pour les vaisseaux, & pour tous les bois qu'on emploie dans l'eau, avec de la poix du Picea, qui est d'un blanc jaunâtre, & une certaine quantité de pierre d'asphalte réduite en poudre ; ce mêlange étant cuit sur le feu fait un bon enduit : on y ajoute encore d'autres drogues, & l'on en fait un très-bon ciment pour unir les pierres.

On nous apporte de Canada une térébenthine claire, blanchâtre, plus douce que celle que fournissent nos Sapins, & qui ressemble beaucoup au beaume de la Mecque : cette térébenthine que l'on connoît sous le nom de beaume blanc de Canada, est, je crois, peu différente de celle que les Anglois appellent beaume de Gilead. Ce beaume se ramasse, ainsi que notre térébenthine, sur les Sapins, N°. 3. qui ne different presque pas du Sapin, N°. 1. La différence qu'on remarque dans cette térébenthine est peut-être occasionnée par le grand froid qui regne en Canada.

Suivant Actius, Médecin à Thuringe en Allemagne, on a quelquefois emploié l'écorce de l'Epicia, en place de celle de chêne, pour tanner les cuirs : je crois qu'on l'emploie aussi à cet usage en Canada ou dans l'Isle Royale. Ce même Auteur ajoute, que pour retirer la poix des Epicias, les paysans enlevent des lanieres d'écorce de la largeur de quatre doigts (*A fig.* 1,) depuis l'endroit où ils peuvent atteindre, jusqu'à deux pieds près de terre, & qu'ayant ensuite répété cette opération de distance en distance autour des arbres, ils n'y retournent que deux ou trois ans après ; qu'ils trouvent alors les plaies remplies de quantité de résine; qu'ils la grattent avec un crochet (*B fig.* 1;) qu'ils la ramassent dans des especes de seaux de figure conique, (*C fig.* 1;) & que ces seaux sont faits d'écorce de Cormier. C'est avec ces mêmes vaisseaux (*D fig.* 1,) qu'ils transportent la résine qu'ils ont recueillie, dans les atteliers où ils la travaillent, comme nous allons le décrire.

Ces ouvriers, pour conserver leurs habits, se revêtissent d'une espece de foureau qui ne passe pas la ceinture, (*E fig.* 1. *&* 2.)

Ils établissent dans leurs atteliers, pour la préparation de la poix, des fourneaux (*F fig.* 3,) qui ont extérieurement la forme d'un parallélépipede; ils y scelent bien exactement des chaudieres de cuivre de forme conique (*G fig.* 2 & 3.) Ces chaudieres ont à leur fond un trou de la grosseur du doigt, lequel s'ajuste à un tuyau qui va, suivant une pente convenable, depuis un bout du fourneau jusqu'à l'autre, sortir de ce même fourneau par sa partie postérieure.

On voit à la partie antérieure du fourneau, (*H fig.* 3,) trois portes ou bouches par lesquelles on allume le feu; & comme le fourneau est par-tout exactement fermé, la fumée & l'air chaud ne peuvent en sortir que par trois ouvertures ou cheminées, qu'on voit à la partie postérieure du fourneau *F fig.* 2.

On conçoit ainsi que toutes ces chaudieres que l'on a soin de tenir exactement fermées par des couvercles, (*I fig.* 2 & 3,) doivent recevoir une chaleur bien douce, & qu'elle suffit pour faire fondre la résine dont elles sont remplies; car la fumée qui s'échappe de la résine se réverbérant, contribue à faire fondre celle qui ne l'est pas.

A mesure que la résine fond, elle s'échappe par l'ouverture qui est au fond des chaudieres, de là elle coule dans les tuyaux qui s'étendent dans toute la longueur de l'intérieur du fourneau, elle sort par leur extrêmité, & elle se rend enfin dans les vaisseaux, (*L fig.* 3,) qui sont placés pour la recevoir.

Pendant que cette substance résineuse est encore coulante, on la verse dans des baquets, ou dans des vaisseaux d'écorce d'arbre, (*M fig.* 2 & 3.) On la vend en cet état sous le nom de poix grasse.

Lorsqu'il ne coule plus rien par le tuyau, l'on retire les immondices qui sont restées au fond des chaudieres; on en remplit des caisses, (*N fig.* 3,) & l'on conserve cette matiere pour faire du noir de fumée: nous en décrirons ci-après le procédé.

Si l'on veut faire de la poix seche, on cuit la poix grasse dans d'autres chaudieres, jusqu'à ce que toute l'humidité en soit évaporée: quelquefois on mêle du vinaigre dans cette seconde cuisson; la poix prend alors une couleur rousse, & elle devient très-seche: c'est-là proprement ce qu'on appelle, de la colophone, & vulgairement colophane.

Pour

Pour faire le noir de fumée, l'on bâtit un cabinet (*O fig.* 4,) exactement fermé de toute part, si ce n'est qu'au milieu de la partie supérieure; l'on y fait quelques ouvertures que l'on couvre cependant d'un cône ou espece de cornet de toile. A quelque distance de ce cabinet l'on construit un four, (*P fig.* 4,) dont la bouche est fort petite; l'intérieur de ce four communique avec le dedans du cabinet par un tuyau de cheminée rampant (*Q fig.* 4.) Un enfant allume une petite quantité des immondices qu'on a retirées des chaudieres, & il l'introduit dans le four: à mesure que cette résine se consume, ce même enfant y en ajoute un peu de nouvelle, & en continuant de mettre de moment en moment un peu de résine dans le four, le cabinet se remplit de fumée; cette fumée passe en bonne partie dans le cône de toile où elle se rassemble en forme de suie. Quand on juge que le cône ou cornet est bien chargé de fuliginosités, des enfans battent la toile avec des baguettes pour faire tomber le noir de fumée sur la partie supérieure du cabinet, & l'on ramasse ce noir pour en remplir des barrils, (*R fig.* 2. *&* 4.)

On trouvera dans l'article du Pin différentes manieres de cuire les substances résineuses, & différents procédés pour faire le noir de fumée: nous remettons à cet endroit à parler de ses usages.

En Canada l'on fait avec l'Epinette blanche, qui est une espece d'Epicia dont les feuilles & les cônes sont plus petits que ceux de celui qu'on cultive en France, une boisson très-saine, qui ne paroît point agréable la premiere fois qu'on en boit, mais qui le devient lorsque l'on en a usé pendant quelque temps.

Comme l'on peut faire cette liqueur avec notre Epicia, & qu'en tout temps elle peut être à fort grand marché, nous croyons devoir en donner ici la recette, afin que l'on puisse en faire usage dans les années où le vin est trop cher, & surtout lorsque la disette des grains fait également augmenter le prix de la biere ordinaire.

Pour faire une barrique d'Epinette il faut avoir une chaudiere qui tienne au moins un quart de plus.

On l'emplit d'eau, & dès que cette eau commence à être

chaude, l'on y jette un fagot de branches d'Epinette rompues par morceaux : ce fagot doit avoir environ 21 pouces de circonférence auprès du lien.

On entretient l'eau bouillante jusqu'à ce que la peau de l'Epicia se détache facilement de toute la longueur des branches.

Pendant cette cuisson on fait rôtir à plusieurs reprises, dans une grande poële de fer, un boisseau d'avoine ; on fait encore griller une quinzaine de galettes de biscuit de mer, ou à leur défaut 12 ou 15 livres de pain coupé par tranches ; & quand toutes ces matieres sont bien rôties, on les jette dans la chaudiere, & elles y restent jusqu'à ce que l'Epinette soit bien cuite.

Alors on retire de la chaudiere toutes les branches d'Epinette, & l'on éteint le feu. L'avoine & le pain se précipitent au fond ; il faut ensuite retirer avec une écumoire les feuilles d'Epicia qui flottent sur l'eau. Enfin l'on délaye dans cette liqueur six pintes de mélasse, ou gros sirop de sucre, ou à son défaut 12 à 15 livres de sucre brut.

On entonne sur le champ cette liqueur dans une barrique fraîche qui ait contenu du vin rouge ; & lorsque l'on veut qu'elle soit plus colorée, on y laisse la lie & cinq à six pintes de ce vin. Quand cette liqueur n'est plus que tiede, on délaye dedans une chopine de levure de biere que l'on brasse bien fort, afin de l'incorporer avec la liqueur ; ensuite l'on acheve d'emplir la barrique jusqu'au bondon que l'on laisse ouvert.

Cette liqueur fermente & jette dehors beaucoup de saletés : à mesure qu'elle se vuide, l'on a soin de la remplir avec une partie de la même liqueur que l'on conserve à part dans quelque vaisseau de bois.

Si l'on ferme le bondon au bout de 24 heures, l'Epinette reste piquante comme le cidre ; mais si on veut la boire plus douce, il ne faut la bondonner que quand elle a passé sa fermentation, & avoir soin de la remplir deux fois par jour.

Cette liqueur est très-rafraîchissante, fort saine ; & lorsqu'on y est habitué, on la boit avec beaucoup de plaisir sur-tout pendant l'Eté. Je crois qu'on pourroit substituer le Genievre à l'Epinette de Canada.

Tome I. Planche 1.

Tome I. Pl. 2.

Tome I. Pl. 3.

Fig. II.
Fig. III
M
L
G
M
R
I
I
I
N
N
E
N
C
C
N
N
N
F
H
F
G
I
I
L
I
Fig. IV
P
Q
R
R
O
C

Abrotanum

a b c d

ABROTANUM, Tournef. *Artemisia*, Linn. AURONE.

DESCRIPTION.

NOus croyons devoir mettre les Aurones au nombre des Arbuſtes, parce qu'elles forment de petits buiſſons qui ſont toujours verds.

Leurs fleurs (*a*) ſont du genre de celles qu'on nomme fleurs à fleurons, c'eſt-à-dire, qu'elles ſont formées d'un grand nombre de petites fleurs, raſſemblées en maniere de tête dans un calyce commun. Les fleurons du milieu ſont hermaphrodites, & le pétale eſt figuré en entonnoir diviſé en cinq parties; (*b*) on y voit cinq petites étamines. Les fleurons de la circonférence ſont femelles. Au milieu de chacun de ces fleurons des deux eſpeces on trouve un piſtil formé d'un ſtyle fourchu (*c*) qui eſt plus long dans les fleurons femelles que dans les hermaphrodites, & d'un embrion qui devient une ſemence (*d*) menue & longuette. Toutes les parties de la Vignette ſont deſſinées plus grandes que le naturel afin de les rendre plus ſenſibles.

L'Aurone fait un buiſſon aſſez touffu, de deux à trois pieds de hauteur : ſes feuilles ſont étroites, pluſieurs eſpeces les ont découpées; elles ont une odeur forte & aromatique; leur goût eſt âcre & amer.

M. Linneus a réuni les Aurones, les Abſynthes & les Armoiſes ſous un même genre qu'il a nommé *Artemiſia*. Nous ne parlerons point des Armoiſes dans ce Traité, parce qu'elles perdent leurs tiges pendant l'hyver.

Comme pluſieurs Auteurs ont diſtingué les Aurones en mâle & femelle, il eſt bon de faire obſerver que le terme de *Mas* en françois *mâle*, n'eſt pas ici bien employé, puiſque toutes les Aurones ſont hermaphrodites; mais nous avons été obligés de nous conformer à l'uſage. Les Aurones auſſi improprement nommées femelles, ſont des Santolines : voyez *Santolina.*

ESPECES.

1. *ABROTANUM mas, anguſtifolium majus.* C. B. P.
Grande AURONE à feuilles étroites, ou Citronnelle.

2. *ABROTANUM mas, anguſtifolium maximum.* C. B. P.
Très-grande AURONE à feuilles étroites, ou grande Citronnelle.

3. *ABROTANUM mas, anguſtifolium incanum.* C. B. P.
AURONE à feuilles étroites blanchâtres.

4. *ABROTANUM mas, anguſtifolium minus.* C. B. P.
Petite AURONE à feuilles étroites.

5. *ABROTANUM campeſtre.* C. B. P.
AURONE ſauvage.

6. *ABROTANUM humile, corymbis majoribus aureis* H. R. P.
AURONE rampante à grandes fleurs couleur d'or.

7. *ABROTANUM mas, lini folio acriori & odorato.* Inſt.
AURONE à feuilles de lin d'un goût piquant & d'une odeur agréable, ou Eſtragon.

Quoique l'Eſtragon perde ſes tiges pendant l'hyver, nous le comprenons cependant dans cette liſte, parce qu'il forme l'Eté une eſpece d'Arbuſte, & qu'on le cultive volontiers à cauſe de ſon odeur agréable.

Nous avons cru auſſi devoir faire mention de l'Arbuſte marqué (n°. 6.) à cauſe de ſes fleurs qui ſont aſſez belles.

CULTURE.

Les Jardiniers élevent dans des pots les eſpeces 1 & 2; & quand ils en ont formé de jolis buiſſons, ils les vendent ſous le nom de Citronnelle.

Les Aurones prennent aiſément de marcottes; & une branche

qui porte à terre eſt bientôt garnie de racines; c'eſt pourquoi l'on n'eſt guere dans l'uſage de les élever de ſemence.

USAGES.

Comme ces petits Arbuſtes ne quittent point leurs feuilles, on les peut employer pour garnir les boſquets d'hyver: quelques eſpeces portent des fleurs aſſez jolies que l'on nomme Boutons d'or.

Ces plantes s'employent en Médecine comme étant apéritives, déterſives, vermifuges, réſolutives, emmenagogues.

L'Eſtragon (n°. 7.) ſe mange dans les ſalades.

ABROTANUM, Aurone. N°. 1. Page 22

Tome I. Pl. 4.

Absynthium

a  a  b

ABSYNTHIUM, Tournef. *Artemisia*, Linn. ABSYNTHE.

DESCRIPTION.

LA fleur de l'Absynthe est dans le genre des fleurs à fleurons; c'est-à-dire, qu'un calyce écailleux renferme beaucoup de fleurons, les uns hermaphrodites, les autres femelles composées d'un pétale en tuyau, qui est divisé par son extrêmité en cinq parties pointues & renversées, qui représentent une étoile.

On trouve dans les fleurs hermaphrodites cinq étamines terminées par des sommets arrondis.

Le pistil est composé d'un petit embrion cylindrique sur lequel repose le pétale, & un style fourchu à son extrêmité. Dans les fleurs femelles, l'embrion est plus petit & le style plus long.

Les embrions deviennent des semences menues, oblongues, & garnies de poils : les feuilles de l'Absynthe sont découpées très-profondément.

Si l'on consulte ce que nous avons dit de l'Aurone, on appercevra qu'il y a une grande ressemblance entre les parties de la fructification de l'Aurone & celles de l'Absynthe, aussi M. de Tournefort dit-il qu'on ne peut les distinguer que par le port extérieur des plantes de ces deux genres ; & M. Linneus les comprend dans le genre de l'Armoise (*Artemisia.*) Cependant le calyce des fleurs de l'Absynthe (*a*) est plus arrondi que celui des fleurs de l'Aurone (*b*) ; & les semences de l'Absynthe sont garnies de poils au lieu que celles de l'Aurone sont nues.

ESPECES.

1. *ABSYNTHIUM arborescens.* Lob. Icon.
ABSYNTHE en arbrisseau.

2. *ABSYNTHIUM vulgare majus.* J. B.
Grande ABSYNTHE ordinaire.

3. *ABSYNTHIUM insipidum, Absynthio vulgari simile.* C. B. P.
ABSYNTHE sans odeur, semblable à l'Absynthe commun.

4. *ABSYNTHIUM tenuifolium incanum.* C. B.
Petite ABSYNTHE qui a les feuilles blanchâtres.

5. *ABSYNTHIUM maritimum Lavandulæ folio.* C. B. P.
ABSYNTHE maritime à feuilles de Lavande.

Il n'y a que l'espece d'Absynthe (n°. 1.) qui puisse être regardée comme un arbrisseau. Nous y avons cependant joint les especes (n°. 2. 3. 4. 5.) qui conservent leurs tiges pendant l'hyver; mais nous avons supprimé toutes les autres qui les perdent dans cette saison.

CULTURE.

L'Absynthe se multiplie aisément par les drageons enracinés qui se trouvent auprès des gros pieds, & par les semences.

USAGES.

L'Absynthe fait un buisson qui conserve ses feuilles pendant l'hyver, & qui s'éleve à 2 ou 3 pieds de hauteur. Ses feuilles qui sont d'un verd argenté, font un assez bel effet. Ses fleurs ne sont pas d'une couleur bien brillante:

Cette plante est regardée comme un excellent stomachique, comme antihystérique & comme très-résolutive. On l'ordonne en général pour fortifier l'estomach, & en particulier aux personnes du sexe qui ont les pâles couleurs.

On fait le vin d'Absynthe, en mettant infuser les feuilles de cette plante dans du vin doux, lequel en fermentant en tire la teinture. On ordonne ce vin dans les maladies que nous venons d'indiquer, & aussi pour chasser les vers. On emploie pour les mêmes causes, la quintessence d'Absynthe, qui n'est autre chose qu'une teinture de cette plante tirée par l'esprit de vin.

ACACIA,

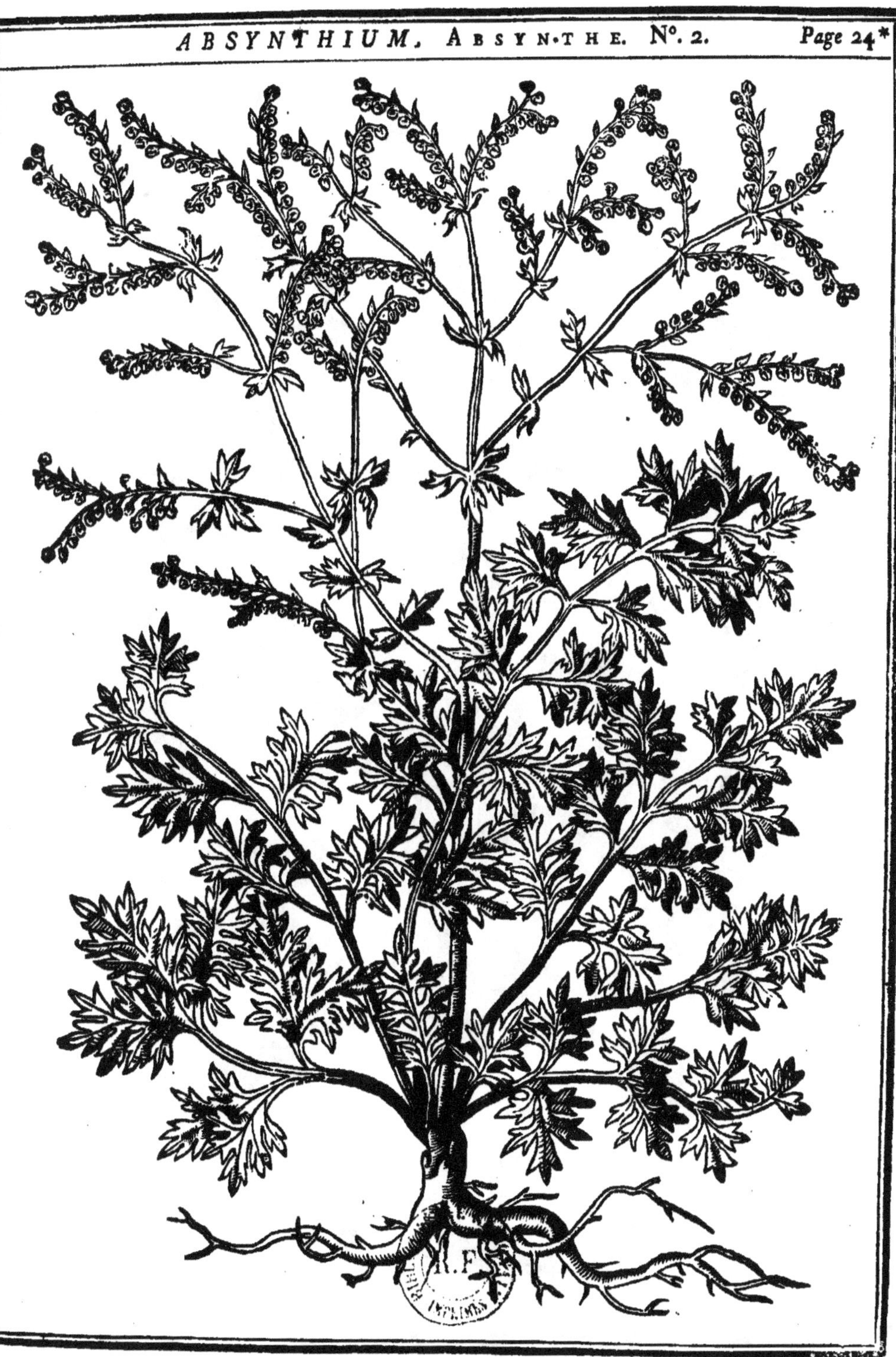

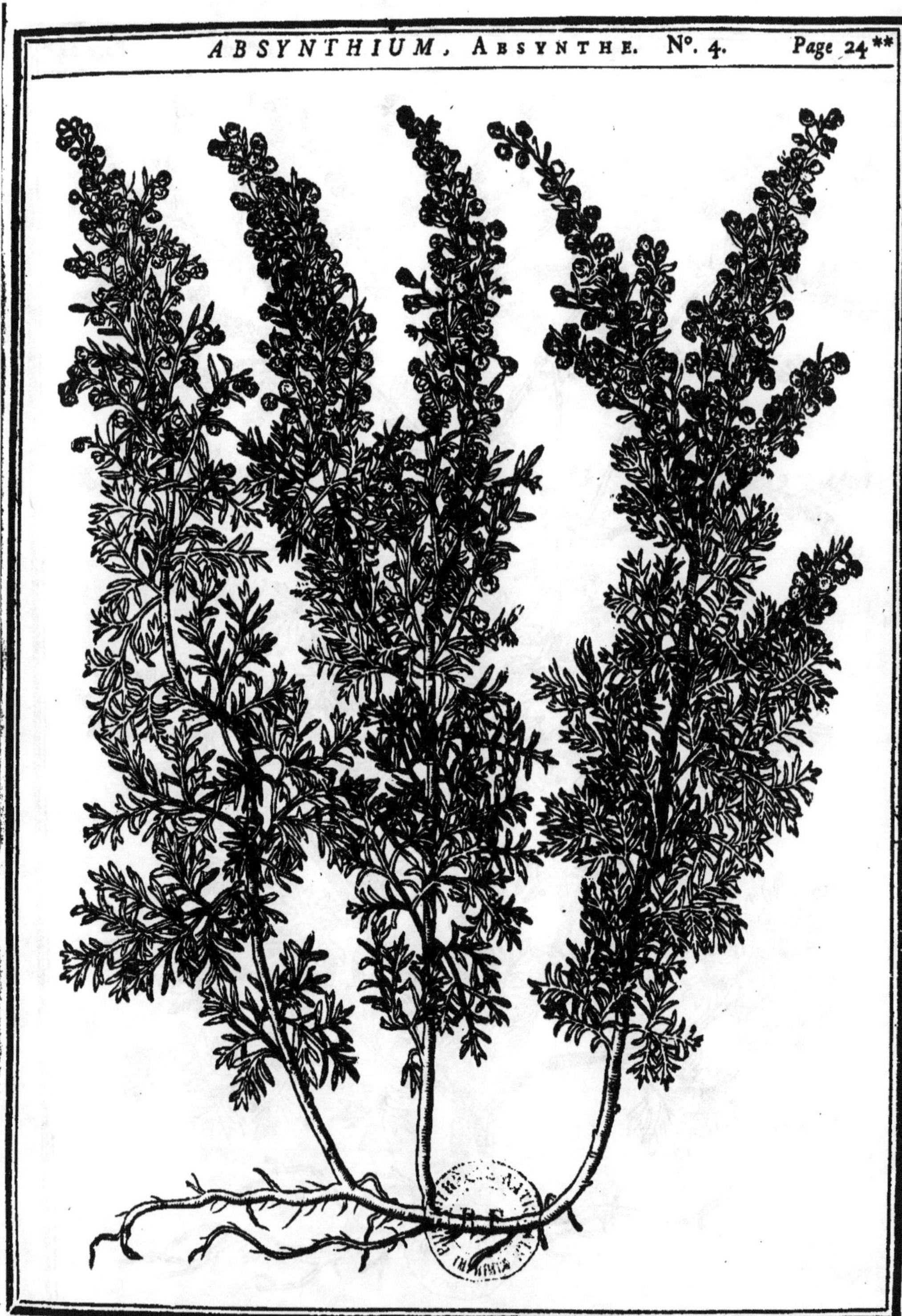

ABSYNTHIUM, ABSYNTHE. N°. 4. Page 24**

Tome I. Pl. 6.

Tome I. Pl. 7.

ACACIA, Tournef. MIMOSA, Linn.
CASSIE des Jardiniers.

DESCRIPTION.

LEs fleurs de l'eſpece dont nous parlons, forment de petites boules (*a*) très-jolies & très-odorantes. Chacune des petites fleurs, qui par leur aſſemblage compoſent ces boules, ſont formées d'un petit godet diviſé en cinq parties (*b*), du fond duquel ſort une touffe de longues étamines (*c*), du milieu deſquelles s'éleve un piſtil court ; ce piſtil devient enſuite une ſilique aſſez longue, renflée & preſque cylindrique, dans laquelle des ſemences oblongues ſont rangées preſque perpendiculairement à la longueur de la ſilique (*d*).

Cet arbriſſeau eſt fort joli : ſon feuillage eſt d'un beau verd.

Ses feuilles ſont conjuguées, c'eſt-à-dire, formées de folioles qui ſont rangées par paires ſur une tige commune qui eſt terminée par une feuille unique : elles ſont poſées alternativement ſur les branches.

ESPECES.

1. *ACACIA Indica Farneſiana.* Ald.
   Cassie du Levant.

CULTURE.

Cet arbriſſeau craint le froid de notre climat. On a beaucoup de peine à le conſerver en eſpalier, quoiqu'on ait ſoin de le couvrir pendant l'hyver. On l'éleve plus aiſément en caiſſe dans les Orangeries. J'en ai cependant vu un gros pied paſſer pluſieurs hyvers en eſpalier ; mais pendant cette ſaiſon on avoit ſoin de le couvrir d'un gros tas de fumier.

Il ſe multiplie par les ſemences qu'on envoie ici dans leurs ſiliques : elles viennent de Provence, du Levant & d'Amérique. Il faut les ſemer dans des terrines, les élever dans l'Orangerie, & ne riſquer les pieds en eſpaliers que lorſqu'ils ſeront devenus gros.

L'Acacia vera eſt différent de celui dont il s'agit ici ; mais nous n'en parlerons point, parce qu'on ne peut l'élever que dans des étuves.

Les Acacia d'Occident ne ſont point de ce genre. M. Linneus les a nommés *Gleditſia* ; & c'eſt ſous ce nom que nous les plaçons : voyez *Gleditſia*.

Ce que les Jardiniers appellent ordinairement *Acacia*, n'en eſt point un, puiſqu'il porte des fleurs légumineuſes : voyez *Pſeudo-Acacia*.

USAGES.

Les fleurs de cet arbriſſeau & l'agrément de ſes feuilles qui ſont d'un beau verd, contribuent à l'ornement de nos Jardins. On nous apporte d'Italie certaines pommades parfumées avec la fleur de ce même arbriſſeau.

ACACIA, CASSIE. Page 26

Tome I. Pl. 8.

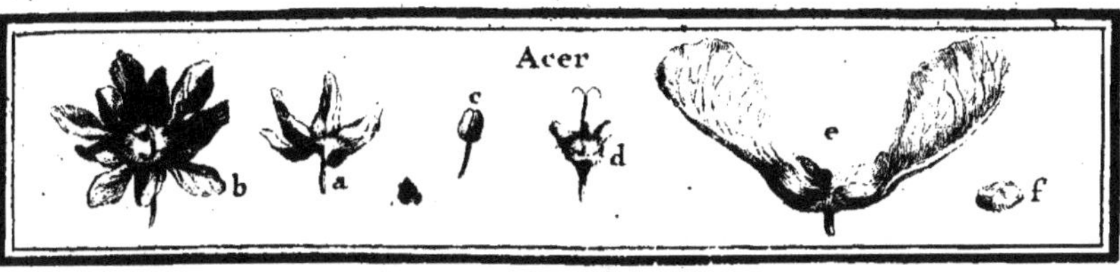

ACER, Tournef. & Linn. ERABLE.

DESCRIPTION.

La fleur de l'Erable qui paroît à la fin d'Avril, n'eſt pas d'un grand éclat. Elle eſt formée d'un calyce découpé en cinq parties (*a*). On apperçoit au fond de ce calyce une maſſe charnue d'où partent cinq pétales aſſez petites, diſpoſées en forme de roſe (*b*); & huit étamines terminées par des ſommets figurés en olive, & diviſées par une rainure (*c*). La baſe du piſtil eſt enfermée dans cette maſſe, d'où l'on voit ſortir encore par une ouverture un ſtyle terminé par deux ſtigmates recourbés (*d*).

Le bas du piſtil, ou l'embryon, forme deux capſules (*e*) qui ſe terminent chacune par une aîle qui s'allonge à meſure que le fruit mûrit. On trouve dans chacune de ces capſules une ſemence ovale (*f*).

Les feuilles ſont la plûpart découpées plus ou moins profondément; & elles ſont plus ou moins grandes ſuivant les eſpeces, mais toutes ſont poſées deux à deux ſur les branches.

ESPECES.

1. *ACER montanum candidum.* C. B. P. *Acer foliis quinquelobis inæqualiter ſerratis, floribus racemoſis.* Spec. Plant. Linn.
   Erable blanc de montagne, dit Sycomore.

2. *ACER majus foliis eleganter variegatis.* Hort. Edimb.
   Erable, Sycomore panaché.

3. *ACER platanoides.* Munt. Hiſt. *Acer foliis quinquelobis acuminatis acutè dentatis glabris floribus corymboſis.* Flo. Suec.
   Erable à feuilles de Platane, ou Plane.

4. *ACER platanoides foliis eleganter variegatis.* M. C.
ERABLE à feuilles de Platane panachées.

5. *ACER Virginianum folio majore, subtùs argenteo, suprà viridi splendente; (mas & fœmina.)* Pluk. Phyt. *ACER foliis quinquelobis subdentatis, subtùs glaucis pedunculis simplicissimis aggregatis.* Spec. Plant. Linn.
ERABLE de Virginie dont la feuille est pardessous d'un blanc argenté, & pardessus d'un verd lustré; ou ERABLE, Plane de Canada.

6. *ACER floribus rubris, folio majori supernè viridi, subtùs argenteo splendente.* Clayt. Flora. Virg.
ERABLE de Canada, à fleurs rouges, & à grandes feuilles vertes pardessus, & pardessous d'un blanc un peu argenté; (hermaphrodite.)

7. *ACER campestre & minus.* C. B. P. *ACER foliis lobatis obtusis marginatis.* Spec. Pl. Linn.
Petit ERABLE des bois.

8. *ACER trifolia.* C. B. P. *ACER foliis trilobis integerrimis.* Roy. Lugd. B.
ERABLE à trois feuilles, ou ERABLE de Montpellier dont les feuilles sont découpées en trois.

9. *ACER Cretica.* Prosper. Alpin. *ACER Orientalis hederæ folio.* Cor. Inst.
ERABLE de Candie qui conserve sa feuille presque tout l'hyver.

10. *ACER maximum foliis trifidis vel quinquefidis Virginianum.* Pluk. Phyt. *ACER foliis compositis, floribus racemosis.* Hort. Cliff.
ERABLE de Virginie, dont les feuilles sont divisées en trois ou en cinq, ou à feuilles de Frêne.

11. *ACER foliis trilobis acuminatis serratis, floribus racemosis.* Spec. Plant. Linn.
ERABLE de Canada, dont les feuilles dentelées sont terminées par trois grandes pointes, & les fleurs disposées en grappe.

Nous avons encore plusieurs especes d'Erable qui nous sont venues de Canada, & que nous ne comprenons point dans ce Catalogue, parce que ces arbres sont encore trop jeunes pour pouvoir être exactement décrits : nous nous contenterons seulement de les indiquer. L'un qui ressemble à l'espece du n°. 11, a ses feuilles rondes du côté de la queue, & elles se terminent à l'extrêmité opposée en deux grandes découpures,

Un autre Erable aſſez ſemblable à l'eſpece n°. 1, nous a été envoyé, comme fourniſſant une liqueur ſucrée : il a les pédicules des feuilles rouges ; ſes feuilles ſont épaiſſes & nerveuſes par-deſſous. Il fleurit, & il fructifie en longues grappes, quoiqu'il n'ait encore que trois à quatre pieds de hauteur : cela nous fait ſoupçonner qu'il n'eſt qu'un arbriſſeau, & qu'il ne donne point de ſucre.

Il nous eſt encore venu de Canada des Erables qui ont la feuille aſſez ſemblable à l'*Opulus*. Enfin nous avons reçu des Erables ſemblables au n°. 7, mais qui ont la feuille plus grande.

Nous n'oſerions décider entre ces différents Erables, quel eſt celui que l'on nomme en Canada, bois d'orignane, parce que cet animal en eſt ſinguliérement friand ; mais nous ſavons qu'il ne parvient jamais qu'à la hauteur d'un grand arbriſſeau.

CULTURE

On éleve aiſément les Erables de ſemences ; & pluſieurs eſpeces, particuliérement le n°. 10, ſe multiplient par marcottes & même par boutures.

On peut ſemer en pleine terre les graines de cet arbre, avec leurs capſules, dès l'automne, ſi-tôt qu'elles ſont parvenues à leur maturité. Mais comme les mulots, qui en ſont friands, en détruiſent beaucoup, il eſt mieux de les ſtratifier avec de la terre qui ne ſoit point trop humide, ou avec du ſable, pour ne les ſemer qu'au printemps pêle-mêle avec ce ſable : elles leveront alors très-promptement, ſurtout ſi on ne les a pas miſes trop avant dans la terre.

Toutes les eſpeces d'Erable peuvent s'élever en pépiniere, & elles reprennent très-facilement quand on les tranſplante ; il eſt même inutile de leur laiſſer des mottes.

L'eſpece (n°. 10.) eſt ſinguliere par ſes feuilles, qui reſſemblent à celles du frêne : elle ſe plaît dans les terres humides.

USAGES.

L'Erable (n°. 1.) qui porte ses fleurs en grappes & qui a de grandes feuilles, a été fort à la mode pour faire des avenues & des salles dans les Parcs; mais on l'a presque abandonné, parce qu'il se dépouille de très-bonne heure, & que ses feuilles sont presque toujours dévorées par les insectes. Ceux (n°. 2 & 4.) ont les mêmes défauts; & tout leur mérite consiste dans la couleur de leurs feuilles.

Le n°. 3 se distingue du n°. 1. parce que ses feuilles sont plus minces, & qu'elles ne sont point blanches en-dessous : cet arbre a presque les mêmes défauts que le n°. 1. Ses fleurs viennent par bouquets.

Tous ces arbres ont l'avantage de pousser leurs feuilles dès le commencement du printemps. Les n°. 7 & 8 ont les feuilles plus petites, & des fleurs rassemblées en petits bouquets: (les fleurs hermaphrodites sont au sommet du bouquet.) Ces arbres forment d'assez belles palissades qui réussissent dans les endroits où le Charme ne fait que languir.

Le n°. 9 porte ses fleurs en petits bouquets, qui sont composés de fleurs mâles & de fleurs hermaphrodites : les dernieres se trouvent ordinairement au milieu du bouquet: il conserve presque tout l'hyver ses feuilles qui sont petites & épaisses; néanmoins il convient mieux dans les bosquets d'automne que dans ceux d'hyver.

Le n°. 5, qui nous est venu de Canada & que l'on appelle *Plaine*, porte ses fleurs en petits bouquets autour des branches: c'est un très-bel arbre; ses grandes feuilles deviennent en automne d'un rouge fort éclatant: le bois de cet arbre est quelquefois ondé. On nous a envoyé de l'Isle Royale des semences d'un Erable qu'on assure avoir plus particuliérement cette derniere propriété.

Nous avons encore un arbre qui n'eſt qu'une variété de l'eſpece précédente (n°. 5,) mais dont les feuilles deviennent moins rouges en automne. C'eſt peut-être l'individu femelle ; car quelques Canadiens Botaniſtes aſſurent que dans cette eſpece il y a des arbres mâles & d'autres femelles. Nous en avons qui donnent des fleurs mâles (*a*). Au milieu des pétales qui forment la fleur, l'on apperçoit plusieurs fleurons (*cd*) qui ne renferment que des étamines (*e*), & qui ſont par conſéquent ſtériles : peut-être les fleurs des autres ſont-elles hermaphrodites ; c'eſt ce que nous n'avons pu encore vérifier.

Le n°. *6*, qu'on nomme en Canada, Erable rouge, & qui eſt à Trianon, differe peu du n°. 5, ſuivant la deſcription que nous a envoyé M. Gaultier, & les obſervations que nous avons faites ſur l'arbre de Trianon ; les échancrures du calyce, au nombre de cinq (*g*), ainſi que les pétales ſont d'un verd jaune, liſéré de rouge vif ; dans le diſque on apperçoit cinq ou ſix étamines aſſez longues (*k*), qui prennent naiſſance de la baſe du piſtil (*i*). On voit ſortir de chaque bouton cinq ou ſix fleurs portées ſur d'aſſez longs pédicules (*f*).

Le n°. 10 eſt un arbre très-ſingulier par ſes feuilles qui reſſemblent à celles du frêne ; mais il ne fait que languir dans les terreins ſecs. Ses fleurs viennent en forme de grandes grappes.

Suivant les Mémoires que M. Gaultier m'a envoyé de Canada, toutes les eſpeces d'Erable n'y donnent point la liqueur dont on fait un ſucre ; & par les deſcriptions qu'il m'a envoyées des deux eſpeces qui fourniſſent abondamment cette liqueur, il paroît que l'Erable blanc reſſemble beaucoup à l'eſpece n°. 1 : néanmoins M. Gaultier ajoute que le bois de cet arbre eſt ſouvent très-veiné, au lieu que le nôtre eſt preſque toujours blanc. L'autre eſpece d'Erable, qui donne une liqueur ſucrée, eſt le n°. *6*, qu'on nomme Plaine en Canada : ſon bois eſt ordinairement très-veiné.

Le n°. 11 nous eſt venu de Canada : c'eſt un très-bel arbre, ſes feuilles ſont d'un beau verd ; elles ſont découpées en trois très-profondément. Ses fleurs viennent au ſommet des tiges, & elles ſont diſpoſées en grappes.

Nous avons encore pluſieurs variétés de cette eſpece, dont les feuilles ſont plus grandes, & dont les trois découpures ſont accompagnées de quelques autres plus petites ; mais l'on en distingue toujours trois principales.

Notre espece (n°. 5,) qui nous est venue aussi de Canada ; ressemble beaucoup à la description que M. Gaultier donne de l'Erable-Plaine de Canada (n°. 6.) Ces arbres sont encore trop jeunes ici pour avoir pu nous assurer si leur bois est ondé comme celui des Erables-Plaines dont parle M. Gaultier.

Quoi qu'il en soit, on distingue en Canada la liqueur sucrée qui découle de ces deux arbres. Celle de l'Erable blanc, s'appelle *Sucre d'Erable*, & celle de l'Erable rouge ou Plaine, s'appelle *Sucre de Plaine*.

La liqueur de ces deux Erables est, au sortir de l'arbre ; claire & limpide comme l'eau la mieux filtrée ; elle est très-fraîche, & elle laisse dans la bouche un petit goût sucré fort agréable. L'eau d'Erable est plus sucrée que celle du Plaine, mais le sucre de Plaine est plus agréable que celui d'Erable. L'une & l'autre espece d'eau est fort saine ; & on ne remarque point qu'elle ait jamais incommodé ceux qui en ont bu, même après des exercices violents & étant tout en sueur : elle passe très-promptement par les urines. Cette eau étant concentrée par l'évaporation donne un sucre gras & roussâtre, qui est d'une saveur assez agréable.

On tire la liqueur d'Erable en faisant des incisions aux deux especes d'Erable dont on vient de parler ; ces incisions se font ordinairement ovales (*l*), & l'on fait ensorte, non-seulement que le grand diametre soit à-peu-près perpendiculaire à la direction du tronc, mais aussi qu'une des extrêmités de l'ovale soit plus basse que l'autre, afin que la seve puisse s'y rassembler. On fiche au-dessous de la plaie une lame de couteau, ou une mince regle de bois, qui reçoit la seve & la conduit dans un vase que l'on place au pied de l'arbre.

Si l'on n'emportoit que l'écorce sans entamer le bois, on n'obtiendroit pas une seule goutte de liqueur, il faut donc que la plaie pénetre dans le bois à la profondeur d'un, de deux ou de trois pouces ; parce que ce sont les fibres ligneuses, & non pas les fibres corticales, qui fournissent la liqueur sucrée. M. Gaultier remarque expressément que dans le temps que la liqueur coule, le liber est alors très-sec & fort adhérent au bois,

&

& que cette liqueur ceſſe de couler lorſque les arbres entrent en ſeve, lorſque leurs écorces ſe détachent du bois, & enfin quand l'arbre commence à ouvrir ſes boutons.

On peut faire les entailles dont on vient de parler, depuis le mois de Novembre, temps où les Erables ſont dépouillés de leurs feuilles, juſqu'à la mi-Mai, qui eſt la ſaiſon où les boutons commencent à s'ouvrir; mais les plaies ne fourniront de ſeve que dans le temps des dégels : s'il a gelé même aſſez fort pendant la nuit, la ſeve pourra couler le lendemain ; mais on n'obtiendra rien ſi l'ardeur du ſoleil n'eſt pas ſupérieure à la force de la gelée. De ce principe il ſuit :

1°. Qu'une plaie faite du côté du Midi donnera de l'eau, pendant que celle qu'on aura faite au même arbre du côté du Nord n'en donnera pas.

2°. Qu'un arbre qui eſt à l'abri du vent froid & à l'expoſition du ſoleil donnera de la liqueur, pendant que celui qui ſera à couvert du ſoleil, ou expoſé au vent, n'en donnera pas.

3°. Que par un petit dégel, il n'y a que les couches ligneuſes les plus extérieures qui donnent de la liqueur ; & que toutes en donnent lorſque le dégel eſt plus général.

4°. Que les grands dégels arrivant rarement dans les mois de Décembre, de Janvier & de Février, on ne peut eſpérer de retirer beaucoup de liqueur, que depuis la mi-Mars juſqu'à la mi-Mai. Mais dans les circonſtances favorables la liqueur coule ſi abondamment, qu'elle forme un filet gros comme un tuyau de plume, & qu'elle remplit une pinte meſure de Paris, dans l'eſpace d'un quart-d'heure.

5°. On voit dans les Mémoires de l'Académie Royale des Sciences, année 1730, que M. Sarrazin, l'un de ſes Correſpondants, penſoit qu'il étoit important que la neige fondît au pied des Erables pour obtenir beaucoup de liqueur : ſelon les Obſervations de M. Gaultier, il paroît qu'effectivement la récolte eſt abondante lorſque la neige fond; mais il ajoute que ce n'eſt que parce qu'alors l'air eſt aſſez doux pour occaſionner un grand dégel.

6°. Les entailles faites en automne fourniſſent de la liqueur pendant l'hyver, toutes les fois qu'il arrive des dégels; mais cependant plus ou moins, ſuivant les circonſtances que nous venons de rapporter : ces sources tarissent entierement lorsque les boutons sont épanouis; & comme dans l'année suivante ces plaies ne donnent plus rien, il en faut faire d'autres.

7°. M. Gaultier a remarqué que si l'on fait deux plaies à un arbre : sçavoir, une au haut de la tige & l'autre au bas, celle-ci donne plus de seve que l'autre. Il assure encore qu'on ne s'apperçoit point qu'un arbre soit épuisé par l'eau qu'il fournit, si l'on se contente de ne faire qu'une seule entaille à chaque arbre; mais si l'on en fait quatre ou cinq dans la vue d'avoir une grande quantité de liqueur, alors les arbres dépérissent, & les années suivantes ils donnent beaucoup moins de liqueur.

8°. Les vieux Erables donnent moins de liqueur que les jeunes, mais elle est plus sucrée.

9°. M. Gaultier prouve par de fort bonnes expériences, que la liqueur coule toujours par le haut de la plaie, & jamais par le bas de l'entaille.

10°. Afin de ménager les arbres, on a coutume de ne faire les entailles que depuis la fin du mois de Mars jusqu'au commencement de Mai; parce que c'est dans cette saison que les circonstances sont plus favorables pour que la liqueur coule abondamment; mais il est bon d'être averti que la liqueur qui coule en Mai, a souvent un goût d'herbe qui est désagréable : les Canadiens disent alors qu'elle a un goût de seve.

Après avoir ramassé une quantité de sucre d'Erable, par exemple, 200 pintes, on le met dans des chaudieres de cuivre ou de fer, pour en évaporer l'humidité par l'action du feu; on enleve l'écume quand il s'en forme; & lorsque la liqueur commence à s'épaissir, on a soin de la remuer continuellement avec une spatule de bois pour empêcher qu'elle ne brûle, & pour accélérer l'évaporation. Aussi-tôt que cette liqueur a acquis la consistance d'un sirop épais, on la verse dans des moules de terre ou d'écorce de bouleau : alors en se refroidissant le sirop se durcit, & ainsi l'on a des pains ou des tablettes d'un sucre roux & presque transparent qui est assez agréable, si l'on a su attraper le degré de cuisson convenable; car le sucre d'Erable trop cuit a un goût de mélasse ou de gros sirop de sucre, qui est peu gracieux.

Deux cens pintes de cette liqueur sucrée produisent ordinairement dix livres de sucre.

Quelques-uns rafinent le ſirop avec des blancs d'œufs ; cela rend le ſucre plus beau & plus agréable.

Il y a des habitants qui gâtent leur ſirop, en y ajoutant deux ou trois livres de farine de froment, ſur dix livres de ſirop cuit. Il eſt vrai que ce ſucre eſt alors plus blanc, & qu'il eſt même quelquefois préféré par ceux qui ne connoiſſent pas cette ſupercherie : mais cela diminue beaucoup l'odeur agréable & la ſaveur douce que doit avoir le ſucre d'Erable lorſqu'il n'eſt point ſophiſtiqué.

La liqueur ſucrée qu'on retire au printemps, dans le temps que les boutons des Erables commencent à s'ouvrir, a, comme nous l'avons dit, un goût d'herbe qui eſt déſagréable : de plus cette liqueur ſe deſſeche alors difficilement, & elle tombe en deliquium dès que l'air devient humide. Ce défaut oblige les habitants à en faire du ſirop de capillaire.

On eſtime qu'on fait tous les ans en Canada 12 à 15 milliers peſant de ce ſucre.

Le ſucre d'Erable, pour être bon, doit être dur, d'une couleur rouſſe ; il doit encore être un peu tranſparent, d'une odeur ſuave, & fort doux ſur la langue.

On l'employe en Canada aux mêmes uſages que le ſucre de Cannes : on en fait auſſi d'aſſez belles confitures.

Le ſucre d'Erable paſſe pour pectoral & adouciſſant ; on l'employe utilement pour calmer les toux violentes.

Je ne ſache pas qu'on ait retiré en France aucune liqueur ſucrée de l'Erable. Il eſt cependant vrai que les Erables des n°. 1 & 7 ſe trouvent quelquefois couverts d'une humidité viſqueuſe & très-ſucrée ; mais on ne doit attribuer cela qu'à un ſuc extravaſé de ces arbres, qui ſe condenſe ſur les feuilles par l'évaporation de l'humidité.

On ne fait point de ſucre d'Erable à la Louyſiane ; on en retire ſeulement une liqueur ſucrée qu'on aſſure être un bon ſtomachique.

Le principal avantage de toutes les eſpeces d'Erables, eſt de s'accommoder aſſez bien de toutes ſortes de terres ; c'eſt pour cela que l'on en forme des paliſſades, des avenues, & même des maſſifs de bois.

Le bois d'Erable eſt aſſez bon pour les ouvrages du tour, &

pour les Arquebusiers. Nous avons des fusils montés avec le Plaine ondé ou tacheté du Canada & de l'Isle Royale : on ne peut rien voir de plus beau que ce bois.

Tome I. Pl. 9.

1

7

9

8

5

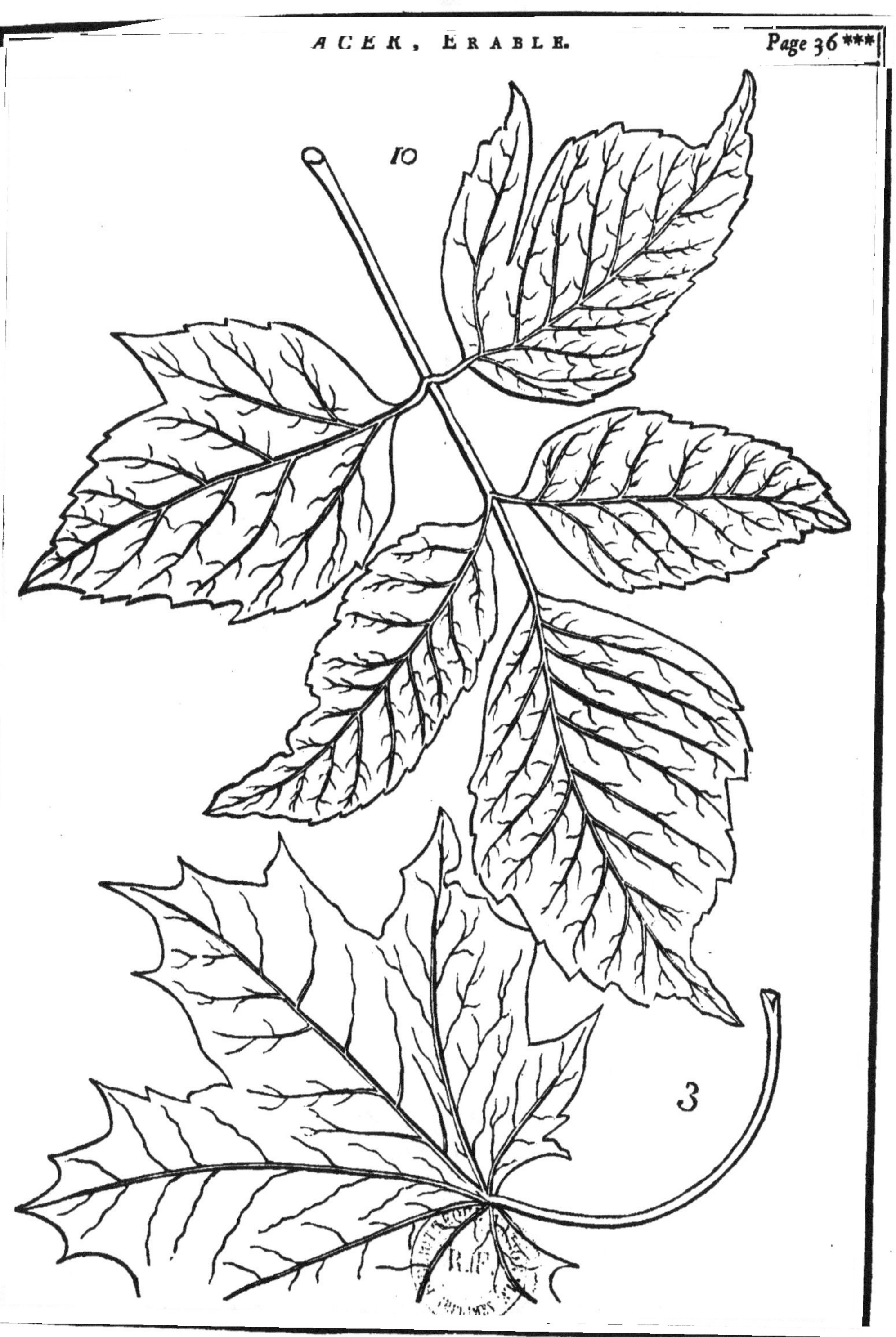

Tome I. Pl. 11.

11
6

II

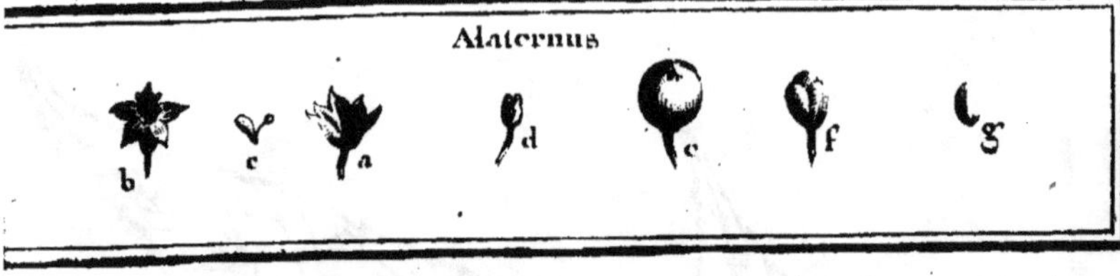

Alaternus

b c a d e f g

ALATERNUS, Tournef. RHAMNUS, Linn. ALATERNE.

DESCRIPTION.

L'Alaterne porte ſur différents pieds, des fleurs mâles & des fleurs femelles. On rencontre cependant quelques fleurs hermaphrodites ſur chacun de ces individus.

Les fleurs mâles ſont compoſées d'un calyce en entonnoir (*b*) découpé en cinq ou ſix par les bords : aux échancrures de ce calyce, ſont attachées cinq ou ſix petits pétales (*c*) qu'on ne peut découvrir aiſément qu'avec le ſecours de la loupe; ſouvent même on n'en apperçoit qu'un ou deux. Du pédicule de chacun de ces pétales part une étamine; enſorte qu'il y a au calyce autant d'étamines que d'échancrures : elles ſont terminées par des ſommets arrondis. (*d*)

Les fleurs femelles reſſemblent beaucoup aux fleurs mâles, excepté qu'au lieu d'étamines, on y trouve un piſtil (*a*) qui s'éleve du fond du calyce. Ce piſtil eſt compoſé d'un embryon & de trois ſtyles ſurmontés par des ſtigmates arrondis. L'embryon devient enſuite une baye molle (*e*), qui contient trois ſemences (*f*) arrondies, & bombées ſeulement ſur un de leurs côtés. (*g*)

Les petits pétales qu'on apperçoit aux échancrures du calyce, ont engagé M. Linneus à joindre l'Alaterne au Nerprun, *Rhamnus;* avec lequel il a beaucoup de rapport par les parties de la fructification.

Comme il arrive ſouvent qu'on ne peut découvrir qu'un ou

deux de ces pétales, M. de Tournefort a cru que cette fleur en étoit entiérement dépourvue.

L'Alaterne fait un très-joli buiſſon. Le verd brillant de ſes feuilles qu'il conſerve pendant l'hyver, le rend fort agréable.

Dans les ſaiſons où cet arbriſſeau n'a ni fleurs ni fruits, on le diſtingue aiſément des Filaria, en latin *Phillyrea*, parce que ſes feuilles ſont poſées alternativement ſur les branches; au lieu que le Filaria les a oppoſées. Les feuilles de l'un & de l'autre ſont fermes, roides & ovales, ou allongées, ſuivant les différentes eſpeces; mais l'Alaterne a des ſtipules, & le Filaria n'en a point.

Les ſtipules de l'Alaterne ſont très-petites & très-pointues: comme elles tombent après un certain temps, on n'en apperçoit que ſur les jeunes branches; c'eſt pour cela qu'on ne les a pas exprimées dans la Figure.

Les fleurs de l'Alaterne ſont raſſemblées en forme de petites grappes.

ESPECES.

1. *ALATERNUS.* 1. Cluſ.
   ALATERNE à grandes feuilles.

2. *ALATERNUS minore folio.* Inſt.
   ALATERNE à petites feuilles.

3. *ALATERNUS aurea, ſeu foliis ex luteo variegatis.* H. R. P.
   ALATERNE doré, ou à grandes feuilles panachées de jaune.

4. *ALATERNUS argentea, ſeu foliis ex albo variis.* H. R. Pav.
   ALATERNE argenté, ou à feuilles panachées de blanc.

5. *ALATERNUS minima, buxi minoris foliis.* H. R. Pav.
   Petit ALATERNE, à feuilles de petit Buis.

6. *ALATERNUS Hiſpanica, lati folia.* Inſt.
   ALATERNE d'Eſpagne, à feuilles larges.

7. *ALATERNUS, ſeu PHYLICA, foliis anguſtioribus & profundiùs ſerratis.* H. L.
   ALATERNE à feuilles étroites & profondément dentelées.

8. *ALATERNUS foliis anguſtioribus & profundiùs ſerratis, limbis aureis.* M. C.
   ALATERNE à feuilles étroites, profondément dentelées, dont les bords ſont dorés.

CULTURE.

Cet arbriſſeau craint les fortes gelées. Pour le conſerver en pleine terre, nous couvrons ſes racines avec de la litiere; parce qu'étant ainſi protégées, ſi les branches meurent, la ſouche repouſſe, & fait en très-peu de temps, un nouvel arbre.

On peut le multiplier par les marcottes, & l'élever de ſa ſemence que l'on tire des pays plus méridionaux; ſavoir de Provence, d'Italie, d'Eſpagne, &c. On en ſeme la graine dans des terrines que l'on enterre dans des couches chaudes. Il arrive quelquefois qu'elle ne paroît que dans la ſeconde année.

On peut auſſi greffer les Alaternes par approche, les uns ſur les autres.

En pluſieurs endroits on le nomme très-improprement *Filaria.* Ce nom convient à la vérité à une autre eſpece de plante qui lui reſſemble aſſez par ſon port; mais elle eſt très-différente de l'Alaterne, par les parties de la fructification, & par ſes feuilles oppoſées.

USAGES.

Comme l'Alaterne conſerve ſes feuilles pendant l'hyver, on le doit placer dans les boſquets de cette ſaiſon.

Son bois reſſemble aſſez à celui du chêne verd.

On m'a aſſuré qu'on faiſoit avec ce bois de fort jolis ouvrages d'ébéniſterie.

On le regarde en Médecine comme aſtringent; & on l'employe en gargariſme pour les maux de gorge.

ALNUS, TOURNEF. & LINN. *Gen.* BETULA, LINN. *Spec. plant.* AUNE, & dans quelques Provinces VERGNE.

DESCRIPTION.

L'AUNE porte des fleurs mâles & des fleurs femelles ſur les mêmes pieds. Les fleurs mâles qui ſont grouppées ſur un filet commun, forment un chaton écailleux, cylindrique & aſſez long (*a*). Chaque fleur eſt formée d'un pétale (*b*) découpé en quatre preſque juſqu'à ſa baſe, de l'intérieur duquel partent quatre étamines fort courtes (*c*).

Les fruits naiſſent en d'autres endroits du même arbre : ils paroiſſent ſous la forme d'un petit cône écailleux (*d*). On apperçoit ſous les écailles des piſtils formés d'embryons qui ſont ſurmontés de ſtyles fourchus (*e*).

Ces cônes écailleux deviennent des fruits également écailleux, & ſemblables à de petites pommes de Pin. Les écailles en s'ouvrant, laiſſent tomber les ſemences qui ſont plattes (*f*).

Les feuilles, qui dans la plûpart des eſpeces ſont aſſez larges & dentelées par les bords, ſont poſées alternativement ſur les branches, & relevées pardeſſous de nervures aſſez ſaillantes.

M. Linneus qui avoit fait dans ſes *Gen. Plant.* deux genres de l'*Alnus* & du *Betula*, n'en a fait qu'un dans ſes *Spec. Plant.* Je conviens que les Aunes reſſemblent beaucoup aux Bouleaux par les parties de la fructification : la ſeule différence qu'y ait remarquée M. Tournefort, eſt que les ſemences du Bouleau ſont aîlées, au lieu que celles de l'Aune ſont anguleuſes. Mais ſuivant M. Linneus, cette petite différence n'eſt pas conſtante.

ESPECES.

1. *ALNUS rotundifolia, glutinoſa, viridis.* C. B. Pin.
AUNE à feuilles rondes, gluantes, & d'un verd foncé; en Provençal, AVERNO.

2. *ALNUS folio oblongo viridi.* C. B. Pin.
AUNE à feuilles oblongues, & d'un verd foncé.

3. *ALNUS folio incano.* C. B. Pin.
AUNE à feuilles blanchâtres.

4. *ALNUS foliis eleganter inciſis.* D. Breman.
AUNE à feuilles découpées.

5. *ALNUS montana, pallido, glabro, ſinuato, ulmi folio.* Bocc. Muſ.
AUNE de montagne, à feuilles d'orme, pâles, liſſes, pliées en goutiere.

6. *ALNUS montana, criſpo, glutinoſo & denticulato folio.* Bocc. Muſ.
AUNE de montagne, à feuilles friſées, finement dentelées, & gluantes.

7. *ALNUS montana, lato, criſpo, glutinoſo, folio ſerrato.* Bocc. Muſ.
AUNE de montagne, à feuilles larges, friſées, gluantes & dentelées.

CULTURE.

La plûpart des Aunes ſont des arbres aquatiques qui ſe plaiſent ſur les berges des foſſés remplis d'eau, & dans les lieux marécageux.

Les Aunes de montagne n'exigent pas un terrein ſi humide.

Lorſque l'on veut planter des Aunes dans un terrein qui ne deſſeche pas dans l'été, il faut y faire des tranchées, & planter les arbres ſur les ados qu'on aura formé des terres du déblai des foſſes; car les aunes, qui ne craignent point les inondations paſſageres, viennent mal dans les endroits où l'eau ſéjourne pendant l'été.

Une groſſe ſouche d'Aune, éclatée avec la coignée en cinq ou ſix morceaux, fournit autant de pieds qui réuſſiſſent très-bien; de plus cet arbre se multiplie aisément de marcottes: une souche couverte de terre, fournit au bout de deux ou trois ans beaucoup de plan enraciné.

Nous avons planté avec succès des aunes enracinés de cette façon, qui avoient sept, huit & dix pieds de hauteur, sans les étêter; mais dans les lieux exposés au vent, on est obligé de les couper à six ou huit pouces de terre, sans quoi ils seroient renversés.

Dans les endroits où l'eau étoit tout près de la superficie, nous nous contentions d'enlever avec la pioche un peu de gazon; nous remplissions ce petit trou avec de la terre qu'on y portoit à la hotte; nous posions les racines sur cette terre, & nous en faisions rapporter quelques hottées pour les couvrir: avec ces précautions nos Aunes ont pris très-bien, & nous ont donné toute la satisfaction que nous pouvions desirer.

Nous n'avons point semé de graines d'Aune; mais ayant fait remuer ou rapporter de la terre sous de gros Aunes, il nous en a levé beaucoup, & ces Aunes de graine nous ont fourni d'excellent plan pour garnir les endroits où nous nous proposions de faire une Aunée.

Les Aunes que nous avons tenus pendant trois ou quatre ans en pépiniere, ont encore mieux réussi que tous les autres.

On assure que l'Aune est commun à la Louysiane.

Il s'engendre quelquefois des vers rouges sous leur écorce: ces insectes percent le bois, & font périr les arbres.

USAGES.

L'Aune peut être employé utilement pour former des points de vue dans les lieux marécageux. On en peut former des arbres de tige, ou des palissades, ou des massifs.

On fait à Paris une grande consommation des perches d'Aune pour des échelles légeres, pour les perches des Blanchisseuses & des Teinturiers, &c.

En Guienne on employe toutes les branches de cet arbre pour faire des échalats dans les vignes.

Le bois d'Aune est recherché par les Tourneurs & par les Sabotiers; les Ebénistes en employent beaucoup, parce qu'il prend bien le noir, & qu'alors il semble de l'ébenne.

On enfume les sabots d'Aune pour les sécher, pour les durcir, pour empêcher qu'ils ne fendent, & pour les préserver de la piquure des vers.

Les Boulangers, les Pâtissiers, & les Verriers, préferent l'aune à tout autre bois pour chauffer leurs fours. On en fait des pilotis qui durent autant que ceux de chêne, pourvu qu'ils soient toujours dans l'eau, ou dans la glaise bien humide. Les différents emplois de ce bois font qu'une futaie d'Aunes se vend très-cher.

Son écorce sert à teindre les cuirs en noir.

Les Teinturiers, & particulierement les Chapeliers, font un assez beau noir avec l'écorce de l'Aune, qui leur tient lieu de la noix de galle, pour faire prendre la couleur noire aux particules du fer.

Ses feuilles passent pour résolutives. On en employe la décoction en gargarisme pour les maux de gorge.

L'Aune (n°. 3) dont les feuilles sont blanches & velues pardessous, se trouve aux environs de Lyon; & celui (n°. 4) à feuilles découpées, se rencontre auprès de Caen.

Tome I. Pl. 15.

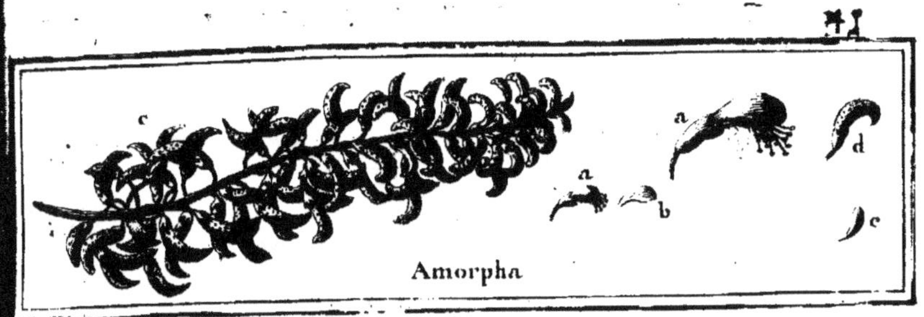

Amorpha

AMORPHA, Linn. ou Barbajovis, Rand. INDIGO bâtard.

DESCRIPTION.

LA fleur de l'Amorpha séparée de son épi, est moins belle que singuliere. Son calyce est une espece de tuyau cylindrique découpé en cinq parties; & pour se former une idée de la fleur (*a*), il faut se représenter une fleur légumineuse qui n'auroit que le pétale supérieur que l'on nomme pavillon, (*Vexillum*), qui est même fort petit (*b*), & qui est attaché entre les deux grandes découpures supérieures du calyce. Cette fleur a dix étamines (*a*), & un pistil qui est composé d'un embryon oblong, d'un style de la longueur des étamines, & d'un stigmate obtus : l'embryon devient une silique recourbée (*d*) qui contient une semence oblongue (*e*) de la même forme que la silique. Les fleurs forment toutes ensemble de beaux épis purpurins qui terminent les branches : les calyces, le pétale & les étamines sont violettes; & il n'y a que les sommets qui sont d'un jaune très-vif. Les feuilles sont empanées, c'est-à-dire, composées de folioles rangées deux à deux sur une tige commune qui est terminée par une seule.

Ces feuilles sont posées alternativement sur les branches.

On voit en (*c*) un épi garni de ses siliques.

ESPECES.

1. *AMORPHA.* Linn. Hort. Cliff. *Barba jovis Americana, Pseudo-Acacia foliis, flosculis purpureis minimis.* Rand. Mill. Cat.

AMORPHA d'Amérique, à feuilles de faux Acacia, dont les fleurs sont petites & purpurines, ou INDIGO bâtard.

CULTURE.

Cet arbrisseau perd beaucoup de branches pendant l'hyver; néanmoins comme il pousse avec vigueur, il ne laisse pas de faire pendant l'été un buisson assez agréable. Il se multiplie facilement par des rejets qui poussent des racines. Pour le conserver, on pourra dans les grands hyvers, mettre un peu de litiere sur les racines. Il a fort bien supporté les hyvers de 1753 & de 1754.

USAGES.

On peut mettre cet Amorpha dans les bosquets d'été ou dans ceux d'automne; car ses feuilles subsistent jusqu'aux gelées.

Cet arbrisseau est en fleur au mois de Juin; & il forme de longs épis d'un violet foncé, parsemé de points jaunes qui semblent des paillettes d'or. La singularité de cette fleur peut encore engager à en placer quelques pieds dans les bosquets de la fin du printemps.

Dans les jardins qui ne sont pas fort exposés à la gelée, on en peut faire de jolies palissades; mais comme il pousse de part & d'autre de longues branches, il faut avoir soin de les retenir sur un treillage avec des osiers.

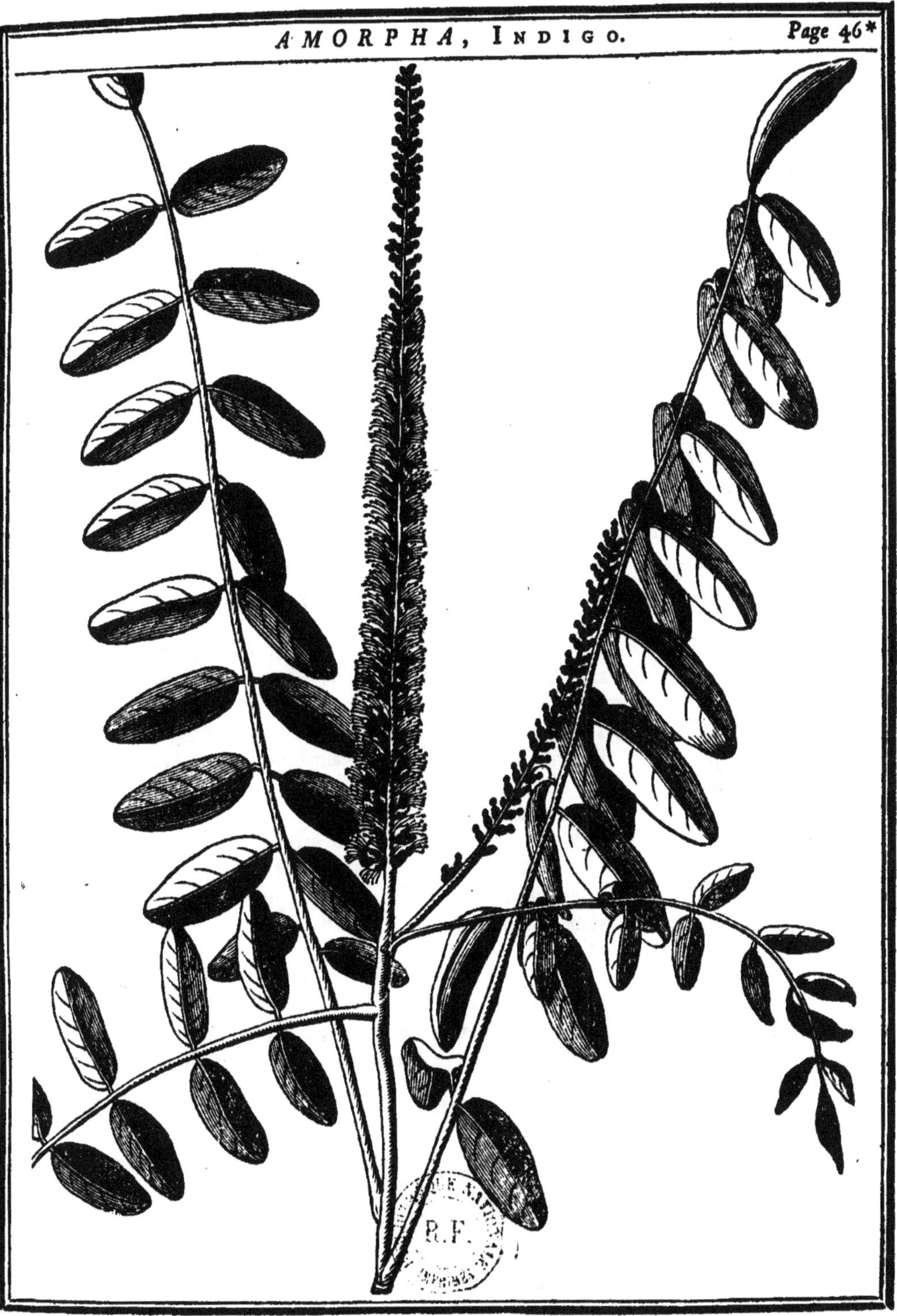

Tome I. Pl. 16.

AMYGDALUS, Tournef. & Linn.

AMANDIER.

DESCRIPTION.

LA fleur de l'Amandier eſt hermaphrodite : elle eſt compoſée d'un calyce en forme de godet, découpé en cinq parties (*a*) : dans les angles ſont attachés cinq grands pétales diſpoſés en roſe (*b*), entre leſquels on apperçoit trente étamines (*a*) terminées par des ſommets figurés en olive, & diviſés en deux ſuivant leur longueur (*c*) : elles ſont attachées aux parois intérieurs du calyce. Au milieu de la fleur s'éleve un piſtil formé d'un embryon, & d'un ſtyle qui eſt terminé par un petit ſtigmate arrondi (*d*) : cet embryon devient un fruit plus ou moins charnu, dans lequel eſt un noyau (*e*), dont l'amande ſe diviſe en deux lobes.

Le calyce ſe détache pendant que le fruit groſſit.

Les feuilles de l'Amandier ſont ordinairement longues, étroites, dentelées très-finement par les bords, pointues & rangées alternativement ſur les jeunes branches : elles ſont d'un goût amer, & d'un verd blanchâtre.

A l'endroit de l'inſertion des feuilles ſur les branches, on apperçoit fréquemment de petites ſtipules qui s'épanouiſſent quelquefois, & qui forment de petites feuilles ; mais elles tombent le plus ſouvent, & en automne l'on n'en apperçoit plus qu'au bout des branches.

Les feuilles ſont pliées en deux dans leurs boutons.

ESPECES.

1. *AMYGDALUS sativa fructu majori.* C. B. Pin.
AMANDIER à gros fruit.

2. *AMYGDALUS dulcis, putamine molliore.* C. B. Pin.
AMANDIER à coque tendre.

3. *AMYGDALUS amara.* C. B. Pin.
AMANDIER à fruit amer.

4. *AMYGDALUS Orientalis, foliis argenteis splendentibus.*
AMANDIER du Levant, à feuilles satinées & comme argentées.

5. *AMYGDALUS Indica, nana.* H. R. Par.
AMANDIER nain des Indes.

Comme les Amandiers se multiplient de semences, on trouve trop de variétés dans ces especes, pour entreprendre d'en faire l'énumération.

M. Linneus place les pêchers au nombre des Amandiers. Voyez *PERSICA.*

CULTURE.

L'Amandier réussit mieux dans les terreins chauds & légers, que dans ceux qui sont gras & humides. Il périt dans les massifs des bois. Nos Provinces sont trop froides pour prétendre que les amandes y mûrissent parfaitement : les bonnes amandes viennent de Barbarie, de Provence, de Languedoc, de Touraine & d'Avignon.

On multiplie aisément les Amandiers en semant les amandes ; & l'on greffe les especes rares, sur celles qui sont plus communes. L'Amandier nain (n°. 5,) trace & fournit beaucoup de rejets qui partent des racines : il donne beaucoup de fleurs dès les premieres années, & étant encore très-jeune.

En automne, sitôt que les amandes sont parvenues à leur maturité, on les met lit par lit avec du sable. Elles germent pendant l'hyver ; il faut les garantir des mulots qui en sont très-friands. On les met en terre au printemps, après en avoir rompu le germe ; cette précaution fait, qu'au lieu qu'elles ne produisent

produisent ordinairement qu'un pivot, alors elles forment un empatement de racines qui fait que les arbres reprennent plus aisément lorsqu'on les transplante.

USAGES.

Nous pourrions étendre la liste des Amandiers jusqu'à huit ou dix especes dont les Amandes sont bonnes à manger; mais cet Ouvrage étant destiné principalement à décrire les arbres dont on peut former des bosquets, des avenues ou des massifs de bois, nous éviterons par cette raison de faire une longue & inutile énumération des arbres fruitiers.

L'Amandier nain décore les jardins par ses fleurs qui s'épanouissent au commencement d'Avril. Cet arbrisseau n'acquiert jamais plus de deux ou trois pieds de hauteur : il porte de petites Amandes très-améres : ses fleurs sont d'une belle couleur semblable à celle de la rose.

Nous parlerons de l'Amandier à fleurs doubles dans l'article, *Persica.* L'Amandier à feuilles argentées (n°. 4,) qui nous a été envoyé du Levant, est un arbre très-singulier par la couleur de ses feuilles. Ses amandes sont petites & ameres : elles se terminent en pointe très-fine. Les fruits de cette espece qui ont été envoyés du Levant ayant très-bien levé chez M. le Duc d'Ayen, il nous en a fait part; & nous tenterons de greffer cet arbre sur l'Amandier commun pour en avoir plutôt du fruit : il est un peu sensible à la gelée.

Les Provençaux font un assez grand cas d'une espece d'Amandier dont ils appellent le fruit Amande pistache, parce qu'il égale assez en grosseur les pistaches, & leur ressemble beaucoup par sa forme : l'amande en est très-douce, & d'un goût fort agréable : il y a aussi une espece un peu plus grosse, qu'ils nomment Amande sultane : elle differe peu du n° 2.

On éleve dans les pépinieres quantité d'Amandiers pour greffer dessus toutes les especes de Pêchers.

Comme dans nos climats les amandes parviennent rarement à une parfaite maturité, elles ne sont pas ordinairement bonnes à conserver seches; mais elles sont excellentes à manger vertes, & elles sont préférables à celles de Provence pour semer dans les pépinieres, & en former des sujets.

On tire, par expression, des amandes douces une huile qui est très-adoucissante : on la prescrit pour calmer la toux & les douleurs de colique. Les amandes douces sont la base des émulsions ; & l'on y joint alors quelques amandes ameres pour les rendre plus agréables.

Pour parvenir à tirer l'huile des amandes, on les monde de leur peau, qui se détache aisément quand on les a mis dans de l'eau bouillante ; on les pile ensuite dans des mortiers, ou bien on les broye avec de grands moulins à bras semblables à ceux qui servent pour le caffé ; enfin on les pose sous la presse pour en faire couler l'huile. Cette huile se rancit promptement ; & en cet état, elle n'est bonne qu'à brûler.

L'huile d'amandes ameres passe pour être résolutive. Ces amandes sont un violent poison pour la plûpart des oiseaux : mais l'huile d'amandes douces les guérit sur le champ.

On fait avec les amandes douces & les amandes ameres différentes préparations dans les Offices ; sçavoir des macarons, des massepains, des gâteaux, &c. On confit aussi les amandes vertes avant que leur bois soit formé, & l'on en fait des compotes. Les Provençaux font griller au four les amandes seches ; c'est ce qu'ils nomment amandes torrades : elles sont assez appétissantes.

Le bois de l'Amandier est fort dur, & a quelquefois de belles couleurs.

Les fruits sont représentés encore jeunes dans la planche.

AMYGDALUS, AMANDIER.

Tome I. Pl. 17.

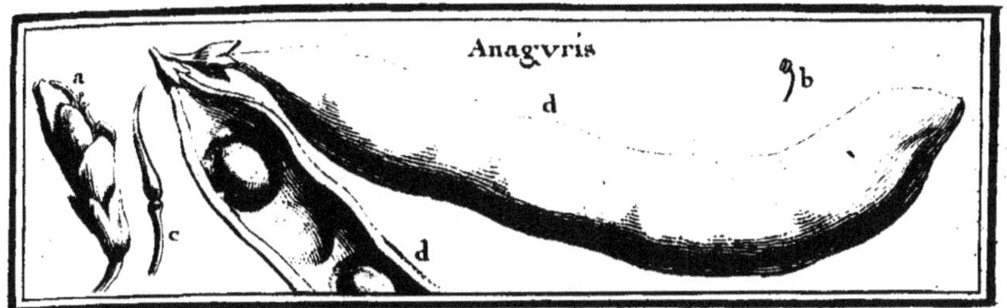

ANAGYRIS, Tournef. & Linn.

DESCRIPTION.

La fleur de l'Anagyris est légumineuse : elle est, ainsi que le dit M. de Tournefort, d'un profil singulier ; le pétale supérieur (*Vexillum*) est beaucoup plus court que les aîles, (*Alæ*) & le pétale inférieur (*Carena*) est fort long : son calyce est découpé en cinq parties. (*a*)

On trouve dans l'intérieur de la fleur dix étamines (*b*) & un pistil fort long, un peu courbé (*c*), qui se change en une silique dans laquelle se trouvent les semences (*d*) qui ont la figure d'un rein. Les fleurs sont rassemblées par bouquet.

Les feuilles qui sont placées alternativement sur les branches, sont composées de trois folioles qui sont posées au bout d'une queue : elles sont d'un verd blanchâtre.

ESPECES.

1. *ANAGYRIS fœtida.* C. B. P.
   Anagyris puant, ou bois puant.

CULTURE.

Comme cet arbrisseau craint nos forts hyvers, on est contraint de le mettre en espalier, & de le couvrir avec des paillassons.

On le multiplie par des semences qu'on tire de Languedoc, de Malthe, &c. On le multiplie encore avec les marcottes.

USAGES.

Cet arbrisseau est fort joli. Ses fleurs réunies en forme de bouquet, font un effet assez agréable ; néanmoins leur couleur n'est pas trop brillante.

Les feuilles de l'Anagyris passent pour être résolutives, & les semences pour vomitives.

Cet arbrisseau, que l'on nomme aussi, *Bois puant*, répand une mauvaise odeur quand on le touche un peu fortement.

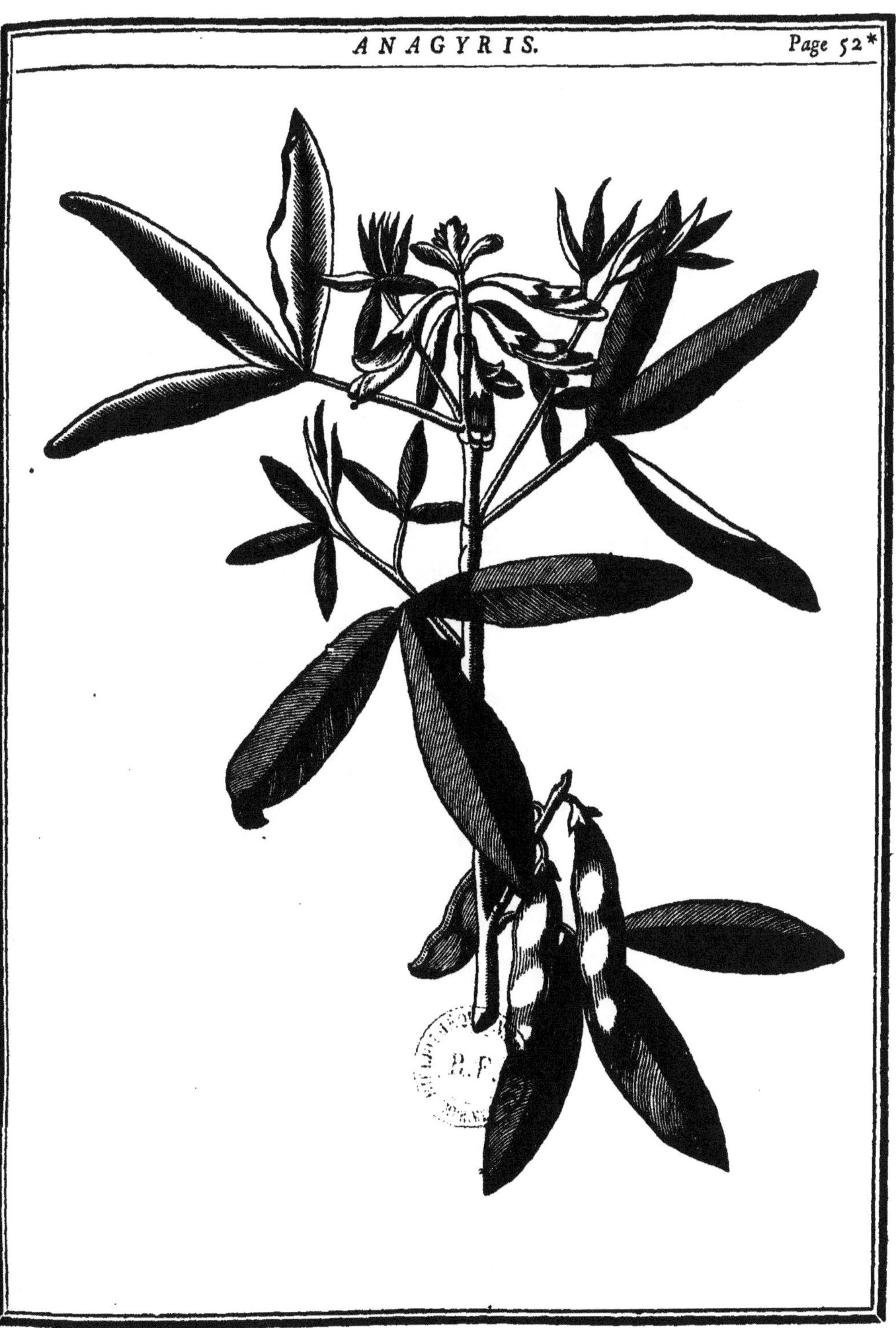

Tome I. Pl. 18.

ANONA, LINN. *GUANABANUS*, PLUM.

ASSIMINIER.

DESCRIPTION.

LE calyce de la fleur de l'Aſſiminier eſt formé par trois petites feuilles (*a*) figurées en cœur, creuſées en cuilleron, & qui ſe terminent en pointe.

Le diſque de la fleur eſt compoſé de ſix pétales (*b*) figurés auſſi en cœur & diſpoſés en forme de roſe; les trois pétales intérieurs ſont plus petits que les trois extérieurs.

Les étamines ſont en grand nombre; elles ſont attachées par de très-courts filaments autour de l'embryon, où elles forment une eſpece de tête : leurs ſommets ſont quadrangulaires.

Le piſtil eſt compoſé de pluſieurs embryons arrondis & d'autant de ſtyles terminés par des ſtigmates obtus.

Chaque embryon devient un gros fruit charnu, quelquefois ovale, d'autres fois preſque rond : il reſſemble à un concombre de moyenne groſſeur, mais ſouvent un peu plus court. On trouve dans l'intérieur de ce fruit pluſieurs ſemences (*c*) dures, longues, applaties & raſſemblées les unes près des autres. L'eſpece dont nous ferons mention dans le Catalogue, contient douze graines diviſées en deux rangées : chacune eſt renfermée dans une loge particuliere.

L'Aſſiminier forme un arbriſſeau de dix à douze pieds de haut, dont le tronc eſt gros comme la jambe. Les feuilles ſont grandes, ovales, terminées en pointe, & poſées alternativement ſur les branches.

Toutes les parties de cet arbrisseau ont une odeur forte & désagréable, à laquelle on a peine à s'accoutumer.

ESPECES.

1. *ANONA fructu lutescente lævi, scrotum Arietis referente.* Catesb. Hist. ou GUANABANUS. Plum.

ASSIMINIER.

Il y a plusieurs especes de ce genre, mais qui ne peuvent s'élever en pleine terre.

CULTURE.

Cet arbrisseau nous est envoyé du Canada, du haut du Mississipi vers les Iroquois : il se plaît à l'ombre dans les terres grasses & humides.

Il leve assez bien des semences qu'on nous envoie des pays que nous venons de nommer. On ne le trouve point dans la partie méridionale de la Louysiane : il subsiste depuis long-temps en pleine terre au Château de la Galissoniere près de Nantes.

USAGES.

Comme cet arbrisseau pousse ses feuilles, & presqu'en même temps ses fleurs, il est assez beau dans le mois d'Avril; ainsi il peut servir à la décoration des bosquets du premier printemps.

L'odeur déplaisante de son fruit fait qu'il n'y a que les Sauvages qui puissent en manger. Néanmoins on s'y accoutume peu à peu. J'ai lu dans une relation de la Louysiane, que sa chair est agréable & saine; mais que la peau, qui s'enleve facilement, laisse aux doigts l'impression d'un acide si vif, que si l'on n'a pas l'attention de les laver sur le champ, & qu'on les porte par inadvertance aux yeux, il y cause une inflammation accompagnée d'une demangeaison insupportable. Ce mal ne dure cependant que vingt-quatre heures, & n'a pas de suites fâcheuses.

Le bois de cet arbrisseau est souple, ployant & fort dur.

Tout ce que nous rapportons de cet arbre, nous le tenons de quelques Voyageurs, & en particulier de M. Sarasin, Médecin du Roi en Canada; & de M. de Fontenet, Médecin du Roi à la Louysiane. Nous n'avons pas connoissance qu'il ait encore fructifié en France.

ANONA, ASSIMINIER. Page 56*

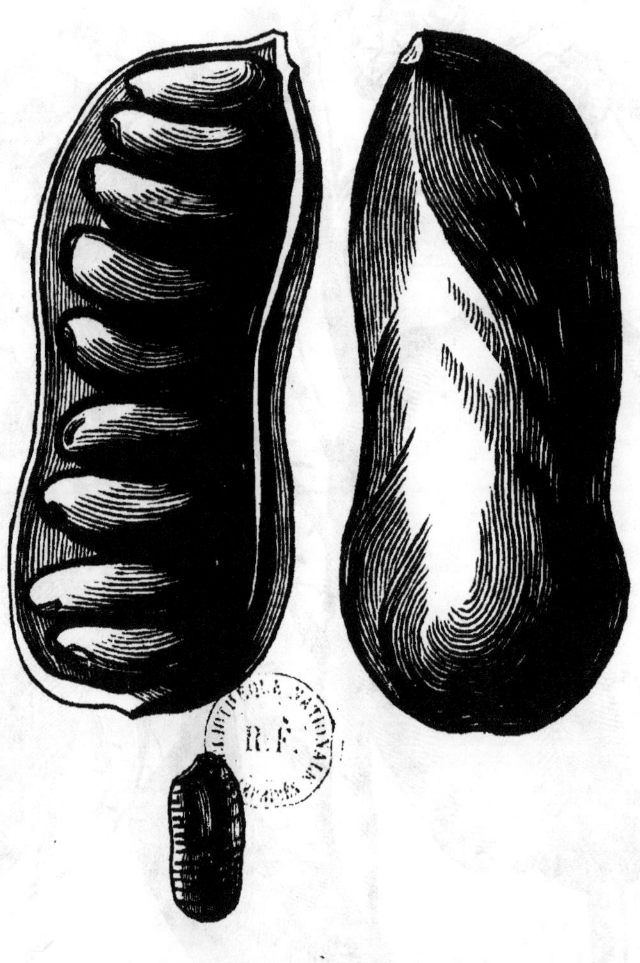

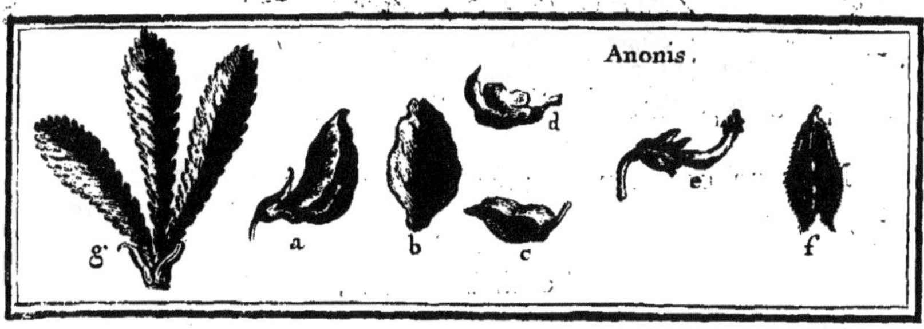

ANONIS, TOURNEF. ONONIS, LINN. ARRETE-BŒUF.

DESCRIPTION.

LA fleur (*a*) de l'Arrête-bœuf est légumineuse; son pavillon (*Vexillum*) (*b*) est si grand, qu'il recouvre presque entiérement les aîles (*Alæ*) (*c*), & en grande partie la nacelle (*Carina*) (*d*) qui est d'une seule piece.

Son calyce est un cornet un peu recourbé dont les bords sont découpés en cinq lanieres étroites. On trouve dans l'intérieur de la fleur une gaîne qui enveloppe le pistil : les bords de cette gaîne sont découpés en dix filets qui forment autant d'étamines (*e*). Le pistil est formé d'un style qui est terminé par un stigmate pointu, & d'un embryon ovale qui devient une silique (*f*) assez grosse, plus ou moins longue, dans laquelle il y a quelques semences en forme de rein.

Les feuilles (*g*) sont presque toujours composées de trois foliolles attachées à une queue, laquelle est garnie, à son insertion sur la branche, de deux stipules, ou petits appendices pointus; elles sont posées alternativement sur les branches.

ESPECES.

1. *ANONIS montana præcox purpurea, frutescens.* Mor. H. R. Blef.
ARRETE-BŒUF de montagne précoce, à fleur purpurine, & en arbrisseau, ou ANONIS d'Espagne.

2. *ANONIS Hispanica frutescens, folio tridentato carnoso.* Inst.
ANONIS d'Espagne en arbuste, qui a les feuilles épaisses, terminées par trois pointes.

Nous ne comprenons point dans cette liste les *Anonis* qui ne sont que des herbes, & qui perdent leurs tiges l'hyver.

CULTURE.

On peut multiplier les Arrête-bœufs par les semences, ou en faisant des marcottes : ce petit arbuste n'exige aucune culture particuliere.

L'espece n°. 2, craint un peu les fortes gelées.

USAGES.

L'Anonis ou Arrête-bœuf (n°. 1,) qui fleurit au commencement de Juin, & qui a souvent encore des fleurs au commencement d'Octobre, mérite d'être cultivé dans les plate-bandes d'un bosquet printanier ; car lorsqu'il est en pleine fleur, il forme un très-joli bouquet.

Sa racine passe pour être apéritive.

Le nom d'Arrête-bœuf a été donné à cette plante, parce que plusieurs especes de ce même genre qui ne sont cependant que des herbes, tracent beaucoup, & jettent de fortes racines en terre, qui incommodent beaucoup les Laboureurs.

AQUIFOLIUM, TOURNEF. *ILEX*, LINN. HOUX.

DESCRIPTION.

LA fleur du Houx qui a peu d'apparence est formée d'un fort petit calyce (*a*) divisé en quatre parties; d'un seul pétale en forme de rosette (*b*), découpé aussi en quatre parties arrondies. Ce pétale est percé dans son milieu d'un trou par lequel passe le pistil (*d*) & qui est formé d'un embryon arrondi, de trois ou quatre stigmates sans style. Cette fleur n'a que quatre ou cinq étamines (*c*).

L'embryon devient une baie charnue (*e*) qui contient quatre noyaux oblongs & de figure irréguliere (*f*).

Les feuilles de la plûpart des Houx sont plus dures que celles du Laurier: elles sont piquantes par les bords & placées alternativement sur les branches.

ESPECES.

1. *AQUIFOLIUM baccis rubris.* H. L.
Houx à fruit rouge.

2. *AQUIFOLIUM baccis luteis.* H. L.
Houx à fruit jaune.

3. *AQUIFOLIUM baccis albis.* M. C.
Houx à fruit blanc.

4. *AQUIFOLIUM foliis ex albo variegatis.* H. L.
Houx à feuilles panachées de blanc.

5. *AQUIFOLIUM foliis ex luteo variegatis.* H. R. P.
Houx à feuilles panachées de jaune.

6. *AQUIFOLIUM foliis longioribus, limbis & spinis ex unico tantùm latere per totum argenteo pictis.* Pluk. Alm.
Houx à feuilles longues, dont les bords & les épines sont argentés seulement d'un côté.

7. *AQUIFOLIUM foliis subrotundis, limbis & spinis utrinque argentatis.* Pluk. Alm.
Houx à feuilles arrondies, dont les bords & les épines sont argentés des deux côtés.

8. *AQUIFOLIUM foliis oblongis lucidis; spinis & limbis argenteis.* M. C.
Houx à feuilles oblongues brillantes, dont les bords & les épines sont argentés.

9. *AQUIFOLIUM foliis oblongis, limbis argenteis.* M. C.
Houx à feuilles oblongues, dont les bords sont argentés.

10. *AQUIFOLIUM foliis subrotundis, limbis argenteis, spinis & marginibus foliorum purpurascentibus.* M. C.
Houx à feuilles arrondies, dont les bords sont argentés, liserés de pourpre, & les épines de même couleur.

11. *AQUIFOLIUM foliis oblongis, spinis & limbis flavescentibus.* M. C.
Houx à feuilles oblongues, dont les bords & les épines sont d'un jaune pâle.

12. *AQUIFOLIUM foliis oblongis, lucidis; spinis & limbis aureis.* M. C.
Houx à feuilles longues & brillantes, dont les bords & les épines sont dorés.

13. *AQUIFOLIUM foliis oblongis, spinis & limbis luteis.* M. C.
Houx à feuilles oblongues, dont les bords & les épines sont jaunes.

14. *AQUIFOLIUM foliis subrotundis, spinis minoribus, foliis ex luteo elegantissimè variegatis.* M. C.
Houx à feuilles arrondies & à petites épines, dont les feuilles sont ornées de belles panaches jaunes.

15. *AQUIFOLIUM foliis oblongis atrovirentibus, spinis & limbis aureis.* M. C.
Houx à feuilles oblongues d'un verd foncé, dont les épines & les bords sont dorés.

16. *AQUIFOLIUM foliis latioribus, spinis & limbis flavescentibus.* M. C.
Houx à feuilles fort larges, dont les épines & les bords sont d'un jaune pâle.

17. *AQUIFOLIUM foliis oblongis, spinis majoribus, foliis ex aureo variegatis.* M. C.
Houx à feuilles oblongues, & à grandes épines, dont les feuilles sont panachées de veines dorées.

18. *AQUIFOLIUM foliis subrotundis, spinis & limbis aureis.* M. C.
Houx à feuilles arrondies, dont les épines & les bords sont dorés.

19. *AQUIFOLIUM foliis longioribus, spinis & limbis argenteis.* M. C.
Houx à feuilles fort longues, dont les bords & les épines sont argentés.

20. *AQUIFOLIUM foliis & spinis majoribus, limbis flavescentibus.* M. C.
Houx à grandes feuilles & longues épines, dont les bords sont d'un jaune pâle.

21. *AQUIFOLIUM foliis minoribus, spinis & limbis argenteis.* M. C.
Houx à très-petites feuilles, dont les bords & les épines sont argentés.

22. *AQUIFOLIUM foliis angustioribus, spinis & limbis flavescentibus.* M. C.
Houx à feuilles fort étroites, dont les bords & les épines sont jaunes.

23. *AQUIFOLIUM foliis oblongis ex luteo & aureo elegantissimè variegatis.* M. C.
Houx à feuilles oblongues, dont les feuilles sont richement panachées de jaune & de veines d'or.

24. *AQUIFOLIUM foliis oblongis viridibus, maculis argenteis notatis.* M. C.
Houx à feuilles oblongues, d'un verd foncé, mouchetées de taches argentées.

25. *AQUIFOLIUM foliis oblongis, limbis luteis, spinis & foliorum marginibus purpurascentibus.* M. C.
Houx à feuilles oblongues, dont les bords sont jaunes, lisérés de pourpre, & les épines pourpres, appellé en Angleterre Pentelada.

26. *AQUIFOLIUM foliis oblongis, limbis & spinis ochroluteis.* M. C.
Houx à feuilles oblongues, dont les bords & les épines sont de couleur d'ocre jaune.

27. *AQUIFOLIUM foliis parvis, interdum vix spinosis.* M. C.
Houx à petites feuilles, qui n'ont presque pas d'épines.

28. *AQUIFOLIUM foliis parvis, interdum vix spinosis, limbis foliorum argentatis.* M. C.
Houx à petites feuilles, qui n'ont presque pas d'épines, dont les bords sont argentés.

29. *AQUIFOLIUM baccis luteis, foliis ex luteo variegatis.* M. C.
Houx à fruit jaune, dont les feuilles sont panachées de la même couleur.

30. *AQUIFOLIUM Echinata folii superficie.* Corn.
Houx dont le dessus des feuilles est hérissé d'épines, ou bien Houx-Herisson.

31. *AQUIFOLIUM Echinata folii superficie, foliis ex luteo variegatis.* M. C.
Houx dont le dessus des feuilles est hérissé d'épines, & les feuilles panachées de jaune, ou bien Houx-Herisson doré.

32. *AQUIFOLIUM Echinata folii superficie, limbis aureis.* M. C.
Houx dont le dessus des feuilles est hérissé d'épines, & le bord doré, ou Houx-Herisson bordé d'or.

33. *AQUIFOLIUM Echinata folii superficie, limbis argenteis.* M. C.
Houx dont le dessus des feuilles est hérissé d'épines, & le bord argenté, ou Houx-Herisson bordé d'argent.

34. *AQUIFOLIUM Carolinianum angustifolium, spinis raris brevissimis.* M. C.
Houx de Caroline à feuilles étroites, qui n'ont que peu d'épines & fort courtes.

35. *AQUIFOLIUM foliis deciduis. ALCANNA major latifolia dentata.* Munting.
Houx qui quitte ses feuilles.

36. *AQUIFOLIUM, sive AGRIFOLIUM Caroliniense, foliis dentatis, baccis rubris.* Catesb.
Grand Houx de Caroline à feuilles dentelées, non épineuses, dont les baies sont rouges & rassemblées en gros bouquets sur les branches.

37. *AQUIFOLIUM Carolinienſe foliis dentatis, baceis rubris.* Cateſb. *CASSINE vera Floridanorum, arbuſcula baccifera, Alaterni fermè facie, foliis alternatim ſitis.* Tetrapyrene. Pluk.

HOUX de Caroline à feuilles dentelées, dont le fruit eſt d'un beau rouge ; la vraie Caſſine de la Floride, & peut-être l'herbe ou le thé du Paraguay.

CULTURE.

La liſte précédente offre une grande variété de Houx panachés. On en eſt redevable au goût que les Anglois ont eu pour cet arbriſſeau ; c'eſt ce qui a déterminé leurs Jardiniers à en conſerver toutes les variétés. On pourroit encore les multiplier, en obſervant ſur quantité de Houx celles qui arriveront à quelques branches particulieres ; car en greffant ces bizarreries accidentelles ſur des Houx communs, on le rendroit plus conſtantes.

Nous avons trouvé dans les forêts, ſur des Houx ſauvages, quelques branches très-joliment panachées. Si on les avoit coupées pour les greffer ſur des Houx communs, on auroit conſervé ces variétés.

Il n'eſt pas douteux qu'on ſe procureroit encore des variétés, en ſemant des graines de Houx panaché ; ſur-tout ſi on les avoit receuillies dans un endroit où beaucoup d'eſpeces de Houx ſe trouveroient confondues.

Pour avoir des Houx communs, on les arrache encore jeunes, & lorſqu'ils ſont levés de graine ſous les vieux pieds qui croiſſent naturellement dans les forêts ; alors on les cultive en pépiniere, pour greffer ſur ces ſujets toutes les autres eſpeces de Houx, qui réuſſiſſent très-bien en écuſſon & en fente.

Les Houx riſquent beaucoup de périr ſi on les tranſplante ſans motte : néanmoins ils réuſſiront mieux tranſplantés le printemps, que l'automne.

Les Houx ordinaires ſe plaiſent à l'ombre ſous les grands arbres ; mais les panachés dégénerent moins, quand ils ſont expoſés au ſoleil.

Il faut avoir ſoin de couper toutes les branches qui perdent leur panache, ſans quoi ces branches, plus vigoureuſes que les autres, feroient périr celles qui ſont panachées.

M. le Chevalier de Genſein m'a aſſuré qu'il avoit eu long-temps en pleine terre le Houx ou Caſſine n°. 37 ; néanmoins on fera bien d'y apporter beaucoup de précautions, & de ne le riſquer que quand il ſera fort.

USAGES.

Les Houx de toutes les eſpeces font un effet admirable dans les boſquets d'hyver, non-ſeulement à cauſe de leurs feuilles luiſantes, mais encore par leurs fruits, qui reſtent ſur l'arbre une partie de l'hyver.

On fera bien d'en mettre encore dans les Remiſes ; non-ſeulement parce qu'ils forment des buiſſons touffus qui protégent le gibier, mais encore parce que beaucoup d'oiſeaux vivent de leur fruit.

Le bois de Houx eſt blanc ; néanmoins celui du centre des gros arbres eſt brun : il eſt fort dur ; ſes baguettes ſont pliantes. On ſait que c'eſt avec l'écorce de cet arbre que l'on fait la meilleure glu pour prendre les oiſeaux. Il faut pour cela gratter l'écorce extérieure qu'on rejette, & conſerver l'intérieure qui eſt ſucculente. On la pile bien pour en former une pâte que l'on met enſuite pourir à la cave, dans un pot que l'on y enterre. Lorſque cette pâte a ſuffiſamment fermenté, on la lave dans l'eau, on en retire les filaments ligneux, après quoi la glu ſe raſſemble en une maſſe.

On ordonne la décoction des racines pour calmer la toux ; elle eſt fort émolliente.

Les Houx-Hériſſons (n°. 30, 31, &c.) ont, outre leurs épines du bord des feuilles, une quantité d'autres épines ſur la ſuperficie des mêmes feuilles. Il y a auſſi des Houx qui n'ont preſque point d'épines au bord de leurs feuilles. On croit que cela n'arrive qu'aux vieux pieds.

L'Alcanna (n°. 35,) ayant les parties de la fructification ſemblables à celles du Houx, nous avons cru devoir comprendre cet arbriſſeau dans la même claſſe. Cet Alcanna fleurit en Juin ; ſa fleur n'eſt pas à la vérité d'un grand éclat, néanmoins il fait un joli arbriſſeau : on nous l'a envoyé de Canada. Ses feuilles ne ſont point piquantes comme celles du Houx ordinaire.

Il

Il eſt bon d'avertir, que la figure de cet arbuſte ayant été deſſinée ſur un jeune pied qui étoit très-vigoureux, les feuilles en ſont trop grandes, elles ſont dentelées trop profondément, elles ſont trop allongées, & elles ſe terminent trop en pointe. Ce ſont-là les remarques que nous avons faites en comparant cette figure avec de gros pieds qui nous ſont venus récemment de Canada.

Nous avons auſſi reçu de la Louyſiane, des pieds & des fruits de la vraie Caſſine. Les pieds ont mal réuſſi, & ne nous ont point donné de fleurs; mais les fruits qui contenoient quatre ſemences, & les calyces diviſés en quatre, nous ont déterminés à les ranger dans le caractere des Houx, n°. 37. Le Graveur a fait les feuilles trop profondément dentelées. Les feuilles de cet arbriſſeau, qui, ſelon toutes les apparences, eſt l'herbe ou le thé du Paraguay, fourniſſent une infuſion aſſez agréable.

Les Houx ayant leurs fleurs monopétales, en roſe, hermaphrodites, réunies autour des branches, & non en chatons comme les *Ilex*, nous eſtimons qu'ils feront toujours un genre particulier; & comme nous avons conſervé le nom d'*Ilex* aux chênes verds, nous avons cru qu'il convenoit de ſupprimer cette dénomination que M. Linneus avoit donnée aux Houx, & les appeller, comme on l'a toujours fait, *Aquifolium.*

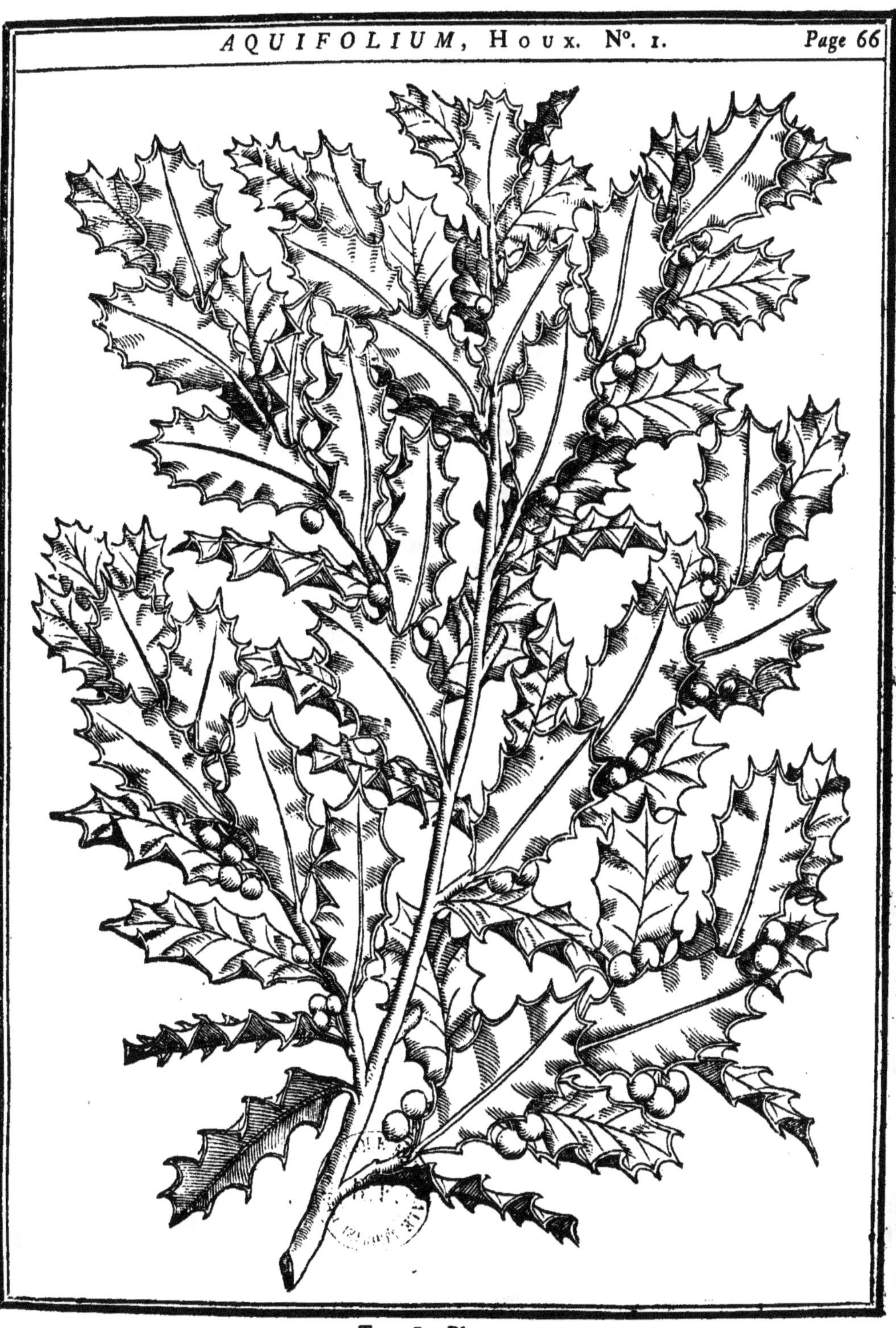
AQUIFOLIUM, Houx. N°. 1.
Page 66

Tome I. Pl. 22.

R.F.

R.F.

ARALIA, TOURNEF. VAILL. LINN.

DESCRIPTION.

LE calyce propre à chaque fleur, eſt épais, charnu, & diviſé par les bords en cinq dentelures peu ſenſibles (*c*); la pointe de chaque dentelure eſt ſouvent marquée d'un petit point rouge: les pétales (*d*), au nombre de cinq, ſont diſpoſés en roſe (*e*); ils ſont attachés au calyce entre les petites pointes rouges dont nous venons de parler, & l'on voit au milieu de chaque pétale une eſpece de nervure blanche qui s'étend preſque juſqu'à la pointe. On apperçoit dans le diſque de la fleur (*e*) cinq étamines blanches, qui ſont chargées de gros ſommets ovales, diviſés par une goutiere dans la direction de leur longueur (*f*): ces étamines ſont ſoutenues par des pédicules aſſez longs, qui s'attachent au calyce vis-à-vis les points rouges, ou entre les pétales.

Le piſtil (*g*) eſt formé d'un embryon arrondi, ſurmonté de quatre ſtyles obtus, qui en ſe tenant rapprochés les uns des autres, forment une eſpece de cône tronqué & cannelé: l'embryon qui fait partie du calyce, ſe transforme en une baie ſucculente (*h*) qui contient cinq noyaux ou ſemences dures, & de forme oblongue.

Les fleurs de l'Aralia ſont raſſemblées en gros bouquets (*a*), qui ſont formés par cent ou cent cinquante petites ombelles (*b*).

Pour ſe former une idée de ces bouquets, il faut ſe repréſenter une premiere branche aſſez groſſe, d'où partent, ſelon différentes directions, de secondes branches qui ont quatre à cinq pouces de longueur; & cinq ou six de ces secondes branches partent de l'extrêmité de la premiere. Ces secondes branches, qui sont quelquefois au nombre de vingt, donnent naissance à huit, dix, douze branches d'un troisieme ordre, longues d'un pouce, & posées alternativement dans toute la longueur des secondes branches : ces troisiemes branches sont terminées par une petite ombelle (*b*), qui est formée par vingt, vingt-cinq ou trente fleurs, qui sont portées par des queues de quatre à cinq lignes de longueur; toutes ces queues prennent leur origine de l'extrêmité des branches du troisieme ordre; elles sortent d'un calyce qui forme une rosette composée d'une douzaine de fort petites feuilles très-pointues, & qui sont d'un beau rouge.

Le long des troisiemes branches, & à leur insertion sur les secondes, on apperçoit encore de petites feuilles rouges & pointues, qui sont comme collées sur les branches.

Les feuilles ressemblent beaucoup à celles de l'Angélique.

La figure (*a*) représente une grappe de fleurs très-diminuée de sa grandeur ordinaire. Les figures (*b*) & (*h*), sont de grandeur naturelle; le reste est grossi à la louppe, pour en rendre les parties plus sensibles.

ESPECE.

ARALIA *spinosa arborescens.* Vaillant, Discours sur la structure des fleurs.

ARALIA en arbre épineux, ou ANGELIQUE épineuse.

Nous supprimons les especes d'Aralia qui ne forment point des arbrisseaux.

CULTURE.

Il arrive quelquefois que dans le tems que les fleurs de cet arbrisseau paroissent, presque toutes les feuilles se dessechent : on croiroit alors que l'arbre va périr; mais peu de temps ensuite, il en pousse de nouvelles.

Le grand soleil ne lui convient pas : il se plaît dans les terreins humides. Je l'ai élevé de semences, qui avoient été envoyées de Canada. Je crois qu'il produit aussi quelquefois des drageons enracinés.

USAGES.

Quoique l'Aralia ait un assez beau feuillage, & que ses grands bouquets de fleurs fassent un bel effet, il est néanmoins plus estimable par sa forme singuliere que par sa beauté.

Comme les feuilles de cette plante sont fort grandes, aussi-bien que les épis des fleurs, on n'a pu représenter dans la figure qu'une branche sans fleurs & sans fruit; mais on peut voir dans la vignette une grappe de fleurs en petit.

L'Aralia nous a quelquefois fleuri en été, & d'autres fois il n'a fleuri qu'en automne vers le mois d'Octobre.

Tome I. Planche 25.

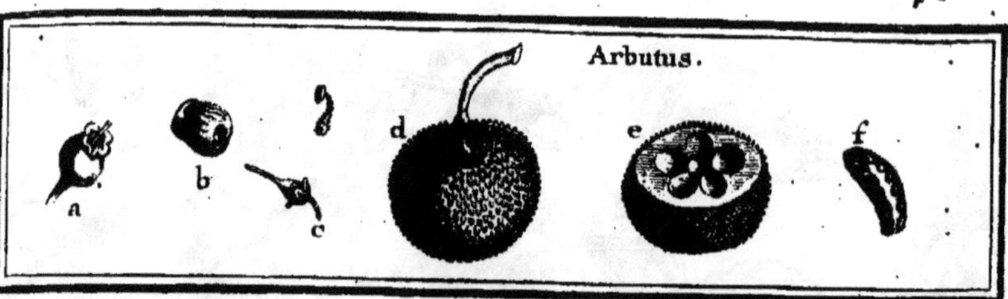

ARBUTUS, Tournef. & Linn. ARBOUSIER.

DESCRIPTION.

LA fleur de l'Arbouſier (*a*) a peu d'éclat. Elle eſt formée par un ſeul pétale (*b*), qui a la figure d'un grelot, & qui porte intérieurement dix étamines. Il eſt découpé par les bords en cinq parties. Le calyce eſt fort petit, & il eſt auſſi découpé en cinq (*c*); il porte à ſon centre un piſtil formé par un ſtyle & un embryon, qui devient une baie ronde & ſucculente (*d*). Cette baie eſt intérieurement diviſée en cinq loges (*e*), remplies de ſemences (*f*) aſſez fines & dures.

Les feuilles de l'Arbouſier approchent de celles du laurier; elles ſont aſſez profondément dentelées ſur les bords; & elles ſont placées alternativement ſur les branches : elles ne tombent point en hyver.

ESPECES.

1. *ARBUTUS folio ſerrato.* C. B. Pin.
   Arbousier à feuilles dentelées.

2. *ARBUTUS fructu turbinato, folio ſerrato.* Inſt.
   Arbousier à feuilles dentelées, & dont le fruit eſt en poire.

3. *ARBUTUS folio ſerrato, flore oblongo, fructu ovato.* D. Micheli. Hort. Piſ.
   Arbousier à feuilles dentelées, dont la fleur eſt allongée, & le fruit ovale, ou Arbousier d'Italie.

4. *ARBUTUS folio ſerrato, flore duplici.* M. C.
   Arbousier à feuilles dentelées, & à fleur double.

5. *ARBUTUS folio non serrato.* C. B. P. *vel* ADRACHNE. Tournef. Voyage du Levant.
ARBOUSIER à feuilles non dentelées.

Comme M. Linneus nomme *Arbutus*, les *Uva-Ursi* de M. Tournefort, nous renvoyons à l'article *Uva-Ursi*.

CULTURE.

Pour élever cet arbrisseau en pleine terre, il faut en couvrir le pied avec de la litiere ; parce que s'il arrive que les branches gelent, la souche en repousse de nouvelles. Au reste, il s'accommode assez bien de toutes sortes de terres. Nous l'avons élevé de semences & de marcottes ; & il a subsisté au Jardin du Roi en pleine terre pendant dix ou douze ans.

Les Provençaux multiplient cet arbrisseau en éclatant une branche de dessus une vieille souche, & ils assurent que, pour peu qu'il reste de la souche, ces arbrisseaux reprennent sûrement : ils nous ont souvent envoyé de pareilles crosses qui n'ont jamais réussi dans nos jardins.

USAGES.

Comme cet arbrisseau conserve ses feuilles pendant l'hyver, & que son fruit doux, mais fade, plaît beaucoup aux oiseaux, on pourroit le mettre dans les bosquets d'hyver & dans les remises, s'il ne craignoit pas les fortes gelées.

On attribue une vertu astringente à ses feuilles & à son écorce. Son fruit qui n'est guere mangé que par les enfans, passe pour être indigeste.

Le n°. 5 est très-rare. Je ne sache point que cet arbre soit dans aucun de nos jardins. M. Tournefort dit que l'on en mange le fruit.

ARBUTUS, ARBOUSIER. Page 72*

Tome I. Pl. 26.

ARMENIACA, Tournef. *Prunus*, Linn.
ABRICOTIER.

DESCRIPTION.

LES Abricotiers portent de grandes fleurs (*a*) blanches, formées de cinq pétales diſpoſés en roſes, ſoutenus par un calyce (*b*) découpé en cinq, duquel partent environ vingt-cinq étamines (*c*), au milieu deſquelles eſt placé un piſtil formé d'un ſtyle & d'un embryon, qui devient un fruit charnu (*d*), diviſé ſuivant ſa longueur par une goutiere. Dans ce fruit eſt un aſſez gros noyau qui contient une amande (*e*).

Les feuilles de cet arbre ſont grandes, arrondies comme celles du peuplier, ſoutenues de même par de longues queues, & poſées alternativement ſur les branches. Le bord des feuilles eſt garni de dents arrondies en forme de gaudrons : elles ne ſont pas fort ſujettes à être mangées par les inſectes, & elles conſervent leur verdure juſqu'au temps des gelées.

Souvent dans les aiſſelles des feuilles, on apperçoit trois boutons à côté les uns des autres; celui du milieu qui eſt le plus gros, contient une fleur; il ſort des deux autres des feuilles & des branches.

Les feuilles ſont pliées en deux dans les boutons, & quand elles ſont nouvellement épanouies, elles ſont accompagnées de ſtipules frangées & ſouvent colorées, qui ſe deſſechent en peu de temps; de ſorte qu'on n'en apperçoit point ſur les branches qui ſont formées.

ESPECES.

1. *ARMENIACA fructu majori, nucleo amaro.* Inst.
ABRICOTIER ordinaire à gros fruit, dont l'amande est amere.

2. *ARMENIACA fructu majori, foliis ex luteo variegatis.* M. C.
ABRICOTIER à gros fruit, & à feuilles panachées de jaune.

3. *ARMENIACA fructu majori, nucleo dulci.* Inst.
ABRICOTIER à gros fruit, dont l'amande est douce.

4. *ARMENIACA mala minora.* J. B.
ABRICOTIER à petit fruit, que les Provençaux nomment ABRICOT ALEXANDRIN, AUBERGE ou AUBERGEON.

5. *ARMENIACA betulæ folio & facie, fructu exsucco.* Amm. Ruth.
ABRICOTIER à feuille de bouleau.

Nous supprimons plusieurs autres especes que nous cultivons dans nos vergers.

CULTURE.

On peut élever des Abricotiers en semant les noyaux du fruit; mais pour multiplier les bonnes especes, on les greffe sur des Abricotiers de noyau, ou sur les Pruniers de Saint-Julien, de damas noir, & de cerisette.

Dans les petits jardins, on éleve les Abricotiers en plein vent ou en buisson; le fruit en est meilleur. Mais dans les grands jardins découverts, on est obligé de les élever en espalier, sans quoi on n'auroit jamais de fruit.

M. Linneus dans son dernier ouvrage, intitulé : *Species Plantarum*, comprend sous le genre des Pruniers (*Prunus*) les Cerisiers, les *Padus*, & par conséquent les *Lauro-Cerasus*, & les Abricotiers. Mais la forme de ces différents fruits étant suffisante, pour éviter la confusion, nous avons cru devoir conserver les différents noms que tous les Botanistes ont donné à ces fruits.

USAGES.

Le fruit de l'Abricotier eſt aſſez bon à manger crud; mais il eſt ſurprenant que ce fruit qui a peu de parfum par lui-même, en acquiert beaucoup étant confit avec le ſucre : c'eſt pour cela que l'on en fait de très-bonnes confitures & des compotes. On employe même à cet uſage des abricots verds, & avant que le bois du noyau ſoit formé; mais alors ils n'ont qu'un goût de verd, qui n'eſt pas fort agréable. On fait auſſi avec les abricots mûrs des ratafiats qui ſont aſſez bons.

Les amandes des abricots s'employent ainſi que les amandes ordinaires.

Comme la fleur de l'Abricotier eſt grande & belle, il ſeroit à deſirer qu'on pût avoir celui à fleurs doubles ; mais je ne l'ai jamais vu.

Les fleurs de cet arbre s'épanouiſſent depuis la mi-Mars juſqu'au commencement d'Avril.

Il découle des Abricotiers une gomme qui pourroit être employée comme adouciſſante & incraſſante, au lieu de la gomme arabique.

L'extravaſation de cette gomme eſt une maladie pour les Abricotiers qui fait périr pluſieurs branches.

Tome I. Pl. 27.

Tome I. Pl. 28.

ARUNDO, Tournef. & Linn. ROSEAU.

DESCRIPTION.

LES fleurs du Roſeau ſont diſpoſées en forme d'épi; elles n'ont point de pétales, à moins qu'on ne prenne pour des pétales, les feuilles intérieures du calyce; car en ce cas on peut dire qu'elles en ont deux, qui ſont accompagnées de poils aſſez longs.

Le calyce eſt formé de pluſieurs écailles, d'entre leſquelles ſortent trois étamines (*a*), chargées de ſommets oblongs, qui ſe terminent par une bifurcation (*b*).

Le piſtil eſt formé de deux ſtyles velus (*c*), recourbés & terminés par des ſtigmates à la baſe deſquels eſt un embryon oblong, qui ſe change en une ou en deux ſemences oblongues, terminées en pointe par les deux bouts (*d*).

Les feuilles du Roſeau ſont fort longues, & terminées en pointe; elles prennent leur origine des nœuds qui ſont en grande quantité le long des tiges, ſur leſquelles elles ſont placées alternativement.

M. de Tournefort dit qu'il a été tenté de joindre les Roſeaux aux Chiendents; & M. Linneus a joint les Chiendents aux Roſeaux.

ESPECES.

1. *ARUNDO vulgaris*, *PHRAGMITES Dioſcoridis.* C. B. P.
Roseau ordinaire des marais.

2. *ARUNDO ſativa*, *quæ DONAX Dioſcoridis.* C. B. P.
Roseau cultivé, ou Canne.

3. *ARUNDO ſativa*, *foliis variegatis.*
Roseau cultivé, à feuilles panachées.

CULTURE.

Le Roseau ordinaire, n°. 1, vient naturellement dans les marais, où il trace plus qu'on ne veut.

Le Roseau, n°. 2, est une plante de Provence, de Languedoc, d'Italie, d'Espagne, &c. Elle fleurit rarement dans ce pays-ci; mais comme elle pousse quantité de drageons enracinés, on la multiplie aisément. Il est à propos de planter ce Roseau dans un terrein un peu frais: cependant il subsiste dans des endroits fort secs; mais les cannes n'y viennent ni aussi hautes, ni aussi grosses. Il est important dans nos provinces de les placer aux expositions les plus chaudes, afin que les cannes acquierent plus de maturité.

USAGES.

Les Roseaux, n°. 1, sont d'un grand usage dans plusieurs provinces. On en fait des couvertures de maisons, qui durent trente & quarante ans. On s'en sert encore pour faire des paillassons & des enceintes de melonnieres : il y a des pays marécageux où le bois est rare, & dans lesquels on est bien heureux d'avoir ces Roseaux pour chauffer le four.

Il y a une autre espece de Roseau peu différente de celle dont nous venons de parler; mais nous ne la comprenons point dans cet ouvrage, parce que les tiges meurent toutes les années. On en seme dans les Capitaineries pour faire des remises, qui sont excellentes : les Perdrix & les Faisans s'y plaisent beaucoup, pour y faire leurs nids; & il a l'avantage de subsister très-bien dans des lieux assez secs.

On cueille les fleurs du Roseau, n°. 1, pour faire des balais, que l'on nomme de silence, & qui sont d'un grand usage pour nettoyer les foyers, pour ôter les araignées des appartemens, &c.

Les Roseaux, n°. 2, sont infiniment utiles, sur-tout dans les provinces où ils parviennent à une parfaite maturité.

Leurs tiges servent d'échalats pour faire des enceintes autour des champs : on en fait aussi des treillages d'espallier, qui durent très-long-temps.

C'est encore avec les Roseaux ou Cannes, que l'on forme

les pêcheries, qui sont en grand nombre sur les bords de la Méditerranée : on les nomme *Bourdiques*.

Enfin personne n'ignore que l'on en fait des bâtons à la main très-légers pour la promenade, & aussi de fort jolies quenouilles.

Afin que les cannes se maintiennent bien droites, on les attache avec des liens sur un morceau de bois, dans le temps qu'elles sont encore vertes, & on ne les en sépare que lorsqu'elles sont entierement seches.

On enjolive ces cannes d'une espece de peinture, qui se fait en y appliquant des feuilles de persil, ou des papiers découpés de différentes façons; ensuite on les expose à la fumée : les parties qui n'ont pas été couvertes de feuilles de persil ou de papier, prennent une couleur de maron, & les endroits où étoient collés les papiers ou les feuilles de persil, restent blancs, ce qui fait un assez joli effet.

On peut encore former les desseins sur ces cannes avec un enduit de cire, & frotter le tout avec une eau forte affoiblie, dans laquelle on a fait dissoudre du fer : les parties découvertes, qui sont exposées à cet acide, brunissent, & les autres, qui étoient enduites de cire, restent blanches.

On fait encore avec ces Roseaux des étuits à cure-dents, & de petits instruments de musique champêtre, que l'on nomme chalumeaux; des anches de hautbois & de musette, &c.

Les Roseaux à feuilles panachées, n°. 3, font un effet très-agréable, & peuvent servir à la décoration des bosquets d'été & d'automne.

ASCYRUM,

Tome I. Pl. 29.

Tome I. Pl. 30.

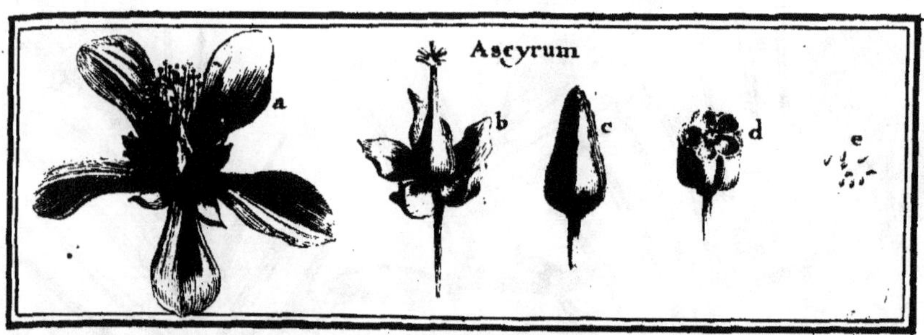

ASCYRUM, TOURNEF. *HYPERICUM*, LINN.

NOUS avons déja dit, en parlant de l'*Androsæmum*, que nous le joignions, aussi-bien que l'*Ascyrum*, à l'*Hypericum;* ainsi après avoir prévenu le lecteur qu'il faut consulter ce que nous dirons au mot *Hypericum*, nous nous contenterons d'avertir :

1°. Que les pétales de l'*Ascyrum* (*a*) sont beaucoup plus grands que les échancrures du calyce; ce qui ne se remarque pas dans l'*Androsæmum*.

2°. Que le pistil (*b*) de l'*Ascyrum* est terminé par cinq stigmates : l'*Hypericum* & l'*Androsæmum* n'en ont que trois.

3°. Que le fruit de l'*Ascyrum* (*c*) se termine en pointe comme celui de l'*Hypericum*, & qu'il n'est pas arrondi comme celui de l'*Androsæmum*.

4°. Que le fruit de l'*Ascyrum* est intérieurement divisé en cinq (*d*); celui de l'*Androsæmum* & de l'*Hypericum* ne l'est qu'en trois.

5°. Que les semences de l'*Ascyrum* (*e*) & de l'*Hypericum*, sont plus longues que celles de l'*Androsæmum*.

Voyez HYPERICUM.

ASPARAGUS, Tournef. & Linn.
ASPERGE.

DESCRIPTION.

LES fleurs (*a*) de l'Aſperge n'ont point de calyce, mais ſix petits pétales jaunes diſpoſés en roſe; un pareil nombre d'étamines, & un piſtil (*b*) qui devient une baie (*c*), dans laquelle ſe trouvent deux ſemences fort dures (*d*). Cette baie eſt preſque ronde, liſſe & terminée par un petit bouton : on apperçoit à l'extrêmité de la queue les pétales deſſéchés.

Suivant les différentes eſpeces d'Aſperges, les fleurs ont différentes figures; quelquefois elles paroiſſent monopétales ou d'une ſeule piece.

Les feuilles de l'eſpece dont nous parlons ſont pointues & roides; elles forment de petites houppes.

ESPECE.

ASPARAGUS foliis acutis. C. B. P.
Asperge toujours verte, & à feuilles piquantes.

Nous ne comprenons dans cette liſte qu'une eſpece d'Aſperge; c'eſt la ſeule qui conſerve ſes tiges l'hyver, & qui forme un petit arbuſte.

CULTURE.

Cette ſorte d'Aſperge ne craint point le froid; on peut l'élever de ſemences & de plant enraciné qui vient auprès des gros pieds; néanmoins elle reprend difficilement.

USAGES.

Comme cet arbuste conserve ses petites feuilles pointues tout l'hyver, il ressemble alors à un petit genevrier, & peut trouver sa place dans les bosquets de cette saison. Quand il est en fleur, il forme un petit buisson tout jaune.

Les racines d'Asperge passent en Médecine pour fort apéritives. On sait que les Asperges sont un légume assez recherché ; & l'on peut manger les jeunes pousses de l'espece dont nous venons de parler.

Tome I. Pl. 31.

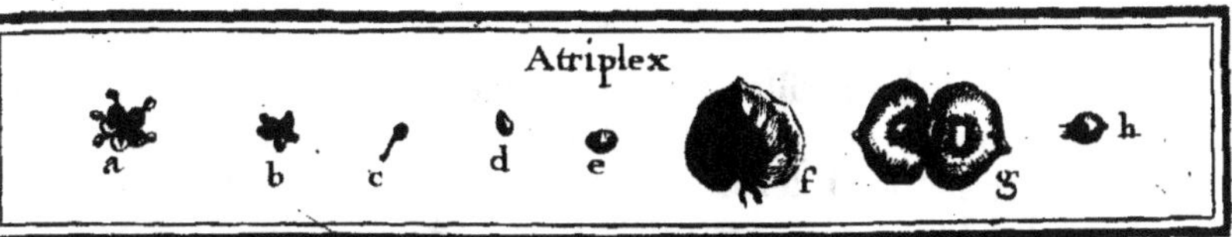

ATRIPLEX, Tournef. & Linn. POURPIER de Mer.

DESCRIPTION.

CET arbuste a deux sortes de fleurs; les unes hermaphrodites (*a*), ont un calyce divisé en cinq, un pareil nombre d'étamines (*c*), & au milieu un court pistil (*d*), qui devient un fruit ordinairement applati, point de pétales. Les autres fleurs, qui sont femelles (*b*), n'ont ni pétales ni étamines, mais un calyce (*e*) découpé en dix; & le pistil (*d*) devient un fruit (*f*) composé de deux membranes (*g*), dans la duplicature desquelles est une semence (*h*).

ESPECES.

1. *ATRIPLEX latifolia, sive Halimus fructuosus.* Mor. Hist.
   Arroche en arbrisseau, ou Pourpier de Mer.

2. *ATRIPLEX maritima Hispanica frutescens & procumbens.* Inst.
   Arroche maritime d'Espagne, qui fait un arbrisseau. *Atriplex Orientalis, frutex aculeatus, &c.* Cor. Inst. Voyez Polygonum.

Il y a plusieurs autres especes d'Atriplex; mais nous ne devons pas les comprendre dans cette liste, parce qu'elles ne forment point des arbustes.

CULTURE

Cet arbuste se multiplie aisément de bouture, & il s'accommode assez de toutes sortes de terreins.

USAGES.

Il porte des feuilles argentées qui restent sur l'arbre presque tout l'hyver, ce qui pourroit le faire mettre dans les bosquets de cette saison ; il feroit très-bien aussi dans ceux de l'automne : mais les limaces & les oiseaux en dévorent les feuilles, qui font tout son mérite.

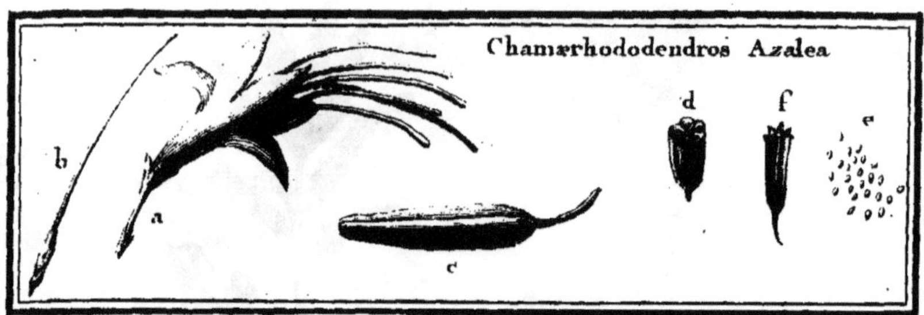

AZALEA, LINN.

DESCRIPTION.

LE calyce (*a*) de l'Azalea eſt d'une ſeule piece, coloré, diviſé en cinq parties qui ſe terminent en pointe; il ſubſiſte juſqu'à la maturité du fruit.

Le pétale eſt en forme d'un tuyau, découpé en cinq juſqu'à la moitié de ſa longueur : il a quelques découpures qui ſe renverſent en dehors; & ſuivant les eſpeces, il a la forme d'un entonnoir ou d'une cloche.

Il ſort de la fleur cinq grandes étamines qui prennent naiſſance du calyce.

Le piſtil (*b*) eſt compoſé d'un embryon arrondi, & d'un ſtyle qui a la longueur des étamines; il eſt terminé par un ſtigmate obtus.

L'embryon devient une capſule cylindrique (*c*), qui eſt diviſée intérieurement en cinq loges (*d*), dont chacune eſt partagée par une cloiſon attachée à un filet commun (*f*) qui traverſe la capſule; chaque loge renferme un nombre de ſemences arrondies (*e*).

On voit que l'Azalea de M. Linneus ne differe du Chamærhododendros que par le nombre des étamines. Comme cette circonſtance ne nous paroît pas ſuffiſante pour faire un nouveau genre, voyez *CHAMÆRHODODENDROS*.

AZEDARACH.

AZEDARACH, TOURNEF. *MELIA*, LINN. Quelques-uns le nomment LILAC des Indes.

DESCRIPTION.

LES fleurs de l'Azedarach viennent par bouquets comme le Lilac; elles paroiſſent en Juin, & font alors un très-bel effet. Chacune d'elles eſt formée d'un très-petit calyce (*a*) d'une ſeule piece diviſée en cinq, de cinq pétales oblongs (*b*), d'un cornet (*nectarium*) diviſé par les bords en dix, de dix petites étamines (*c*), qui ſont renfermées dans le cornet, & d'un piſtil (*d*) dont la baſe eſt un embryon qui devient un fruit charnu (*e*): dans ce fruit eſt un noyau (*f*) dont la ſuperficie a cinq cannelures, & le dedans eſt diviſé en cinq loges (*g*), qui contiennent autant de ſemences oblongues (*h*).

Le ſtyle qui eſt au deſſus de l'embryon eſt un cylindre de la longueur du cornet, & terminé par un ſtigmate obtus.

Ses feuilles ſont plus découpées que celles du frêne, & d'un verd gai qui eſt fort agréable; elles ſont poſées alternativement ſur les branches. On y remarque une nervure principale d'où partent ordinairement deux paires de nervures qui ſont chargées de cinq folioles découpées plus ou moins profondément, & la nervure principale eſt terminée par cinq folioles pareilles. Le nombre des folioles varie, auſſi-bien que leur forme.

ESPECE.

AZEDARACH. Dod. pempt.

CULTURE.

Cet arbriſſeau s'éleve de ſemences, qu'on tire de Provence, d'Italie ou d'autres pays chauds.

C'eſt un très-bel arbre ; mais il craint le froid de nos hyvers. On l'éleve aiſément dans les orangeries ; on a bien de la peine à le conſerver en eſpalier.

USAGES.

Comme il eſt délicat, on ne peut gueres l'employer pour décorer les parcs.

On dit que la décoction de ſes feuilles eſt apéritive, & qu'il eſt dangereux de manger ſon fruit.

Les noyaux qui ſe trouvent dans ſon fruit, ſervent à faire des chapelets.

AZEDARACH.

Page 90*

Tome I. Pl. 24.

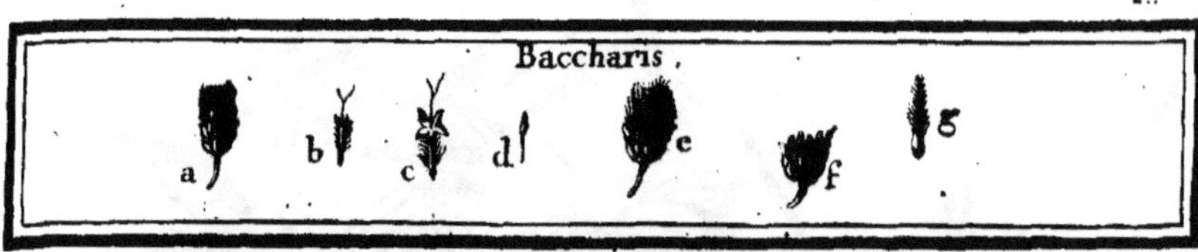

BACCHARIS, Linn. *Senecio*, Tournef. BACCHANTE.

DESCRIPTION.

LA fleur (*a*, *e*) de la Bacchante est dans le genre des fleurs à fleurons; néanmoins elle est composée de fleurons femelles, & de fleurons hermaphrodites.

Le calyce commun (*f*) est composé d'écailles fort étroites, qui se terminent en pointe.

Les fleurons hermaphrodites (*c*) sont formés par un pétale unique figuré en entonnoir, & divisé par les bords en cinq parties.

Les fleurons femelles (*b*) n'ont presque point de pétales.

On trouve dans les fleurons hermaphrodites cinq étamines (*d*) qui semblent des filets terminés par des sommets cylindriques.

Le pistil dans l'un & l'autre fleuron, est composé d'un embryon ovale & d'un style.

L'embryon devient une petite semence (*g*) oblongue & aigrettée : on les voit toutes rassemblées dans le calyce (*e*).

Cet arbrisseau s'éleve quelquefois jusqu'à cinq ou six pieds de hauteur. Ses feuilles, qui sont d'un verd blanchâtre, sont posées alternativement sur les branches. Les figures *b*, *c*, *d* & *g* de la vignette sont plus grandes que le naturel.

Il est bon de faire remarquer que la Bacchante de M. Vaillant n'est point du genre dont il est ici question.

ESPECE.

BACCHARIS foliis obversè ovatis, supernè emarginato serratis. Hort. Cliff. *Senecio Virginianus arborescens, Atriplicis folio.* Par. Bat.

Bacchante de Virginie à feuilles d'Arroche, & qui forme un arbrisseau.

CULTURE.

Cet arbrisseau se plaît dans une terre un peu substantielle & fraîche. Il supporte bien les terreins médiocres. Il n'est endommagé que par les très-fortes gelées, qui font périr quelques-unes de ses branches.

On le multiplie par les semences, & encore par des marcottes.

USAGES.

Quand cet arbrisseau est dans un terrein où il se plaît, il peut servir à la décoration des bosquets d'été : il fleurit en Août, & alors ses feuilles aussi-bien que ses fleurs font un assez bel effet.

Barba Jovis

BARBA-JOVIS, TOURNEF. *ANTHYLLIS*, LINN.

DESCRIPTION.

LES fleurs (*a*) de cet arbrisseau sont légumineuses comme celles du Genêt, mais plus petites : le calyce (*b*) est divisé en cinq parties.

Le pétale supérieur (*vexillum*) est assez grand & relevé; on trouve au dedans dix étamines réunies par une gaîne qui entoure le pistil recourbé (*c*); ce pistil devient une silique (*d*) ronde ou ovale (*e*, *f*), dans laquelle on trouve une, & quelquefois deux semences (*g*). Les fleurs sont rassemblées en épi.

Les feuilles sont conjuguées ou formées de folioles, rassemblées deux à deux sur une tige, qui est terminée par une seule; elles sont d'une couleur argentée très-agréable, & elles sont posées alternativement sur les branches.

ESPECES.

1. *BARBA-JOVIS pulchrè lucens.* J. B.
   EBENE de Crete fort brillante.

2. *BARBA-JOVIS; lago-poides, Cretica, frutescens, incana, flore spicato purpureo, amplo.* Breyn. prod.
   EBENE DE CRETE qui forme un arbrisseau blanchâtre à grandes fleurs purpurines, disposées en épis.

M. Linneus a fait du n°. 2 un genre particulier, qu'il a nommé *EBENUS.*

Le *Barba-Jovis Americana, pseudo-Acaciæ foliis*, RAND. n'est point de ce genre : Voyez *AMORPHA.*

CULTURE.

L'Ebene de Crete craint le froid : il passe très-aisément l'hyver dans les orangeries ; mais il faut des précautions pour le conserver en espalier.

Cet arbrisseau se multiplie de semences qu'on peut tirer de Cette en Languedoc.

USAGES.

Dans les pays maritimes où cet arbrisseau peut passer l'hyver, on doit l'employer pour la décoration des jardins ; car ses feuilles argentées & brillantes, jointes à ses épis de fleurs, font un effet bien agréable. Son bois est très-dur ; mais son tronc est toujours fort menu.

La décoction de cet arbrisseau passe en Médecine pour être apéritive.

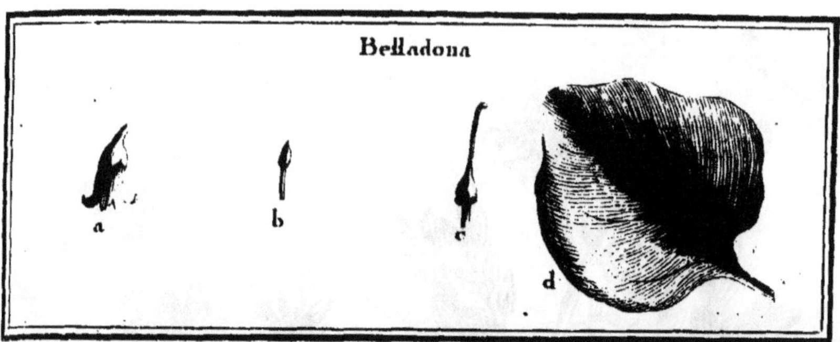

BELLADONA, TOURNEF. *ATROPA*, LINN.

DESCRIPTION.

LE calyce de la fleur de la *Belladona* ſubſiſte juſqu'à la maturité du fruit : il eſt d'une ſeule piece & diviſé en cinq parties ovales qui ſe terminent en pointe (*a*).

Le pétale eſt auſſi d'une ſeule piece, & diviſé en cinq parties égales.

On trouve dans l'intérieur cinq étamines qui prennent naiſſance de la baſe du pétale; elles ſont terminées par des ſommets aſſez gros (*b*).

Le piſtil (*c*) eſt formé d'un embryon qui ſemble un œuf coupé par la moitié, & d'un ſtyle qui eſt terminé par un ſtigmate en forme de tête ovale, dont le grand diametre eſt perpendiculaire au ſtyle.

L'embryon devient une baie ſucculente preſque ronde, diviſée en deux loges, dans leſquelles on voit pluſieurs ſemences qui ſont attachées à un placenta placé au milieu du fruit.

La *Belladona* dont il s'agit dans cet article forme un arbuſte, qui s'éleve à trois ou quatre pieds de hauteur; ſes feuilles (*d*) ſont aſſez grandes, preſque rondes, épaiſſes, ſucculentes, d'un verd tirant un peu ſur le bleu, & poſées alternativement ſur les branches.

ESPECE.

BELLADONA *frutescens, rotundifolia, Hispanica.* Inst. *Atropa caule fruticoso.* Lin. Spec.

BELLADONA d'Espagne qui forme un arbuste, & dont les feuilles sont arrondies.

CULTURE.

Ce petit arbrisseau craint les grandes gelées; néanmoins il a subsisté en pleine terre au Jardin du Roi pendant les hyvers de 1753 & de 1754, sans avoir été couvert. On le multiplie aisément par des marcottes.

USAGES.

Les fleurs de cet arbuste sont très-petites, verdâtres & sans aucun éclat; ainsi tout son mérite consiste dans ses feuilles, qui sont d'un assez beau verd clair.

BERBERIS,

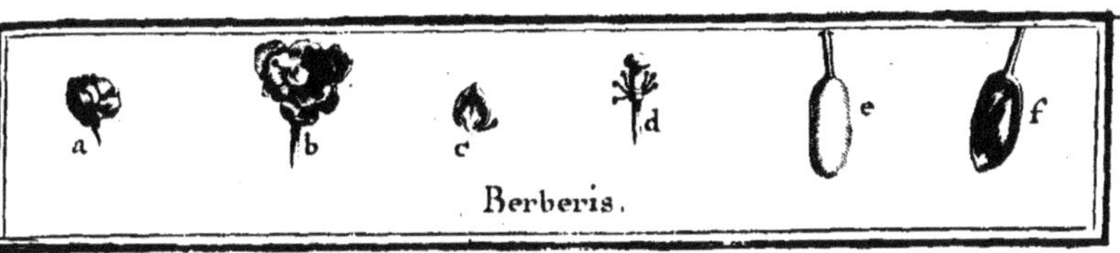

Berberis.

BERBERIS, Tournef. & Linn.

EPINE-VINETTE.

DESCRIPTION.

L'Epine-vinette forme un arbrisseau épineux & assez touffu. Ses fleurs (*b*) rassemblées par grappes, sont formées d'un calyce à six feuilles (*a*), & de six pétales presque aussi petits que les feuilles du calyce. On apperçoit dans l'intérieur de la fleur six étamines (*c*), & un corps cylindrique qui est le pistil (*d*) : ce pistil devient une baie ovale, succulente, terminée par un petit bouton (*e*), dans laquelle il y a ordinairement deux pepins allongés & assez durs (*f*) : son bois est fort jaune.

La fleur de l'Epine-vinette a une singularité remarquable ; lorsque l'on touche avec un stilet le pédicule de ses étamines, elles se replient, & viennent gagner le pistil ; souvent même elles entraînent avec elles les pétales, & la fleur se referme.

Les feuilles de cet arbrisseau sont ovales, dentelées finement par les bords, unies ; elles n'ont au-dessous qu'une nervure peu saillante : les boutons sont posés alternativement sur les branches. Il sort ordinairement deux grandes feuilles & deux petites d'un même bouton, & de distance en distance une grappe de fruit. Au-dessous de chaque bouton, on voit encore tantôt une épine, tantôt trois.

ESPECES.

1. *BERBERIS dumetorum.* C. B. Pin.
Epine-vinette des haies.

2. *BERBERIS sine nucleo.* C. B. Pin.
EPINE-VINETTE sans pépin.

3. *BERBERIS dumetorum, fructu candido.* M. C.
EPINE-VINETTE des haies, à fruit blanc.

4. *BERBERIS Orientalis procerior, fructu nigro suavissimo.* Cor. Inst.
Grande EPINE-VINETTE du Levant, à fruit noir & doux.

5. *BERBERIS latissimo folio Canadensis.* H. R. Par.
EPINE-VINETTE de Canada à feuilles très-larges.

6. *BERBERIS Cretica, Buxi folio.* Cor. Inst.
EPINE-VINETTE de Crete, à feuilles de Buis.

CULTURE.

L'Epine-vinette se multiplie aisément par des rejets, qui poussent des racines, & par les semences.

Cet arbuste épineux s'accommode aisément de toutes sortes de terreins; mais son fruit est plus beau quand cet arbrisseau est en bonne terre, que lorsqu'il est dans une terre maigre & seche.

USAGES.

Comme cet arbrisseau n'est point délicat, & que plusieurs especes viennent dans les haies, on peut le mettre dans les remises, où son fruit attirera les oiseaux. On peut aussi le mettre dans les bosquets d'été, & même dans ceux du printemps; car ses fleurs jaunes font un effet assez agréable dans le mois de Mai.

On confit son fruit au sucre, & cette confiture réveille l'appétit. Les Médecins l'ordonnent comme un très-bon astringent.

L'espece à fruit noir, n°. 4, que M. de Tournefort a trouvée au bord de l'Euphrate, est moins acide, & d'un goût plus agréable que les especes communes n°. 1 & 2.

L'espece, n°. 2, est sujette à varier : les vieux pieds n'ont point de pepins; mais il arrive souvent que les jeunes qu'on leve auprès d'eux, en ont, sur-tout quand ils se trouvent plantés dans un bon terrein.

On prétend assez généralement que la fleur de l'Epine-vinette fait couler celle du froment; je n'ai point vérifié ce fait, qui ne me paroît guere vrai-semblable.

BERBERIS. EPINE-VINETTE. N°. 1. Page 98*

Tome I. Pl. 38.

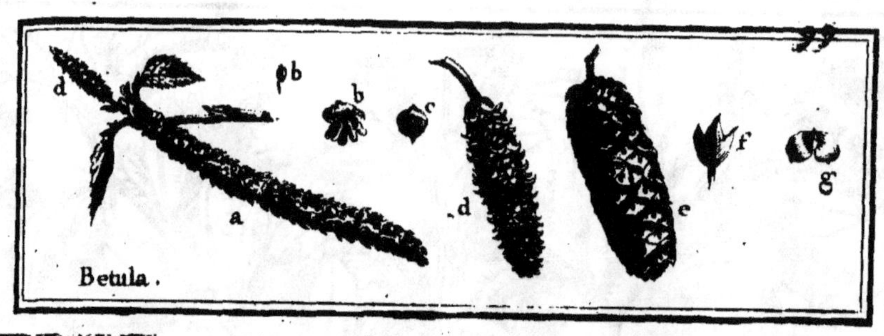

BETULA, Tournef. & Linn. BOULEAU.

DESCRIPTION.

LES Bouleaux portent des fleurs mâles (*a b*) & des fleurs femelles (*d*), ſéparées & attachées à différentes parties du même arbre.

Les fleurs mâles (*a b*) ſont diſpoſées en forme de chaton ſur un filet commun (*a*). Le calyce forme des écailles (*c*), qui ſe recouvrent en partie les unes ſur les autres. Chaque fleuron n'a qu'un pétale très-ouvert, diviſé en quatre parties, dont deux ſont plus grandes que les autres. On apperçoit avec une louppe quatre ou cinq petites étamines; mais on ne voit point de piſtil, ni par conſéquent point de fruit.

Les fleurs femelles (*d*) ſont également raſſemblées pluſieurs à la fois, & attachées par un court pédicule à un filet commun : elles ſe font voir ſous la forme d'un cylindre ou cône écailleux (*e*) formé par les échancrures du calyce (*f*) qui ſont figurées en trefle. Le piſtil eſt ovale à ſa baſe, & il ſe diviſe en deux par ſon extrêmité.

On trouve ſous les écailles, des ſemences (*g*) qui ſont bordées de deux aîles membraneuſes.

Ces fleurs, tant mâles que femelles, n'ont aucun éclat ; mais les jeunes branches, qui ſont flexibles, pendantes & chargées de feuilles blanchâtres, rangées alternativement ſur les branches, font un aſſez bel arbre.

L'écorce des jeunes Bouleaux eſt ordinairement unie, blanche & ſatinée : elle eſt au contraire très-raboteuſe ſur les vieux troncs.

Les feuilles de l'espece n°. 1, ne sont pas fort grandes; elles sont presque triangulaires, légerement échancrées comme par ondes, & dentelées par les bords; elles se terminent en pointe, & sont un peu plus blanchâtres par-dessous que par-dessus.

Les boutons des Bouleaux sont longs, menus, pointus: assez souvent un bouton est accompagné de deux feuilles.

Il y a tant de conformité entre les parties de la fructification de l'Aune & celles du Bouleau, que M. Linneus n'en a fait qu'un même genre.

ESPECES.

1. *BETULA.* Dod. Pempt. J. B.
   BOULEAU.

2. *BETULA julifera, fructu conoïde, viminibus lentis.* Gron. Fl. Virg.
   BOULEAU de Canada qui porte des chatons, dont le fruit est en forme de cône, & dont les branches sont souples & pliantes; ou plûtôt BOULEAU de Canada, à feuilles larges.

3. *BETULA foliis ovatis, oblongis, acuminatis, serratis.* Gron. Fl. Virg.
   BOULEAU de Virginie à feuilles ovales, oblongues, pointues & dentelées. On le nomme en Canada MERISIER.

CULTURE.

Quoique le Bouleau se plaise particulierement dans les bonnes terres & dans les lieux humides, il ne laisse pas de subsister dans les sables & dans les terreins arides. Nous en avons planté qui viennent assez bien dans des terreins où les autres arbres périssoient.

Le Bouleau se seme de lui-même. Sous les gros arbres on trouve du plan en abondance. Pour en ramasser la graine, il faut la cueillir en automne, sur les arbres mêmes; car si on la laisse tomber d'elle-même, elle est si fine qu'on ne la peut plus retrouver: ainsi dès que l'on s'apperçoit que les écailles des cônes commencent à se détacher, il faut couper les menues branches, qui en sont chargées, en faire des faisceaux, & les étendre sur un drap. Quelques jours après on frappe ces branches avec un morceau de bois, alors les graines se détachent & tombent sur le drap. Cette graine étant très-fine, ne doit pas être semée trop avant en terre.

Nous avons élevé les Bouleaux de Canada, des graines qui nous avoient été envoyées du pays.

USAGES.

Le Bouleau de Canada, n°. 3, qu'on nomme Merisier dans ce pays-là, a la feuille plus grande & plus belle que celui de France. Les Canadiens assurent que cet arbre est beau, & que son bois est fort utile : nous n'en pouvons parler que sur le rapport que l'on nous en a fait ; car nous n'en avons encore ici que de très-jeunes.

Lorsque le Bouleau de France est à la hauteur des taillis, on en fait des cerceaux pour des futailles ; quand il a acquis la grosseur de petites ridelles, on en fait des cercles pour les cuves ; les gros Bouleaux sont recherchés par les Sabotiers ; enfin l'on fait des balais d'un bon usage avec les jeunes branches de cet arbre.

Ces différens emplois rendent les bois de Bouleau presque aussi chers que ceux d'Aune.

On peut se servir des Bouleaux pour orner les parties aquatiques des parcs, où ils font un bel effet : on peut aussi en garnir les côteaux exposés au nord, & même les rochers dont ils cachent la difformité. Ils réussissent plantés en avenues, & en massifs de bois.

L'écorce du Bouleau, n°. 1 & 2, est presque incorruptible. On en fait en Canada de grands Canots qui durent long-temps ; & dans le nord de la Suede on en couvre les maisons. Il arrive souvent que tout le bois d'un Bouleau est pourri, & que son écorce reste bien saine.

L'écorce du Bouleau passe pour être apéritive. On dit qu'on retire du Bouleau, ainsi que des Erables, une eau qui a cette même vertu.

L'espece du Bouleau, n°. 2, nous est venue du Canada : ses feuilles sont beaucoup plus grandes & plus étoffées que celles de notre Bouleau ordinaire ; mais elles ont, à peu de chose près, la même forme. C'est avec ce Bouleau que l'on fait les canots d'écorce.

Le bois des Bouleaux qui se trouvent dans les forêts du nord de la Suede, est beaucoup plus dur que celui de France : les Charrons de ces pays en font des gentes de roues qui sont très-solides.

Tome I. Pl. 39.

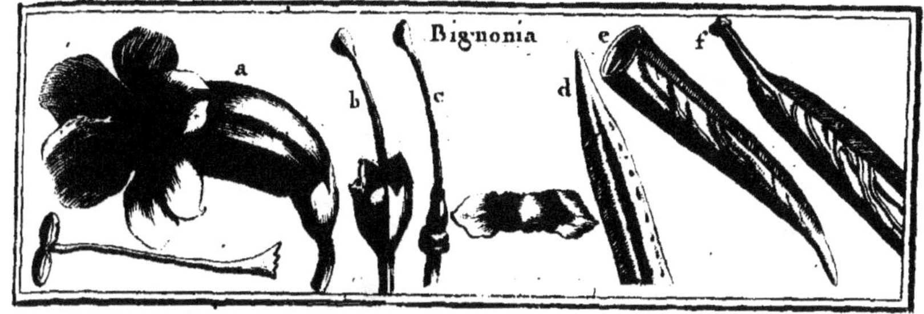

BIGNONIA, TOURNEF. & LINN.

DESCRIPTION.

LES fleurs du Bignonia sont formées d'un calyce (*b*) d'une seule piece divisée en cinq parties. Le pétale (*a*), qui est unique, représente une espece de tuyau recourbé, dont les bords sont divisés en quatre ou cinq échancrures inégales. Ce pétale porte intérieurement quatre étamines, dont deux sont plus grandes que les autres. Au milieu du calyce est implanté le pistil (*c*), dont la base est un embryon qui devient une silique (*f*) divisée en deux (*e*) par une cloison membraneuse (*d*). Dans l'intérieur on trouve des semences (*g*) assez fines, garnies d'une ou de deux aîles membraneuses qui sont posées les unes sur les autres comme les écailles des poissons.

La figure marquée (*g*) dans la vignette est représentée plus grande que le naturel.

La forme des feuilles de cet arbrisseau varie beaucoup dans les différentes especes : elles sont posées alternativement sur les branches.

ESPECES.

1. *BIGNONIA Americana, fraxini folio, flore amplo Phœniceo.* Inst.
   BIGNONIA d'Amérique à feuilles de frêne ; ou JASMIN de Virginie.

2. *BIGNONIA Americana scandens minor, Fraxini folio.*
   BIGNONIA d'Amérique à feuilles de Frêne, (qui est moins grande que l'espece (nº. 1.)

3. *BIGNONIA Americana, capreolis donata, siliqua breviori.* Inst.
BIGNONIA d'Amérique, qui a des mains, & dont les siliques sont courtes.

4. *BIGNONIA Americana, arbor syringa, cerulea folio, flore purpureo;* M. C.
BIGNONIA d'Amérique, arbre dont les feuilles ressemblent au Lilac, & qui a ses fleurs purpurines; ou CATALPA d'Amérique.

CULTURE.

Toutes les especes du Bignonia se multiplient de marcottes & de semences.

L'espece du n°. 1, n'est point du tout délicate. J'ai lieu de croire que celle du n°. 3 ne résiste point aux trop fortes gelées de l'hyver : elle a cependant subsisté très-long-temps au Jardin du Roi en pleine terre.

L'espece n°. 4, doit être placée dans l'angle de deux murailles à l'exposition du Levant. Cependant les *Catalpa* que nous élevons à toutes expositions, ont résisté au froid de l'hyver de 1754, d'où nous croyons pouvoir conclure que cet arbuste n'est pas fort sensible à la gelée.

L'espece du n°. 2 differe de celle n°. 1, 1°. En ce qu'elle s'éleve moins haut; 2°. Ses feuilles sont d'un verd plus foncé; 3°. Ses folioles sont plus petites; les nervures du dessous sont hérissées de petites pointes rudes: le pédicule de la feuille du n°. 1 est garni de rugosités peu éminentes; celle du n°. 2 est garnie simplement de poils.

USAGES.

Les Bignonia, n°. 1, 2 & 3, sont des plantes sarmenteuses & grimpantes, propres à couvrir des murailles & à former des tonnelles.

L'espece, n°. 1, s'éleve très-haut, & produit une très-grande fleur, qui commence à paroître à la fin de Juillet, & qui dure jusqu'au temps des gelées: le défaut de cette plante est de se dégarnir du bas; le haut est toujours très-touffu.

L'espece, n°. 3, garnit plus régulierement une muraille; elle

elle ne s'éleve pas tant que l'autre; elle fleurit dans le même temps.

L'espece n°. 4. que l'on nomme communément *Catalpa*, fait un arbre assez semblable à un gros Lilac.

Ses fleurs sont composées d'un calyce formé de deux feuilles creusées en cuilleron, & d'un pétale mince qui forme un tuyau court qui s'évase à son extrêmité, & qui imite en quelque façon une fleur labiée, dont le milieu est très-ouvert, & la levre inférieure divisée en trois.

On apperçoit dans l'intérieur un pistil recourbé, accompagné de deux étamines terminées par de gros sommets : au fond de la fleur on découvre trois étamines avortées.

Cette fleur est blanche, tiquetée de violet, & marquée de deux rayes qui sont d'un fort beau jaune : elles paroissent à la fin de Juillet; elles sont réunies en gros bouquets qui répandent une odeur fort agréable.

Les feuilles sont de la forme de celles de Lilac, grandes, non dentelées, opposées sur les branches : le bois contient beaucoup de moelle; il se fend facilement, quoiqu'il soit assez dur.

Cet arbre qui ne devient pas fort grand, doit faire la plus belle décoration des bosquets d'été.

On nous envoye des graines du Catalpa, de la Caroline & de la Louysiane; & suivant M. Kæmpfer cette plante croît aussi au Japon, ce qui n'est pas surprenant puisque la plûpart des plantes dont cet Auteur parle, se trouvent à la Louysiane comme au Japon.

BIGNONIA. N°. 3. Page 106

Tome I. Pl. 40.

BIGNONIA. N°. 4.

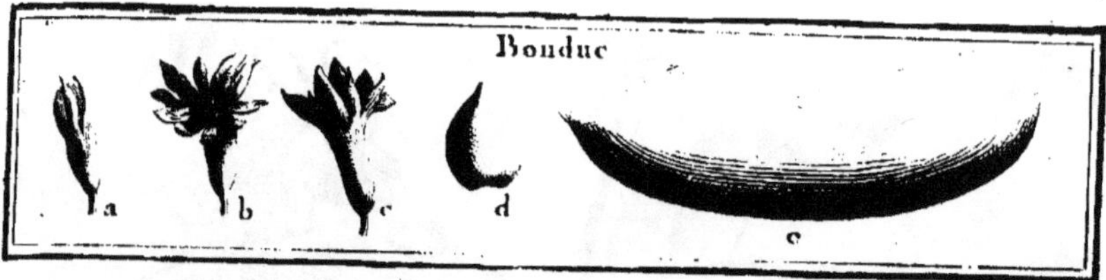

BONDUC, PLUM. *GUILANDINA*, LINN.

DESCRIPTION.

IL y a des Bonducs mâles qui ne portent que des fleurs fécondantes ; & d'autres individus femelles qui donnent du fruit.

Le calyce (*a*) des fleurs mâles, est d'une seule piece divisée en cinq parties (*c*) : les pétales (*b*) qui ne sont gueres plus grands que les échancrures du calyce, sont aussi au nombre de cinq ; & l'on apperçoit dans l'intérieur dix étamines.

Le pistil des fleurs femelles devient une silique (*e*), dans laquelle il y a plusieurs semences très-dures (*d*).

Cet arbre est singulier par l'énorme grandeur de ses feuilles : elles sont composées d'une tige, qui a quelquefois plus de deux pieds de longueur, d'où il en part de latérales chargées de folioles ovales, qui se terminent en pointe par les deux extrêmités ; elles ne sont point dentelées par les bords. La tige ou la nervure principale est d'abord garnie de deux folioles, ensuite d'environ douze tiges latérales ; elles sont toujours par paires. Ces tiges latérales sont chargées d'environ quatorze folioles posées alternativement. Quand l'arbre se dépouille, les folioles tombent les premieres, ensuite les tiges latérales, & enfin les grandes.

La grande étendue de ses feuilles rend la tête de cet arbre fort grosse pendant l'été ; mais lorsqu'elles sont tombées, il ne reste plus que quelques branches qui semblent mortes, ce qui fait que les Canadiens nomment cet arbre Chicot.

Il est bon d'avertir que ce que nous venons de dire du caractere du Bonduc du Canada, qui est le seul qui puisse venir en pleine terre, est sujet à quelques incertitudes ; car quoique les Bonducs de Canada que nous élevons ici, soient déja assez grands, ils n'ont point encore fructifié ; & peut-être que lorsque nous serons en état de les observer mieux, on sera obligé d'en faire un genre différent des Bonducs de l'Amérique méridionale.

ESPECES.

1. *BONDUC Canadense polyphyllum, non spinosum, mas & fœmina.*
BONDUC à plusieurs feuilles sans épines ; en Canada CHICOT.

CULTURE.

Nous avons élevé cet arbre des semences qui étoient venues du Canada. Comme elles sont presque aussi dures que de la corne, il faut les arroser beaucoup, & enterrer les pots dans une couche chaude.

Lorsque l'on a arraché un de ces arbres, il ne faut pas combler le trou ; car les racines un peu grosses que l'on a coupées, repoussent de nouveaux jets, & produisent des arbres que l'on peut mettre en pépiniere. Quelquefois cet arbre pousse de ses racines des rejets ou drageons.

Les Bonducs n'ont pas réussi dans des terreins humides où j'en avois planté pour en faire l'expérience.

USAGES.

Les Bonducs peuvent tenir leur place dans les bosquets d'été : le grand étalage de leurs feuilles fait un fort bel effet. Ils viennent bien dans une terre assez seche.

Tome I. Pl. 42.

BUPLEVRUM, Tournef. & Linn.

DESCRIPTION.

Le Buplevrum porte ſes fleurs en ombelles, de la baſe deſquelles ſortent ordinairement ſix petites feuilles. Les fleurs (*a*) ſont compoſées d'un calyce qui porte cinq pétales (*b*) diſpoſés en roſe, pareil nombre d'étamines, un piſtil compoſé de deux embryons, & de deux ſtyles (*c*) recourbés : ces embryons (*de*) ſe changent en deux ſemences (*f*) plates du côté où elles ſe touchent; elles ſont ſtriées & arrondies de l'autre.

Cet arbriſſeau forme un gros buiſſon chargé de feuilles aſſez grandes, fermes comme celles du laurier, poſées alternativement ſur les branches, d'une couleur bleuâtre en deſſous, & d'un verd foncé en deſſus; elles ont une odeur d'anis très-gracieuſe. Ces feuilles ſont longues, ovales, arrondies par le bout, convexes en deſſus, concaves en deſſous, où l'on voit qu'elles ſont relevées d'une ſeule nervure qui s'étend dans toute la longueur de la feuille.

L'écorce des jeunes branches eſt verte d'un côté, & violette de l'autre.

ESPECES.

1. *BUPLEVRUM arboreſcens, ſalicis folio.* Inſt.
   Buplevrum en arbriſſeau, à feuilles de Saule.

2. *BUPLEVRUM Hiſpanicum arboreſcens, gramineo folio.* Inſt.
   Buplevrum d'Eſpagne en arbre, dont les feuilles reſſemblent à celles du chiendent.

3. *BUPLEVRUM fruteſcens, foliis ex uno puncto plurimis, junceis, tetragonis.* Burman. African.
   Buplevrum dont les feuilles triangulaires, & ſemblables à celles du Pin, ſortent en nombre d'un même bouton.

CULTURE.

Cet arbrisseau se plaît dans les terreins humides, quoique d'ailleurs il s'accommode assez bien de toutes sortes de terres. On peut le multiplier par les semences, ou par des marcottes.

USAGES.

Les especes, n°. 1 & n°. 2, ne perdent point leurs feuilles pendant l'hyver; ainsi on peut les placer dans les bosquets de cette saison.

Ils feront encore assez bien dans les remises, non-seulement parce qu'ils forment des buissons touffus, mais encore parce que leurs graines attirent les oiseaux.

On recommande l'usage des semences du n°. 1, comme un antidote éprouvé contre la morsure des bêtes venimeuses.

L'espece, n°. 3, fait un joli arbrisseau; & quoiqu'il craigne un peu le froid, il se conserve néanmoins en pleine terre dans les jardins de Hollande.

BUPLEVRUM. N°. 1. Page 110*

Tome I. Pl. 43.

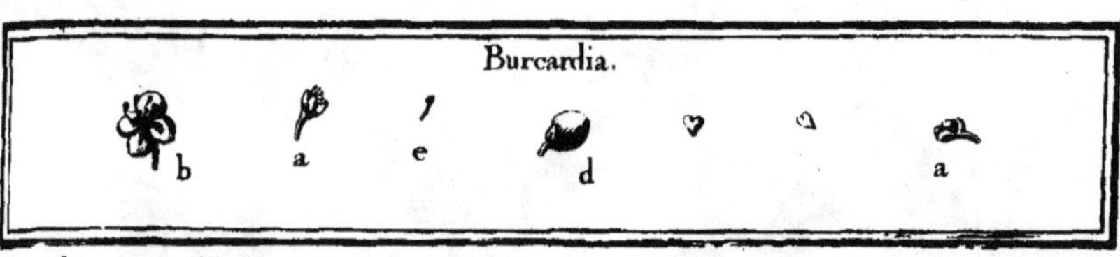

BURCARDIA, HEIST. *Epist.*
CALLICARPA, LINN.

DESCRIPTION.

LE Burcardia porte ses fleurs rassemblées en bouquets autour de ses branches. Ces fleurs sont composées d'un calyce (*a*) d'une seule piece, découpé en quatre parties, & d'un pétale (*b*) pareillement divisé en quatre assez profondément, & qui surpasse de peu les découpures du calyce. On trouve dans l'intérieur de ce pétale quatre étamines, & un embryon arrondi, surmonté d'un style (*c*) de la même longueur que les étamines : il est terminé par deux stigmates.

L'embryon devient une baie ou capsule (*d*) arrondie, qui renferme quatre semences.

Les feuilles de cet arbrisseau sont ovales, terminées en pointe, & dentelées très-finement sur les bords : elles sont peu épaisses, d'un verd clair, couvertes d'un duvet très-fin, & opposées sur les branches.

ESPECE.

BURCARDIA. Heisteri, Epist.
CALLICARPA. Linn. Act. Upsf.
FRUTEX baccifer verticillatus, foliis scabris, latis, dentatis & conjugatis. Catesf. Carol.
BURCARDIA de Caroline à fleurs verticillées, dont les feuilles sont dentelées & opposées sur les branches.

CULTURE.

Cet arbrisseau ne s'éleve guere qu'à la hauteur de trois ou quatre pieds. Il vient très-bien de graines ; & nous croyons que, quoiqu'il nous soit apporté de Mississipi, de la Caroline & de la Virginie, comme il se trouve aussi dans les pays froids, il pourra s'accommoder de notre climat, quand on l'aura assez multiplié pour faire sur lui des tentatives, & lui choisir le terrein qui lui est convenable.

USAGES.

Le Burcardia peut servir à la décoration des bosquets d'hyver & du printemps, dont il fera l'ornement par le beau verd clair de ses feuilles. Ses fleurs qui sont réunies plusieurs ensemble sur un même pédicule, sont petites, & elles ont peu d'éclat : elles paroissent vers le mois de Mai. Cet arbrisseau étant défleuri se charge ensuite de baies, qui, en mûrissant, deviennent de couleur gris-de-lin, marquetées de rouge : elles ont presque la forme de grosses perles, & elles ornent joliment cet arbrisseau. Nous ne lui connoissons pas encore de propriétés pour les Arts ni pour la Médecine.

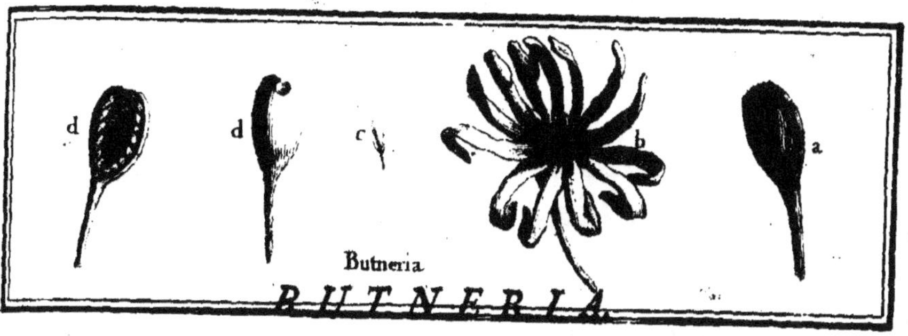

DESCRIPTION.

LA fleur (*a*) de cet arbrisseau n'a point de calyce, mais seulement une masse charnue, d'où partent environ quinze pétales placés sur deux rangées. Les pétales extérieurs (*b*) paroissent être une continuation de la masse charnue, & pourroient être regardés comme les découpures du calyce : ces pétales extérieurs sont, ainsi que les intérieurs, d'un violet assez foncé, & qui paroît terne à cause qu'ils sont couverts d'un duvet très-fin, de couleur fauve.

Les pétales sont allongés & terminés en pointe : la plûpart sont recourbés vers le dedans de la fleur, ce qui lui donne à-peu-près le port du Clematite à fleur double.

On apperçoit dans l'intérieur de la fleur une vingtaine ou environ d'étamines (*c*), rassemblées en forme de tête, & terminées par des sommets oblongs.

Les pistils paroissent formés de petits sommets implantés sur les embryons (*d*), qui sont renfermés dans le calyce, à-peu-près comme les semences des Rosiers ; mais nous ne pouvons parler qu'avec réserve de ces parties, parce que les fruits que nous avons eus étoient mal conditionnés.

Les feuilles de cet arbrisseau sont ovales, terminées par une longue pointe, creusées par-dessus de sillons assez profonds, relevées au-dessous de nervures saillantes ; elles ne sont point dentelées par les bords; elles sont d'un beau verd, & opposées sur leurs branches.

Les fleurs naissent une à une au bout de chaque branche.

ESPECE.

BUTNERIA *Anemones flore.* FRUTEX *corni foliis, conjugatis floribus, instar Anemones stellatæ, petalis crassis rigidis, colore sordidè rubente, cortice aromatico.* Catesb.

BUTNERIA à fleur d'Anémone.

CULTURE.

Cet arbrisseau est encore rare en France. On le cultive à Trianon, où il fleurit très-bien : suivant les apparences, il pourra s'élever en pleine terre.

USAGES.

Les fleurs du Butneria sont très-jolies : elles s'épanouissent dans le mois de Mai. Cet arbrisseau pourra servir à la décoration des bosquets du printemps : c'est bien dommage que la couleur de ses fleurs soit terne & d'une odeur peu agréable.

Nous croyons que cette plante vient au Japon, & que c'est elle qui est décrite & dessinée dans Kæmpfer.

BUXUS, TOURNEF. & LINN. BUIS *ou* BOUIS.

DESCRIPTION.

DÈS le commencement du printemps on apperçoit sur les mêmes pieds de Buis des fleurs mâles & des fleurs femelles.

Les fleurs mâles (*a*) sont formées d'un calyce à trois feuilles, de deux pétales, qui ne se distinguent des feuilles du calyce que par leur grandeur. On voit entre les feuilles du calyce une masse charnue figurée en rosette (*cd*), qui porte quatre étamines (*b*).

Les fleurs femelles (*e*), qui accompagnent tellement les mâles qu'elles sortent des mêmes boutons, sont formées d'un calyce à trois feuilles, de trois pétales, qui ne se distinguent des feuilles du calyce que par leur grandeur, entre lesquels on apperçoit un pistil formé de trois styles (*e*) qui se réunissent par le bas à un embryon qui forme un corps à-peu-près arrondi (*fg*), lequel devient ensuite une capsule à trois loges (*h*) remplies de semences (*ik*).

Les feuilles du Buis sont petites, fermes, toujours vertes, lisses, luisantes, posées alternativement sur les branches, d'une odeur forte : elles sont, selon les especes, plus ou moins longues, & plus ou moins arrondies.

Les figures de la vignette *a b c i* & *k*, sont grossies à la loupe, les unes plus que les autres, afin de les rendre plus sensibles.

ESPECES.

1. *BUXUS arborescens*. C. B. Pin.
Grand BUIS des forêts en arbrisseau.

2. *BUXUS, foliis ex luteo variegatis.* H. R. Par.
Buis à feuilles panachées de jaune.

3. *BUXUS major, foliis per limbum aureis.* H. R. Par.
Grand Buis à feuilles bordées d'or.

4. *BUXUS minor, foliis per limbum aureis.* Inft.
Petit Buis à feuilles bordées d'or.

5. *BUXUS longioribus foliis, in acumen luteum definentibus.* H. R. Par.
Buis à feuilles longues, dont la pointe eft jaune.

6. *BUXUS arborefcens, anguftifolia.* M. C.
Grand Buis à feuilles étroites.

7. *BUXUS, folio argenteo, variegato, rotundiori, majori.* M. C.
Buis à grandes feuilles rondes, panachées de blanc.

8. *BUXUS major, foliis per limbum argenteis.* M. C.
Grand Buis à feuilles bordées d'argent.

9. *BUXUS, foliis rotundioribus.* C. B. Pin.
Buis à feuilles rondes, ou Buis nain d'Artois.

Nous pourrions encore rapporter plufieurs variétés, tant du grand que du petit Buis ; mais il nous a paru fuperflu d'étendre cette lifte, car les variétés font infinies dans les arbres qui fe multiplient par les femences.

CULTURE.

Cet arbriffeau fe plaît mieux à l'ombre, & fur les côteaux expofés au Nord, qu'aux endroits brûlés du foleil : cependant il s'accommode de toutes fortes de terreins.

On peut multiplier le Buis par fa graine : elle leve dans les bois fans aucun foin. Pour conferver les efpeces rares, on en fait des marcottes, & des boutures qui produifent facilement des racines.

USAGES.

Le Buis nain, n°. 9, que l'on nomme Buis d'Artois, eft très-propre à faire des bordures & des broderies dans les parterres. Ses feuilles font prefque rondes.

Le Buis de la grande espece, sur-tout le Buis panaché, fait très-bien dans les bosquets d'hyver. On peut aussi en planter dans les remises, où il formera une retraite commode pour le gibier, sur-tout pendant l'hyver. Les feuilles de ce Buis sont plus ou moins longues, suivant les especes.

Les Tabletiers, les Tourneurs, les Graveurs en taille de bois, les Marchands de peignes, &c. font une grande consommation du bois de cet arbrisseau. Ce bois est jaune, dur, liant, & porte bien la vis. On tire les gros Buis de Champagne, & encore d'Espagne.

Lorsqu'il a plu, les Buis répandent une odeur peu agréable. La décoction des feuilles de Buis est très-sudorifique.

BUXUS, Buis. N°. 1. Page 118

Tome I. Pl. 46.

CAPPARIS, Tournef. & Linn. CAPRIER.

DESCRIPTION.

LE Caprier eſt une plante ſarmenteuſe, dont les fleurs s'épanouiſſent à la fin de Juin. Les parties de ſes fleurs ſont un calyce compoſé de quatre feuilles, creuſées en cuilleron (*a*), quatre grands pétales, une houppe formée par de longues étamines qui prennent leur origine du fond de la fleur, & un piſtil terminé en bouton, qui eſt l'embryon (*b*).

Ce bouton devient un fruit charnu (*c*) dans lequel il y a beaucoup de ſemences (*d*) figurées comme un rein.

Les feuilles de cette plante ſont ovales, preſque rondes, unies, point dentelées par les bords, & poſées alternativement ſur les branches. On a eu tort de les repréſenter oppoſées dans la planche. On apperçoit à l'endroit où les queues des feuilles s'attachent aux branches, deux petites épines crochues qui reſtent après que les feuilles ſont tombées. Ces feuilles ont un goût piquant ſur la langue.

ESPECES.

1. *CAPPARIS ſpinoſa, fructu minore, folio rotundo.* C. B. Pin.
   Caprier épineux, à feuilles rondes. En Provence on le nomme Taperier.

2. *CAPPARIS non ſpinoſa, fructu majore.* C. B. p. 180.
   CAPRIER à gros fruit, ſans épines.

M. de Tournefort, dans ſon Voyage du Levant, tome 1, p. 232, parle d'un Caprier ſans épines, qu'il a trouvé ſur les bords de la Grotte d'Antiparos.

CULTURE.

Les Capriers craignent le froid; c'eſt pourquoi on eſt obligé de les mettre en eſpalier, & de les couvrir pendant l'hyver avec un peu de litiere. Les pucerons en détruiſent quelquefois toutes les feuilles.

Les branches menues meurent ordinairement l'hyver, & on eſt obligé de les couper; mais les groſſes branches produiſent de nouveaux jets qui donnent beaucoup de feuilles & de fleurs : c'eſt pourquoi quand on veut s'épargner la peine d'eſpalier ces arbriſſeaux, & de couvrir toutes les branches, on les coupe en automne à ſept ou huit pouces de la ſouche, ſur laquelle on met un peu de litiere.

On les multiplie de marcottes & de ſemences. Il ſeroit à ſouhaiter qu'on en élevât beaucoup de ſemences, pour en avoir de doubles ou de panachées : car comme les fleurs ſimples & non panachées des Capriers ordinaires ſont très-belles, il y a lieu de croire qu'elles ſeroient encore beaucoup plus belles ſi elles étoient doubles ou panachées; & elles n'en ſeroient pas moins utiles, puiſque ce ſont les boutons que l'on confit.

Le plus ſûr moyen de faire des marcottes, eſt de couvrir la ſouche avec de la terre : les rejets qui partent immédiatement de la ſouche prennent alors facilement racine.

USAGES.

Il y a peu de plantes plus belles que le Caprier quand il eſt chargé de fleurs.

On confit au vinaigre ſes boutons; & c'eſt ce que les Cuiſiniers appellent des Capres.

Si l'on cueille les boutons fort petits, les Capres ſont fines &

& fermes. Si les boutons ſont gros, les Capres ſont groſſes & molles.

On les cueille en Provence comme elles ſe rencontrent ſous la main; mais quand elles ſont confites dans le vinaigre & le ſel, on les paſſe par des cribles pour les ſéparer ſuivant leur groſſeur: les petites ſont les meilleures & les plus cheres.

On confit auſſi les jeunes fruits, qu'on appelle cornichons de Caprier.

Les Capriers que nous élevons dans ce pays pourroient fournir des Capres. J'en ai vu qui en donnoient trois ou quatre livres; mais on préfere de laiſſer épanouir les boutons, pour jouir des fleurs qui ſont fort belles.

Les feuilles & les boutons du Caprier ſont antiſcorbutiques. L'écorce des racines eſt fort apéritive.

Tome I. Pl. 47.

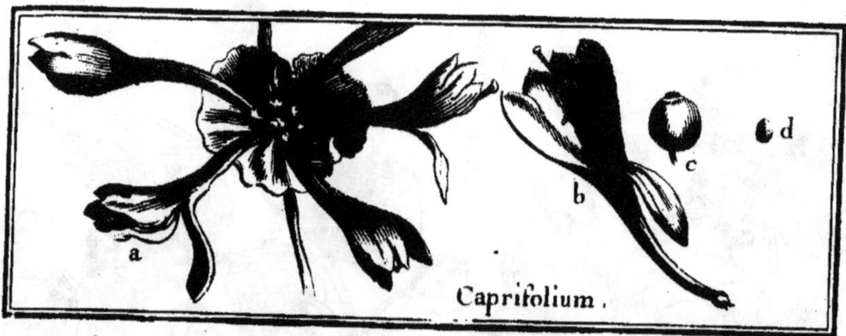

Caprifolium.

CAPRIFOLIUM, TOURNEF. *LONICERA*, LINN. CHEVRE-FEUILLE.

DESCRIPTION.

LE Chevre-feuille est une plante sarmenteuse & grimpante, qui porte des fleurs charmantes par leur couleur & par leur odeur. Elles s'épanouissent dans le mois de Juin ; elles sont alors rassemblées par bouquets, & partent plusieurs d'un même endroit (*a*). Le calyce qui est fort petit, est divisé en cinq ; il n'y a qu'un pétale qui forme un long tuyau évasé par son extrêmité, & divisé en cet endroit en cinq parties qui se renversent en dehors ; une de ses levres est découpée plus profondément que les autres : on trouve dans l'intérieur cinq étamines & un pistil (*b*), formé d'un embryon arrondi qui fait partie du calyce, & d'un long style qui est terminé par un stigmate. L'embryon devient une baie (*c*) qui est terminée par une ombilique : elle est divisée en deux loges, & contient deux semences applaties presque ovales (*d*).

Il y a des Chevre-feuilles dont la base des feuilles embrasse les tiges ; ce sont ceux-là qu'on nomme perfoliés. Toutes les especes ont leurs feuilles opposées sur les branches, & plus ou moins grandes, presque rondes ou ovales suivant les especes, point dentelées, douces au toucher.

Dans les aisselles des feuilles on apperçoit des boutons, dont l'axe fait presque un angle droit avec les tiges.

Souvent les fleurs ſont accompagnées d'une feuille qui forme une eſpece de coupe de laquelle elles ſortent.

ESPECES.

1\. *CAPRIFOLIUM Germanicum.* Dod. Pempt.
CHEVRE-FEUILLE d'Allemagne. En Provence on l'appelle MAIRE-SIOUVO.

2\. *CAPRIFOLIUM Germanicum, flore rubello, ſerotinum.* Broſſ.
CHEVRE-FEUILLE d'Allemagne à fleur rouge-pâle.

3\. *CAPRIFOLIUM Italicum.* Dod. Pempt.
CHEVRE-FEUILLE d'Italie.

4\. *CAPRIFOLIUM Italicum, perfoliatum præcox.* Boſſ.
CHEVRE-FEUILLE printanier d'Italie, & perfolié.

5\. *CAPRIFOLIUM perſoliatum, foliis ſinuoſis & variegatis.* Inſt.
CHEVRE-FEUILLE panaché, à feuilles de Chêne.

6\. *CAPRIFOLIUM non perſoliatum, foliis ſinuoſis.* Inſt.
CHEVRE-FEUILLE à feuilles de Chêne, qui n'eſt point perfolié.

M. Linneus n'a fait qu'un ſeul genre du *Caprifolium*, du *Periclymenum*, du *Chamæceraſus*, du *Xyloſteon*, du *Symphoricarpos*, & du *Diervilla*, qu'il a nommé *Lonicera;* & il faut avouer que tous ces arbuſtes ſe reſſemblent beaucoup par les parties de la fructification : néanmoins nous avons cru devoir conſerver les différents noms ſous leſquels ils ſont connus.

Pour aider à les diſtinguer, nous ferons remarquer que les fleurs des *Xyloſteon* & des *Chamæceraſus* viennent toujours deux à deux, & que toutes les autres eſpeces que M. Linneus nomme *Lonicera*, portent des fleurs par bouquets; mais cette ſeule circonſtance ne nous paroît pas ſuffiſante pour établir un genre.

Nous croyons que la différente forme des fleurs pourra engager à en faire au moins deux genres : dans l'un on comprendroit le *Caprifolium*, le *Chamæceraſus* & le *Diervilla*, dont le pétale eſt découpé irrégulierement, y ayant une découpure qui forme une eſpece de levre; & dans l'autre, le *Periclymenum*, le *Symphoricarpos* & le *Xyloſteon*, dont les découpures du pétale ſont régulieres.

CULTURE.

Les Chevre-feuilles se multiplient aisément par marcottes, & même par boutures. Quoiqu'ils se plaisent dans les terreins humides, ils s'accommodent assez de toutes sortes de terres: l'on en trouve qui croissent naturellement dans les bois dont le terrein est humide.

USAGES.

Toutes les especes de Chevre-feuilles sont très-propres à garnir des tonnelles & de petits murs de terrasse: leurs fleurs sont très-belles, & répandent une odeur des plus gracieuses.

L'espece du n°. 4, qui ne quitte point ses feuilles pendant l'hyver, à moins qu'il ne gele bien fort, peut être mise dans les bosquets de cette saison; d'ailleurs ce Chevre-feuille est d'un très-beau verd, & ses fleurs sont fort belles.

Les Chevre-feuilles peuvent être tondus en boule, & former des buissons dont on peut décorer les bosquets du printemps: on peut aussi les faire grimper dans d'autres arbres, qu'ils ornent de leurs fleurs; mais ils ont le désagrément d'être presque tous les ans dévorés par les cantarides ou par les pucerons.

On employe la décoction des feuilles pour déterger les vieux ulceres.

Tome I. Pl. 48.

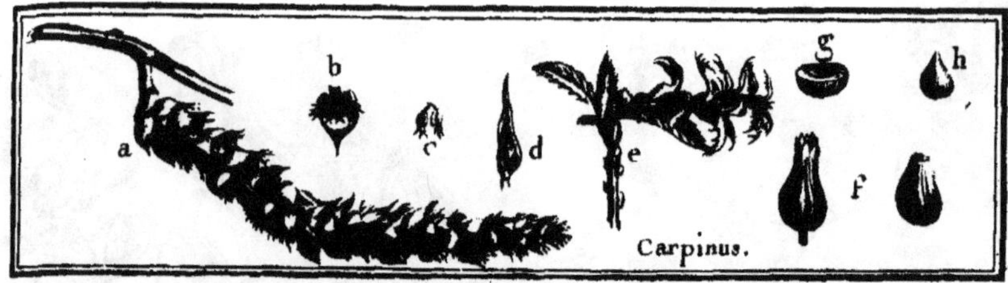

CARPINUS, TOURNEF. & LINN. CHARME.

DESCRIPTION.

LES mêmes pieds de Charme produiſent des fleurs mâles (*a*) & des fleurs femelles (*e*). Les fleurs mâles ſont grouppées ſur un filet commun en forme de chatons. Ces chatons ſont formés d'écailles (*b*), ſous leſquelles on découvre des étamines fort courtes (*c*).

Les fleurs femelles (*e*) forment d'abord par leur aſſemblage ſur un filet commun, des eſpeces d'épis écailleux ; ſous chaque écaille on apperçoit un piſtil (*d*), formé de deux ſtyles qui ſe réuniſſent par leur baſe à un embryon qui devient une eſpece de noyau ovale & anguleux (*f*), dans lequel eſt une amande (*h*).

Il y a des feuilles qu'on nomme aſſez improprement ſéminales, parce qu'elles accompagnent toujours les ſemences. On peut les voir repréſentées dans la planche. Elles ſont diviſées très-profondément en trois parties.

Les feuilles du Charme ſont ovales, terminées en pointe, dentelées par les bords, pliſſées depuis la nervure du milieu juſqu'aux bords, ſuivant la direction des nervures latérales qui ſont rangées très-régulierement & parallelement les unes aux autres ; l'entre-deux de chaque nervure eſt bombé en deſſus, & creuſé en gouttiere pardeſſous. Les feuilles ſont placées alternativement ſur les branches : elles ſechent ſur l'arbre pendans l'automne, & ne tombent qu'au printemps.

Les boutons qui ſont aux aiſſelles des feuilles ſont longs & pointus.

ESPECES.

1. *CARPINUS.* Dod. Pempt.
   CHARME commun.

2. *CARPINUS foliis variegatis.* M. C.
   CHARME à feuilles panachées.

3. *CARPINUS Orientalis, folio minori, fructu brevi.* Inst.
   CHARME du Levant, à petites feuilles & à petit fruit.

4. *CARPINUS Virginiana, florescens.* Pluk. Phyt.
   CHARME de Virginie.

5. *CARPINUS, seu Ostrya ulmo similis, fructu racemoso, Lupulo simili.* C. B. P.
   CHARME qui ressemble à l'Orme, & qui a le fruit comme le Houblon. En Canada BOIS-DUR.
   Ces deux dernieres especes sont ou les mêmes, ou des variétés qui se ressemblent beaucoup.

Nous ne faisons, comme M. Linneus & beaucoup d'autres Botanistes, qu'un genre du *Carpinus* & de l'*Ostrya*, qui ne different qu'en ce que les enveloppes des semences de l'*Ostrya* étant plus renflées, elles ont quelque ressemblance avec le fruit du Houblon.

CULTURE.

Les Charmes s'élevent aisément de semences, qui levent même dans les forêts sous les gros Charmes; on y arrache le jeune plant pour former des palissades, ou pour le cultiver pendant quatre ou cinq ans en pépiniere, & alors on en peut former des palissades qui ont cinq ou six pieds de hauteur.

Voici comme il convient de faire ces sortes de pépinieres. On choisira dans les bois sous les gros Charmes de beaux plans de charmille; on les plantera sans les étêter, à un pied ou un pied & demi les uns des autres dans des rigolles; on les accollera sur des perches & des baguettes, afin que les tiges des jeunes Charmes, qui sont souples, se tiennent bien droites: on les entretiendra de labour, & on les tondra au croissant comme une charmille. Quand les pieds auront six ou sept pieds de hauteur, on les arrachera avec soin, ayant grande attention

attention de ménager les racines ; & on les transplantera avec leurs branches latérales dans de grandes rigoles, ayant soin que les branches de côté s'entrelassent les unes dans les autres ; & pour empêcher que le vent ne les déverse, on attachera les tiges sur un rang ou deux de perches légeres.

Nous avons exécuté cette pratique en grand ; & ayant soin de bien ménager les racines en arrachant les Charmes dans la pépiniere, & de les planter promptement avec précaution dans de grandes rigoles, nous avons eu des palissades qui faisoient leur effet dès la premiere année de leur plantation. Il est bon d'avoir du plan de Charme fort menu pour le planter entre les gros pieds, & bien garnir le bas de la palissade.

Quand on plante une palissade de Charme, les Jardiniers ont coutume de couper les brins à quatre doigts de terre ; ils font bien si le plant est mal enraciné, s'il n'est pas nouvellement arraché, & si la terre où on les met est fort mauvaise. Mais quand le plant est bon, on doit s'abstenir de l'étêter ; il faut seulement attacher les tiges sur de petites gaules : car la premiere tige qui tend à s'élever droite, éleve bien plus promptement les palissades, que les nouvelles pousses, qui prennent des directions obliques.

Les Charmes viennent bien dans toute sorte de terre, pourvu qu'elle ait du fonds. Ils sont communs en France, à la Louysiane & en Canada.

USAGES.

Tout le monde sait que le Charme est plus propre que tout autre arbre à faire de grandes & belles palissades, auxquelles on a donné le nom de *Charmilles*.

Toutes les especes de Charmes doivent être placées dans les bosquets d'été & dans les bois.

Les deux especes, n°. 4 & 5, qui n'en sont peut-être qu'une, nous viennent de Canada sous le nom de *Bois-dur*. Cet arbre est très-beau, & mérite bien d'être multiplié en France ; car les Canadiens estiment beaucoup son bois, qui est plus brun que le nôtre. On en fait des rouets de poulies pour les vaisseaux.

Le bois des Charmes de nos forêts est très-dur ; c'est pourquoi beaucoup d'ouvriers l'employent pour la monture de leurs outils, ou pour des maillets & des masses ; & il y a peu de bois qui soit meilleur pour le chauffage.

CARPINUS, CHARME. N°. 1. *Page* 130

Tome I. Planche 49.

CASIA, Tournef. *Oziris*, Linn.

DESCRIPTION.

Il y a dans ce genre des individus mâles & des individus femelles.

Le calyce des fleurs mâles (*a*) est d'une piece, divisé par les bords en trois parties qui sont creusées en cuilleron : il n'a point de pétales; mais il contient trois petites étamines.

Les fleurs femelles different des mâles en ce qu'au lieu d'étamines, on trouve dans le calyce un pistil qui est composé d'un style très-court, surmonté d'un stigmate arrondi, & porté sur un embryon, qui devient une baie ronde (*b*), terminée par une ombilique triangulaire. On trouve dans l'intérieur de cette baie un noyau arrondi (*c*).

ESPECES.

1. *CASIA poëtica.* Inst.
   Casia à fruit rouge.

2. *CASIA fructu nigro.* Amæn. Ruth. ou *Oziris foliis obtusis.* Linn. Spec. plant.
   Casia à fruit noir.

CULTURE.

Le Casia n°. 1 vient naturellement en Languedoc; il y est même tres-commun; mais ces arbrisseaux sont si difficiles à élever dans nos jardins, que nous avons été tentés de n'en point parler, & nous ne nous sommes déterminés à les comprendre dans cet ouvrage que dans l'espérance qu'on pourra dans la suite parvenir à trouver la culture qui leur convient.

USAGE.

Cet arbuſte eſt très-joli, & il ſeroit employé utilement pour la décoration des jardins, ſi l'on pouvoit trouver le moyen de le familiariſer avec notre climat.

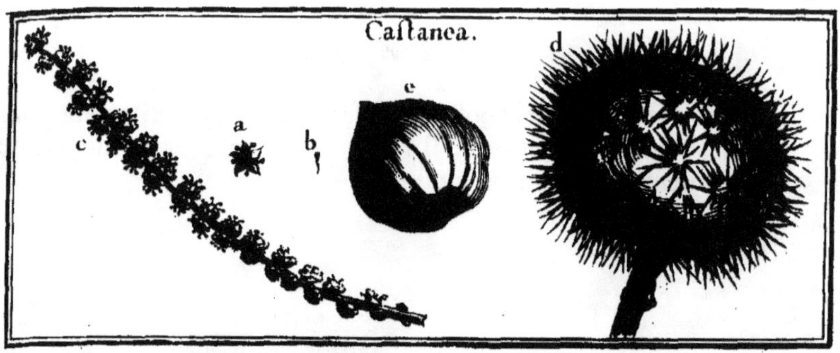

CASTANEA, TOURNEF. *FAGUS*, LINN.
CHATAIGNIER.

DESCRIPTION.

LES Châtaigniers portent des fleurs mâles & des fleurs femelles sur les mêmes arbres.

On trouve souvent la fleur femelle à la naissance des chatons mâles.

Les fleurs mâles sont formées d'un calyce d'une seule piece, divisé en cinq parties (*a*), dans lequel sont dix étamines (*b*) ou environ; nombre de ces fleurs sont grouppées sur un filet en forme de chatons (*c*).

Les fleurs femelles, qui sortent des mêmes boutons que les mâles, mais qui ne sont point partie du chaton, ont un calyce divisé en quatre parties, dans lequel est un pistil qui se divise par le haut en trois styles. L'embryon qui forme la base du pistil, & qui fait partie du calyce, devient un fruit (*d*) ferme & épineux, dans lequel sont une ou plusieurs châtaignes ou semences (*e*), formées d'une grosse amande, laquelle est recouverte par une enveloppe coriacée.

On sait que le Châtaignier est un grand & bel arbre: ses feuilles sont grandes, fermes d'un beau verd, fort luisatnes & posées alternativement sur les branches, dentelées par les bords, & relevées en deſſous par des nervures aſſez ſaillantes.

Les fleurs du Châtaignier répandent une odeur déſagréable.

ESPECES.

1. *CASTANEA ſilveſtris, quæ peculiariter* CASTANEA. C. B. Pin.
   CHATAIGNIER ſauvage ou des bois.

2. *CASTANEA ſativa.* C. B. Pin.
   CHATAIGNIER cultivé, appellé MARONNIER.

3. *CASTANEA ſativa, foliis eleganter variegatis.*
   CHATAIGNIER cultivé, à feuilles panachées.

4. *CASTANEA humilis, racemoſa.* C. B. Pin.
   Petit CHATAIGNIER à grappes.

5. *CASTANEA humilis, Virginiana, racemoſa, fructu parvo in ſingulis capſulis echinatis unico.* BANISTER. Pluk. Alm.
   CHATAIGNIER de Virginie, qui n'a qu'un fruit renfermé dans chaque capſule, ou le CHINCAPIN des Anglois.

CULTURE.

Comme on éleve le Châtaignier de ſemences, les eſpeces ou plutôt les variétés ſe ſont beaucoup multipliées; & il ſeroit aiſé d'en faire une liſte très-étendue; mais nous avons cru qu'il ſuffiroit de rapporter les plus frappantes.

On nous a apporté de Canada un Châtaignier nain à petit fruit, qui n'eſt point le Chincapin. C'eſt peut-être le n°. 4.

Juſqu'à préſent les Chincapins qu'on a eſſayé d'élever en France, n'ont fait que languir : ils viennent auſſi fort mal en Angleterre.

Les Châtaigniers ſe plaiſent dans les terres ſablonneuſes qui ont beaucoup de fonds; ils languiſſent dans celles qui ont le tuf à deux ou trois pieds de profondeur.

Si l'on veut faire des pépinieres de Châtaigniers, on fera bien de faire germer les fruits dans le ſable, pour ne les mettre en terre qu'au printemps, après avoir rompu le germe ou la radicule; ſans cette précaution les mulots en détruiroient beaucoup pendant l'hyver, & les arbres qui pousseroient un long pivot, reprendroient difficilement.

On greffe les bonnes especes de Châtaignes qu'on nomme *Marons*, sur les sujets qu'on a élevés de semences; & la greffe en sifflet est celle qui réussit le mieux.

Les bonnes especes de marons viennent de Dauphiné, de Suze; on en trouve aussi en Languedoc, en Provence; & l'on assure que le Châtaignier croît naturellement à la Louysiane dans les terreins éloignés de cent lieues de la mer.

USAGES.

Quand on est dans un terrein qui plaît au Châtaignier, on fera bien d'en planter dans les bosquets d'été & d'automne, & d'en former des massifs & des avenues, quoiqu'il ait le défaut d'étendre ses branches, & de les laisser pendre fort bas.

Son bois est excellent pour les ouvrages de charpente qui ne sont point exposés à l'eau. On m'a assuré qu'à Bordeaux on faisoit des armoires, des commodes & d'autres ouvrages de menuiserie très-beaux, avec le bois de Châtaignier. Lorsque les Châtaigniers sont à la grosseur de taillis, on en fait de bons cerceaux pour les barils.

Dans quelques Provinces le fruit du Châtaignier nourrit une partie de l'année les hommes, & plusieurs especes d'animaux.

Dans le Limosin, le Périgord, &c. pour conserver les châtaignes, on les fait dessécher ainsi : on les pele, on les étend à une certaine épaisseur sur des claies, & on fait du feu dessous : si l'on ne les boucanoit pas de cette maniere, elles germeroient, ou elles se moisiroient. Pour manger les châtaignes ainsi desséchées, on les fait revenir à petit feu ; on les fait cuire ; on les assaisonne avec un peu de sel; & l'on en fait une bouillie, qu'on nomme la *Châtigna*.

On sait qu'on mange les marons bouillis avec l'eau & le sel, ou rotis sous la cendre, ou grillés dans une poële : on en fait aussi des compottes & des confitures seches; on les nomme alors *Marons glacés*.

On employe la farine des châtaignes pour arrêter les diarrhées. On en fait aussi de très-bonne bouillie.

Il n'y a aucune différence caractéristique entre les châtaignes & les marons : le goût seul en décide; desorte qu'on nomme *marons* une châtaigne qui a la chair ferme & sucrée, & entre le meilleur maron & la châtaigne la plus mole & la plus insipide, on trouve une infinité de nuances.

Le Chincapin, n°. 5, qu'on nous envoye de la Louysiane, est un vrai Châtaignier : ses fruits, qui ressemblent à de petits glands de chêne verd, sont renfermés un à un dans une capsule très-épineuse qui s'ouvre en deux. Ses feuilles sont assez semblables à celles du Châtaignier, mais communément moins dentelées.

On nous a envoyé de Canada une petite châtaigne qui n'est point le Chincapin, mais qui, à ce qu'on assure, reste nain.

CASTANEA, CHATAIGNIER. N°. I. Page 136*

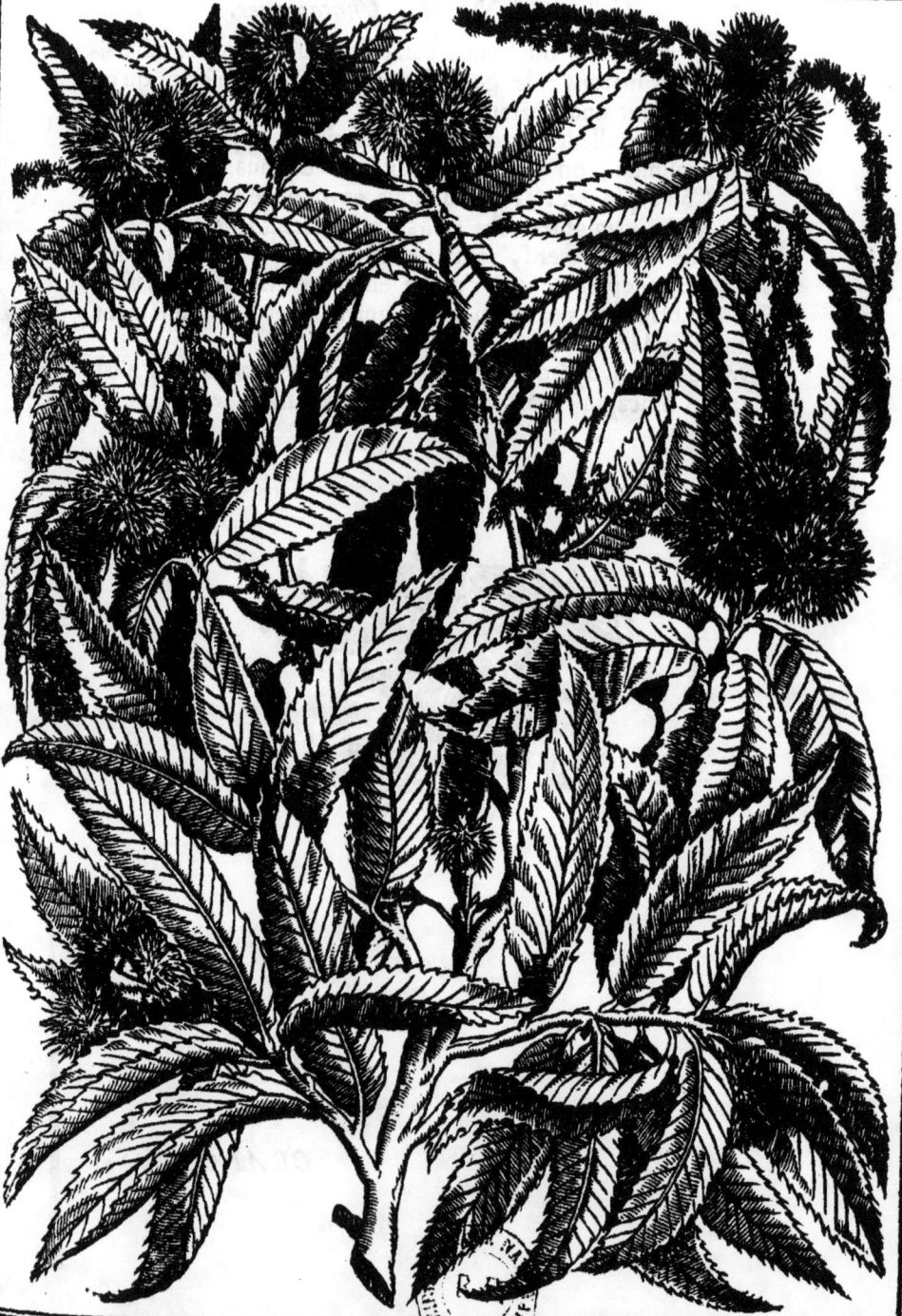

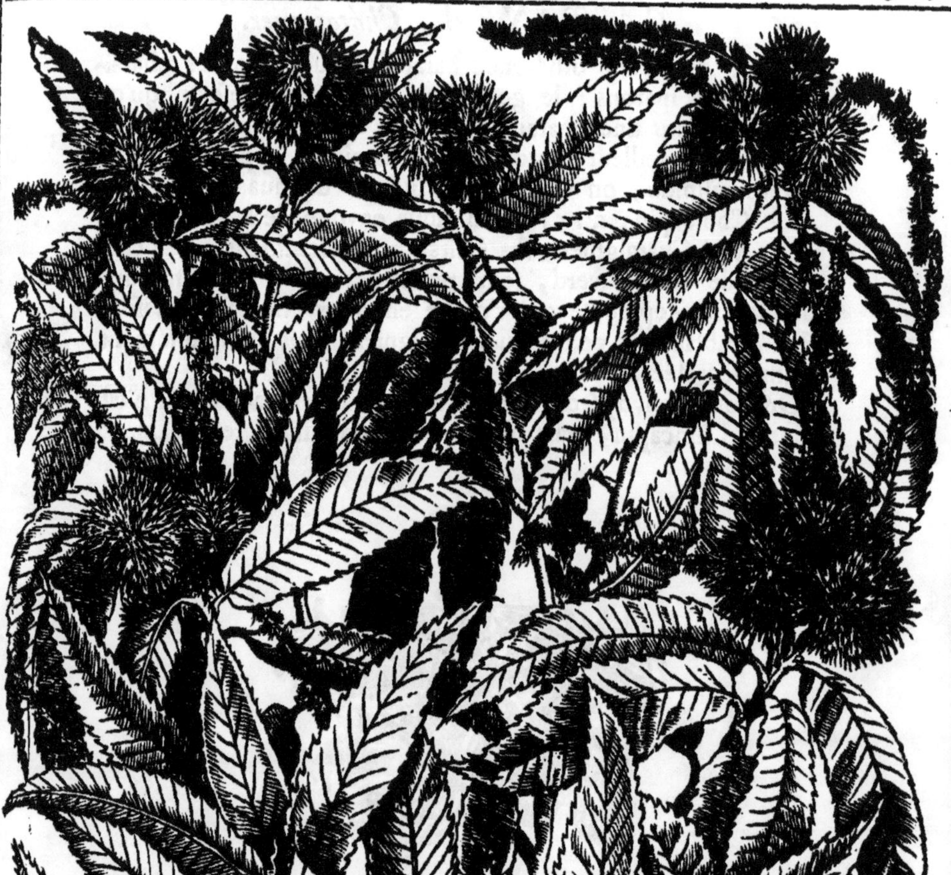

Tome I. Pl. 50.

CEANOTHUS, Linn.

DESCRIPTION.

Le calyce de la fleur (*a* & *b*) du Ceanothus eſt d'une ſeule piece; il a la figure d'une poire, & il eſt diviſé en cinq parties qui ſe terminent en pointe.

Cinq pétales (*c*) égaux & arrondis, s'attachent aux pointes du calyce par une baſe étroite; ils s'élargiſſent enſuite, & ſont creuſés en cuilleron.

Cinq étamines de la longueur des pétales prennent leur origine des parois du calyce au-deſſus des pétales, & elles portent des ſommets arrondis.

Le piſtil eſt formé d'un embryon triangulaire, qui eſt ſurmonté d'un ſtyle, lequel ſe diviſe en trois parties couronnées de ſtigmates obtus.

L'embryon devient une baie ſeche (*d*), ou plutôt une capſule à trois loges, dans chacune deſquelles (*f*) on trouve une ſemence preſque ovale (*g*).

Ce fruit eſt accompagné & en partie enveloppé d'une eſpece de calyce (*e*).

Les parties de la fructification de cet arbriſſeau reſſemblent beaucoup à celles du *Paliurus*; mais il eſt aiſé à diſtinguer par la forme de ſes pétales, & par la diſpoſition de ſes fleurs, qui viennent par bouquets & qui ſont blanches.

Le Ceanothus forme un petit arbriſſeau, qui ne s'éleve qu'à deux ou trois pieds de hauteur. Ses feuilles ſont poſées alternativement ſur les branches, & elles ſont ovales, terminées en pointe, relevées en deſſous par trois nervures principales qui partent du pédicule : elles ſont aſſez grandes. L'écorce des branches eſt rougeâtre.

ESPECE.

CEANOTHUS. Linn. Act. Upf. ou CELASTRUS *inermis, foliis ovatis, serratis, trinervis, racemis ex summis alis longissimis.* Hort. Cliff. EVONIMUS *jujubinis foliis Caroliniensis, fructu parvo ferè umbellato.* Pluk. Alm.

CEANOTHUS de Virginie à petit fruit.

CULTURE.

Cet arbrisseau vient en Canada le long des chemins; & il n'est probablement borné à la hauteur de deux ou trois pieds, que parce qu'il y est mangé par les bestiaux.

USAGES.

Le Ceanothus est fort joli quand il est en fleur. Les Canadiens disent que sa racine est bonne contre les maladies vénériennes.

CEDRUS, TOURNEF. *JUNIPERUS*, LINN.

CEDRE.

DESCRIPTION.

LE même pied produit des fleurs mâles & des fleurs femelles. Les fleurs mâles forment un petit cône écailleux (*a* & *b*). On trouve ſous ſes écailles les étamines (*c*) qui ſe diviſent en trois par le haut.

Les parties qui compoſent les fleurs femelles ſont un calyce qui ſe diviſe en trois, trois pétales, & un piſtil, diviſé en trois filets qui ſe réuniſſent par le bas à un embryon qui devient une baie charnue (*de*) : dans cette baie l'on trouve trois oſſelets (*f*) ou noyaux qui renferment des ſemences (*gh*) oblongues.

Je crois qu'il ſe trouve quelques arbres qui ne portent que des fleurs mâles.

Les feuilles de la plupart des Cedres ſont petites, étroites & pointues, articulées les unes avec les autres comme celles du Cyprès.

M. Linneus a très-bien fait de conſidérer comme un même genre le Cedre & le Genevrier, les parties de leur fructification étant très-ſemblables, & leurs feuilles fort difficiles à diſtinguer; car il y a des Cedres dont les feuilles ſont ſemblables à celles du Genevrier, & d'autres dont les feuilles reſſemblent à celles du Cyprès : c'eſt pourquoi la diſtinction de M. de Tournefort eſt incertaine; & cet Auteur ayant dans ſes Corollaires confondu les Sabines avec les Cedres, on peut ſans inconvénient réunir les trois genres, ſur-tout les Cedres & les Genevriers.

ESPECES.

1. *CEDRUS folio cupressi major, fructu flavescente.* C. B. Pin.
   Grand CEDRE à feuille de Cyprès, & à fruit jaune.

2. *CEDRUS folio cupressi media, majoribus baccis.* C. B. Pin.
   CEDRE de moyenne grandeur à feuilles de Cyprès, & à gros fruit.

3. *CEDRUS Hispanica, procerior, fructu maximo nigro.* Inst.
   Grand CEDRE d'Espagne à gros fruit noir.

4. *CEDRUS Orientalis, fœtidissima, arbor excelsa, seu SABINA Orientalis, fructu parvo nigro.* Cor. Inst.
   CEDRE ou SABINE du Levant qui fait un grand arbre de mauvaise odeur, & dont le fruit est petit & noir.

5. *CEDRUS Orientalis, fœtidissima, arbor excelsa, seu SABINA Orientalis, foliis aculeatis.* Cor. Inst.
   CEDRE ou SABINE du Levant, qui fait un grand arbre de mauvaise odeur, & dont les feuilles sont piquantes.

CEDRE du Liban. Voyez *LARYX*: & pour les autres especes de M. Linneus, voyez *JUNIPERUS*.

CULTURE.

Tous les Cedres s'élevent de semences ; il faut les semer dans des terrines sur couches, & les défendre de l'ardeur du soleil.

Ils se plaisent dans les bons terreins; néanmoins j'en ai vu en Provence sur des montagnes où il n'y avoit presque que de la pierre.

USAGES.

Tous les Cedres conservent leurs feuilles pendant l'hyver; ainsi ils doivent être mis dans le bosquet de cette saison.

Le bois des Cedres est léger, & d'une odeur très-agréable: on en fait quantité de petits ouvrages d'ébénisterie. Ce bois a de plus le grand avantage d'être presque incorruptible. J'ai vu une enceinte d'une prairie faite avec du Cedre de Canada, qui subsistoit depuis long-temps; elle n'auroit assurément pas duré trois ans, si on l'eût faite avec du Chêne de pareille grosseur.

En fendant les gros troncs de Cedre on trouve dans certains endroits ſous l'écorce, qu'il s'y eſt ramaſſé une réſine que l'on nomme *vernis*, & qui reſſemble fort au Sandarac.

On prétend que l'huile de Cade qui eſt recommandée pour les dartres & la galle, eſt l'huile noire & empireumatique qu'on retire en diſtillant le bois de Cedre à la cornue.

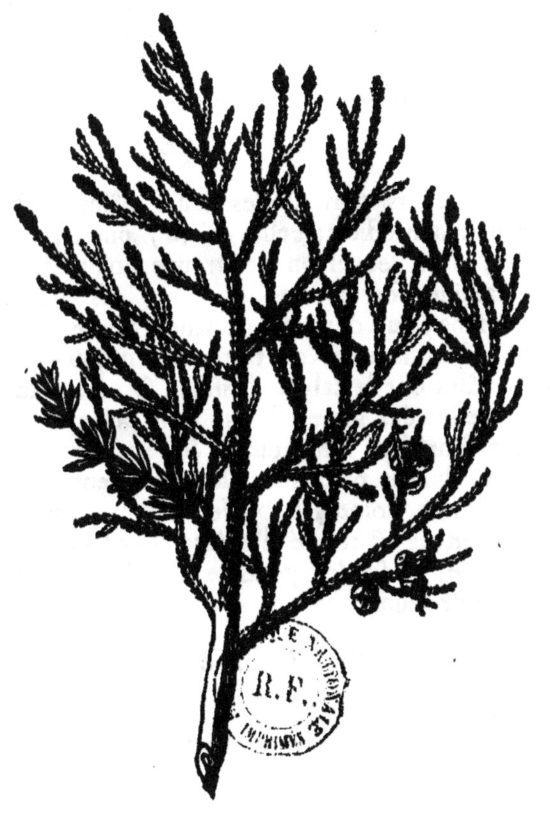

Tome I. Pl. 52.

CELTIS, Tournef. & Linn. MICOCOULIER ou MICACOULIER.

DESCRIPTION.

LES Micocouliers portent des fleurs mâles (*ab*) & des fleurs hermaphrodites; celles-ci (*d*) ont un calyce divisé en cinq, dans lequel on ne trouve point de pétales, mais cinq étamines fort courtes, & deux pistils (*e*), recourbés en différents sens, qui donnent naissance à une baie (*f*) un peu charnue, dans laquelle on trouve un noyau (*gh*).

Les fleurs mâles ont le calyce divisé en six, les étamines (*c*) semblables à celles des autres fleurs, mais point de pistil.

Les feuilles sont d'un verd jaunâtre & terne, rudes au toucher pardessus, douces pardessous, longues, dentelées par les bords, terminées en pointe, & posées alternativement sur les branches; le dessous est relevé d'arrêtes assez saillantes, & le dessus creusé de profondes goutieres : assez souvent elles sont panachées de jaune.

ESPECES.

1. *CELTIS fructu nigricante.* Inst.
   MICOCOULIER à fruit noirâtre. En Provence FABRECOULIER ou FALABRIQUIER.

2. *CELTIS fructu obscurè purpurascente.* Inst.
   MICOCOULIER à fruit noir.

3. *CELTIS Orientalis minor, foliis minoribus & crassioribus, fructu flavo.* C. Inst.
   MICOCOULIER du Levant à petites feuilles épaisses, dont le fruit est jaune.

L'espece du n°. 1, a les feuilles longues & le fruit noir : celle du n°. 2, a les feuilles moins grandes, & souvent profondément découpées en quelques endroits; ses fruits d'un rouge brun : celle du n°. 3, a les feuilles beaucoup plus courtes, & le fruit jaune.

CULTURE.

Le Micocoulier est un arbre de Provence, de Languedoc, d'Italie, d'Espagne; néanmoins il supporte assez bien nos hyvers.

Dans les terreins gras & humides, il devient presque aussi grand qu'un Orme, & on en peut faire des avenues.

On le multiplie aisément de semences.

USAGES.

Son fruit est comme une petite cerise, couverte d'une chair seche, dont néanmoins les oiseaux sont très-friands; c'est pourquoi on peut mettre cet arbre dans les remises.

Comme il produit beaucoup de branches, & qu'il souffre le ciseau & le croissant, on peut en former des palissades dans les bosquets d'été & d'automne.

Son bois est liant, il plie beaucoup sans se rompre; c'est pour cela qu'on l'estime pour en faire des brancards de chaise : on en fait encore des cercles de cuve qui sont de très-longue durée.

On dit que son fruit est bon pour arrêter le cours de ventre.

CEPHALANTUS,

CELTIS, MICOCOULIER.

Page 144*

Tome I. Pl. 53.

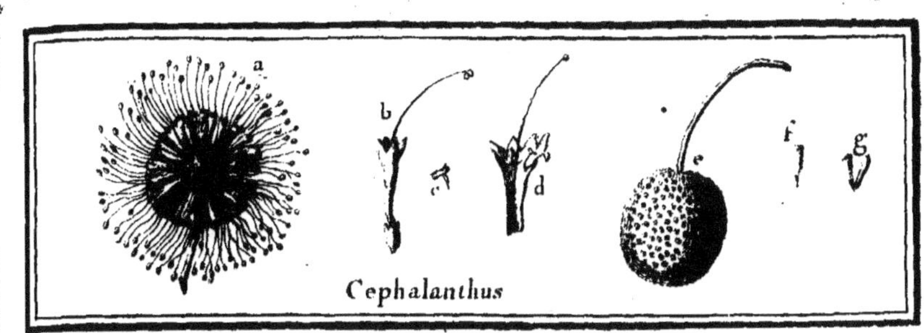

Cephalanthus

CEPHALANTUS, Linn.

DESCRIPTION.

Les fleurs qui sont rassemblées en bouquet sous la forme d'une tête sphérique (*a*), ont un calyce commun ; & chaque fleur (*b*) a un calyce particulier qui est divisé en quatre parties.

Le pétale est unique, & forme un tuyau étroit, dont les bords sont divisés en quatre. Il renferme & soutient quatre étamines (*c*) fort courtes ; elles prennent leur naissance du milieu du tuyau, & elles ne l'excedent pas (*d*). Le pistil est unique, & formé d'un style fort long qui excede beaucoup le pétale, & d'un embryon qui devient une capsule oblongue, laquelle renferme une ou deux semences aussi oblongues. Un grand nombre de ses capsules (*fg*) sont rassemblées autour d'un axe commun, & forment une tête sphérique relevée de fort petites éminences (*e*).

Les feuilles de cet arbrisseau sont entieres, opposées, point dentelées : en général il est fort joli.

ESPECE.

CEPHALANTUS. Linn. Gen.

Platanocephalus. Vail.

CULTURE.

La délicatesse de cet arbrisseau, qui craint le froid de nos forts hyvers, oblige de le renfermer dans les orangeries, ou de le mettre en espalier, & de le couvrir avec soin.

On peut l'élever de semences qu'on nous envoye de la Louysiane, ou le multiplier par des marcottes.

USAGES.

Il n'est pas d'un grand secours pour la décoration des parcs, à moins qu'on ne fût placé dans quelques provinces maritimes, où alors il pourroit passer l'hyver en pleine terre.

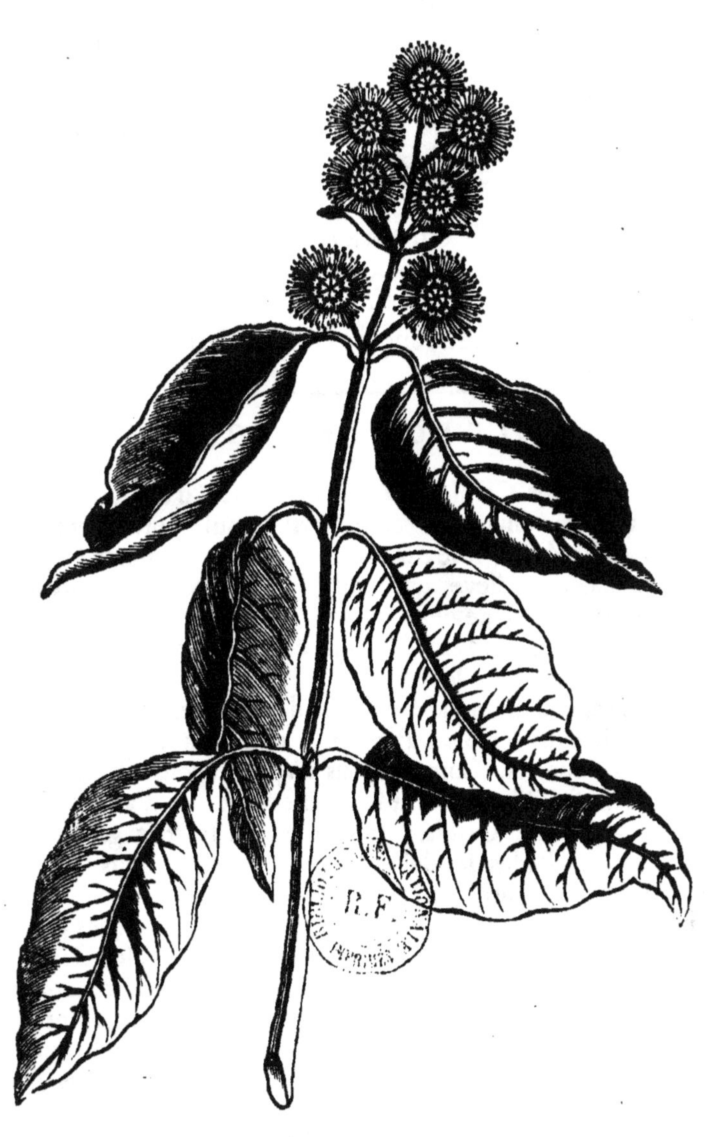

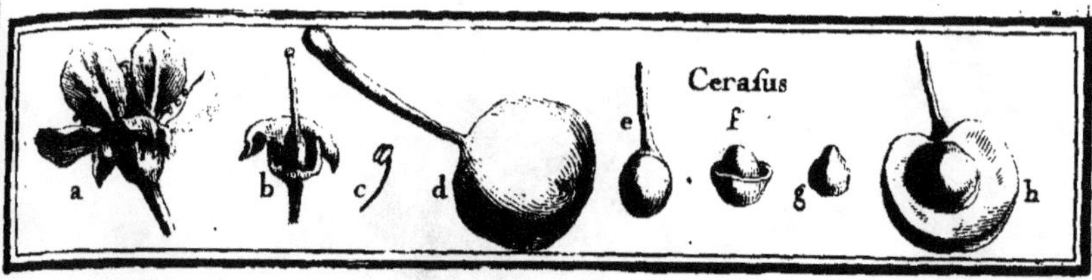

CERASUS, Tournef. & Linn. *Gen. Plant.* *Prunus*, Linn. *Spec. Plant.* CERISIER. en Provençal PICHOT.

DESCRIPTION.

La fleur des Cerisiers (*a*) est composée d'un calyce campaniforme divisé en cinq parties qui soutiennent cinq pétales disposés en rose, & environ trente étamines (*c*). Du fond du calyce s'éleve un pistil (*b*), composé d'un style & d'un embryon qui devient un fruit succulent (*dh*), dans lequel se trouve un noyau (*e*), qui contient une amande (*fg*) qui se divise en deux lobes.

M. Linneus a distingué les Padus des Cerisiers dans ses *Gen. Plant.* mais dans ses *Spec. Plant.* il a réuni les Cerisiers & les Padus aux Pruniers. Comme nous n'appercevons d'autre différence bien sensible entre les Cerisiers & les Padus, sinon que le calyce des Cerisiers tombe quand le fruit grossit, & que celui des Padus se desseche sans tomber, nous n'avons pas cru devoir séparer ces deux genres.

Pour ne point troubler les idées généralement reçues, nous continuerons de distinguer, avec tous les Botanistes, les Cerisiers d'avec les Pruniers, d'autant que la forme du fruit, & sur-tout celle des noyaux, sont suffisantes pour qu'il n'y ait point de confusion entre ces deux genres qui, quelque méthode qu'on suive, doivent être dans la même classe, & très-voisins l'un de l'autre.

Les feuilles de presque tous les Cerisiers sont dentelées par les bords, & elles ont deux glandes ou petites bosses rougeâtres sur la queue. Leur grandeur & leur port varie dans les différentes especes. Les feuilles sont toujours posées alternativement sur les branches.

ESPECES.

1. *CERASUS major ac silvestris, fructu subdulci nigro colore inficiente.* C. B. Pin.
   Grand CERISIER des bois à fruit doux & noir : MERISIER à fruit noir.

2. *CERASUS major ac silvestris, multiplici flore.* H. R. Par.
   Grand CERISIER des bois à fleur double : MERISIER à fleur double.

3. *CERASUS racemosa, silvestris, fructu non eduli.* C. B. Pin.
   CERISIER à grappes, dont le fruit n'est pas mangeable : BOIS DE SAINTE-LUCIE, ou PADUS.

4. *CERASUS racemosa, silvestris, fructu non eduli rubro.* H. R. Par.
   CERISIER des bois à grappe, à fruit rouge, qui n'est pas mangeable : BOIS DE SAINTE-LUCIE à fruit rouge : PADUS.

5. *CERASUS silvestris, fructu nigricante in racemis longis, pendulis, Phitolacæ instar congestis.* Gron. Fl. Virg.
   CERISIER de Virginie, dont le fruit vient en grandes grappes noires : PADUS.

6. *CERASUS silvestris amara, MAHALEB putata.* J. B.
   CERISIER des bois à fruit amer : MAHALEB.

7. *CERASUS silvestris Alpina, folio rotundiori.* Inst.
   CERISIER sauvage des Alpes, à feuilles rondes.

8. *CERASUS silvestris Septentrionalis Anglica, fructu rubro, parvo, serotino.* Raii.
   CERISIER d'Angleterre à fruit rouge, petit & tardif.

9. *CERASUS sativa, fructu rotundo, rubro & acido.* Inst.
   CERISIER à fruit rond, rouge & acide.

10. *CERASUS hortensis, flore roseo.* C. B. Pin.
    CERISIER cultivé à fleur semi-double.

11. *CERASUS hortensis, flore pleno.* C. B. Pin.
CERISIER cultivé à fleur double.

12. *CERASUS hortensis, foliis eleganter variegatis.* M. C.
CERISIER cultivé à feuilles panachées.

13. *CERASUS minor sativa, fructu minimo rotundo præcoci.*
CERISIER nain précoce.

14. *CERASUS racemosa hortensis.* C. B. Pin.
CERISIER à trochets cultivé.

15. *CERASUS fructu aquoso.* Inst.
CERISIER à fruit tendre : GUIGNIER.

16. *CERASUS major, fructu magno, cordato.* Raii hist.
Grand CERISIER à fruit en cœur : le BIGARREAUTIER.

17. *CERASUS pumila, Canadensis, oblongo angusto folio, fructu parvo.*
CERISIER nain à feuilles de Saule. RAGOUMINER, ou NEGA, ou MINEL de Canada.

Nous supprimons plusieurs autres especes de Merisiers, Cerisiers, Bigarreautiers, ou Guigniers que l'on trouve dans les catalogues d'arbres fruitiers. Nous en cultivons une trentaine bien distinctes.

CULTURE.

On peut élever les Cerisiers des noyaux qu'on seme comme les amandes. Il leve beaucoup de Merisiers dans les bois.

Plusieurs especes de Cerisiers poussent de leurs racines quantité de rejets ; les Padus sur-tout & les Ragouminers tracent beaucoup. Pour multiplier les especes rares, on les greffe sur les Merisiers des bois.

Le Mahaleb, n°. 6, se multiplie aisément par les marcottes.

En général tous les arbres élevés de semences tracent moins que ceux qui originairement viennent de rejets ou de drageons enracinés.

Presque toutes les especes de Cerisiers sont sujettes à une maladie qui fait périr des branches entieres, & quelquefois tout l'arbre : c'est un épanchement du suc propre, ou de la gomme, dans le tissu cellulaire & les vaisseaux limphatiques : si cet épanchement a fait peu de progrès, on peut sauver la branche en entamant l'endroit affecté, & le couvrant de cire & de térébenthine; mais si la maladie s'est trop étendue dans la branche, le plus sur est de la couper. Les Cerisiers plantés dans une terre fort substancieuse, m'ont paru plus sujets que les autres à cette maladie.

USAGES.

Le Cerisier, n°. 1, qui leve dans les forêts, sans qu'il soit besoin de le semer, est un fort bel arbre. Ses branches se soutiennent bien, & ses feuilles qui sont grandes & d'un beau verd, restent sur l'arbre jusqu'aux gelées; ainsi on peut le placer dans le bosquet d'automne. Il a encore l'avantage de subsister dans les plus mauvaises terres: nous en avons formé des taillis & même des avenues dans des terreins où les autres arbres périssoient. On dit que cet arbre se trouve aussi dans les bois du Mississipi.

Les especes, n°. 2 & 11, produisent outre cela des fleurs aussi grandes que les semi-doubles: elles forment dans le mois de Mai des guirlandes d'une beauté admirable; ainsi on doit les mettre dans les bosquets du printemps. On les multiplie en les greffant sur le Cerisier n°. 1.

L'espece du n°. 10, a ordinairement deux pistils, & donne souvent des fruits doubles. Sa fleur semi-double est fort belle.

Nous avons un Cerisier qui a dans le disque de sa fleur sept & huit pistils, & qui porte au bout d'une même queue trois & jusqu'à huit cerises bonnes à manger.

Les n°. 2 & 11, ne donnent point de fruit.

Nous cultivons une espece de Cerisier bien singuliere: il sort de chaque bouton une branche, qui, à mesure qu'elle s'allonge, fournit des fleurs & des feuilles; de sorte qu'il y a sur ces branches des fruits mûrs, des fruits verds & des fleurs: on voit encore sur ces arbres des fruits bons à manger à la fin de Septembre. Je crois que c'est l'espece n°. 14.

Les Padus, n°. 3, 4 & 5, qui produisent dans le même temps de belles grappes de fleurs, doivent aussi servir à la décoration des bosquets printaniers: ils se multiplient de semences, & de rejets que fournissent les racines.

Nous avons fait avec le Mahaleb des palissades qui sont fort agréables par le mélange des fleurs & des feuilles qui paroissent en même temps; mais il est plus printanier que les especes précédentes, il fleurit au commencement du mois de Mai. On le multiplie aisément de marcottes.

Le Ragouminer, n°. 17, est un fort petit arbuste qu'on peut mettre dans les plate-bandes du bosquet printanier, & surtout dans les remises, où son fruit, quoiqu'un peu acre, attirera les oiseaux : pour cette raison toutes les especes de Cerisiers sont propres à garnir les remises.

On sait que le bois du Merisier est recherché par les Tourneurs; & le Padus, ainsi que le Mahaleb, par les Ebénistes, à cause de leur odeur qui est agréable : ils sont connus sous le nom de *Bois de Sainte-Lucie.*

Le bois des Bigarreautiers & des Guigniers ressemble à celui des Merisiers : le bois du Cerisier est un peu rouge & moins dur.

On fait avec les jeunes Merisiers d'excellents cercles pour les petits barrils.

Les Cerises passent pour être très-saines : il découle des Cerisiers une gomme qui est adoucissante & incrassante, comme celle qu'on appelle Gomme Arabique.

Quoique nous ne nous proposions pas de traiter en détail ce qui regarde les Cerisiers dont on mange les fruits, nous ne pouvons nous dispenser de dire en général qu'on peut diviser les Cerisiers en deux classes, dont l'une comprend les especes qui portent des fruits ronds & acides; telles sont le Cerisier nain précoce, le Cerisier ordinaire, le Gobet, la Cerise de Montmorenci, &c. leurs feuilles sont fermes, de moyenne grandeur, & se tiennent droites. L'autre classe comprend les Merisiers dont le fruit est petit; les Guigniers dont le fruit est tendre, & les Bigarreautiers qui ont le fruit ferme & de bon goût : toutes les especes de cette classe ont le fruit en forme de cœur, & d'une saveur douce ; leurs feuilles sont grandes & pendantes, & leurs branches se soutiennent beaucoup mieux que celles des Cerisiers à fruit rond, qui en général sont des arbres moins grands. Il y a outre cela des especes mitoyennes, telles que le Duc-cheri des Anglois & notre Griotte, dont les feuilles sont plus grandes que celles de nos Cerisiers, & plus étoffées que celles des Cerisiers de la seconde classe : leur fruit est plus tendre que le Bigarreau, presque rond comme la Cerise, mais moins aigre & plus ferme.

On fait avec les Cerises acides ou à fruit rond une liqueur fort agréable qu'on nomme Vin de cerise. Pour la faire on choisit des cerises bien mûres, & préférablement celles dont le suc est noir; on les écrase, & après avoir retiré les noyaux, on met le marc & le jus fermenter comme le vin. Lorsqu'on sent que le tout a pris une odeur vineuse, on exprime le jus à la presse, & on le verse dans une cruche ou dans un petit barril, en ajoutant une livre & demi-quarteron de sucre pour chaque pinte de jus, avec les noyaux qu'on a eu soin de concasser. La fermentation recommence, & quand elle est cessée, on soutire à clair cette liqueur, ou bien on la passe à la chausse pour la conserver dans des bouteilles bien bouchées. Il est singulier que le suc des Cerises prenne au moyen du sucre, autant de force que de bon vin, & fasse une liqueur agréable à boire, & qui peut se conserver pendant plusieurs années.

Tome I, Pl. 55.

CERASUS, CERISIER. N°. 9. Page 152**

Tome I. Pl. 56.

Tome I. Pl. 57.

CERASUS, Cerisier. N°. 15. Page 152****

Tome I. Pl. 58.

CHAMÆCERASUS, TOURNEF. LONICERA, LINN.

DESCRIPTION.

LES fleurs (*a*) de cet arbuste sont formées d'un seul pétale figuré en tuyau découpé en cinq par les bords, mais inégalement. Le tuyau est supporté par un calyce (*d*), qui est aussi divisé en cinq parties : il subsiste jusqu'à la maturité du fruit. On trouve dans l'intérieur de la fleur (*c*) cinq étamines, & un pistil (*b*) composé d'un style & d'un embryon qui devient une baie (*e*) terminée par une ombilique, dans laquelle on trouve plusieurs semences (*f*) arrondies d'un côté, & applaties du côté où elles se touchent.

Ordinairement les fleurs & les baies sont posées deux à deux sur les branches.

Les feuilles des Chamæcerasus sont entieres, ovales, opposées deux à deux sur les branches, & attachées à des queues assez longues. Celles de l'espece n°. 1, sont chargées d'un duvet très-fin qui les rend comme veloutées.

Les boutons qui sont aux aisselles des feuilles sont très-pointus, & font presque un angle droit avec les branches.

Ces arbustes ressemblent beaucoup par les parties de la fructification aux plantes que M. Linneus a appellées *Lonicera*. Voyez ce que nous en avons dit au CAPRIFOLIUM.

ESPECES.

1. *CHAMÆCERASUS dumetorum, fructu gemino rubro*. C. B. P.
CHAMÆCERASUS des haies, à fruit rouge & jumeau.

2. *CHAMÆCERASUS Alpina, fructu gemino rubro, duobus punctis notato.* C. B. P.

CHAMÆCERASUS des Alpes, à fruit rouge & jumeau, marqué de deux points noirs.

3. *CHAMÆCERASUS Alpina, fructu nigro gemino.* C. B. P.

CHAMÆCERASUS des Alpes, à fruit noir & jumeau.

4. *CHAMÆCERASUS montana, fructu singulari cœruleo.* C. B. P.

CHAMÆCERASUS de montagne, à fruit bleu & unique.

CULTURE.

Les Chamæcerasus viennent naturellement dans les bois sous les grands arbres. On peut les multiplier par les semences, & en faisant des marcottes qui poussent aisément des racines. Ils souffrent d'être taillés au ciseau ; ainsi ils peuvent servir à la décoration des parterres, sur-tout le n°. 1 qui porte des fleurs blanches.

USAGES.

Ces petits arbustes se chargent au printemps de fleurs assez jolies; mais ils sont beaucoup plus agréables l'été quand ils sont garnis de fruits, les uns rouges, les autres violets ; ainsi ils peuvent servir également à la décoration des bosquets du printemps ou de l'été.

Le n°. 2, qui nous vient de Canada, a les feuilles d'un beau verd; elles sont longues, augmentent de largeur vers l'extrémité, se terminent en pointe, & ne sont point dentelées; les nervures du dessous sont assez relevées. C'est un arbuste très-joli quand il est en fleur & en fruit : ses fleurs sont d'un beau rouge.

Comme les oiseaux se nourrissent des baies des Chamæcerasus, on peut mettre dans les remises l'espece n°. 1 qui est fort commune.

Les fruits passent pour purgatifs, & même on prétend qu'ils excitent le vomissement; on ne les emploie pas en Médecine. Il est bon d'en être prévenu, pour empêcher les enfans d'en manger.

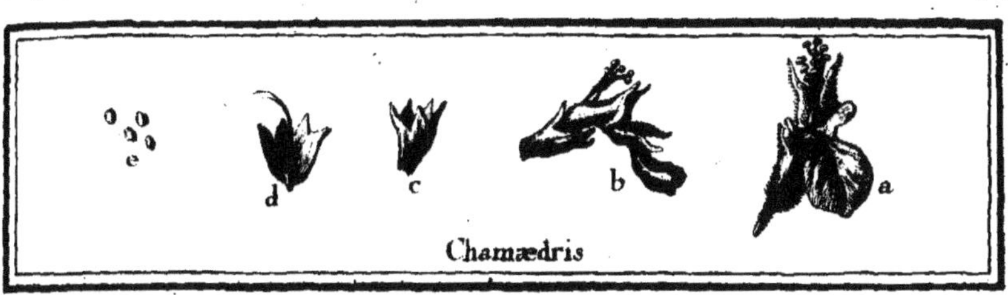

Chamædris

CHAMÆDRIS, Tournef. *Teucrium*, Linn.

PETIT-CHENE. En Provence Calamendrier.

M. Linneus n'a fait qu'un genre du *Chamædris* & du *Teucrium:* nous le ferons auſſi, pour les raiſons qui ſeront rapportées au mot *Teucrium;* ainſi nous nous contenterons de faire remarquer ici que le calyce (*c*), qui ne tombe point, eſt diviſé en cinq parties preſque égales juſqu'à la moitié de ſa longueur.

Le pétale (*ab*) eſt unique, figuré en gueule, formé par un tuyau un peu recourbé : la levre ſupérieure eſt diviſée en deux dans toute ſa longueur, & les deux diviſions ſont écartées l'une de l'autre : la levre inférieure eſt ouverte, diviſée en trois ; les découpures latérales ſont longues, étroites, & aſſez ſemblables aux diviſions de la levre ſupérieure, l'échancrure du milieu eſt grande, ouverte, & creuſée en cuilleron.

On trouve dans l'intérieur quatre étamines recourbées en forme d'alêne, terminées par de petits ſommets : comme elles ſont longues, elles paroiſſent entre les diviſions de la levre ſupérieure. Le piſtil (*d*) eſt formé d'un ſtyle menu qui accompagne les étamines, & d'un embryon diviſé en quatre. L'embryon ſe change en quatre ſemences (*e*) qui ont le calyce pour enveloppe.

Chamælea

CHAMÆLEA, Tournef. CNEORUM, Linn.

DESCRIPTION.

LA fleur (*a*, *b*) du Chamælea eſt compoſée d'un calyce diviſé en trois par les bords, de trois pétales (*c*), ou d'un ſeul diviſé en trois parties très-profondément, de trois étamines, & d'un piſtil (*d*), dont l'extrêmité eſt diviſée en trois parties qui forment autant de ſtyles. L'embryon qui eſt à la baſe du piſtil devient un fruit (*e*) qui eſt compoſé de trois capſules (*f*), dans chacune deſquelles ſe trouve un noyau (*g*, *i*), couvert d'une peau (*h*); il renferme des ſemences oblongues. On apperçoit entre les capſules un filet qui eſt le piſtil deſſéché.

Ses feuilles ſont longuettes, épaiſſes, fermes, d'un verd foncé en deſſus, un peu blanchâtres en deſſous, arrondies par le bout, & poſées alternativement ſur les branches, auxquelles elles ſont attachées preſque ſans queues : elles ne tombent point pendant l'hyver.

ESPECE.

CHAMÆLEA tricoccos. C. B. P.
Chamælea dont le fruit eſt compoſé de trois capſules.

CULTURE.

Cet arbuſte ſe multiplie de ſemences. Il eſt bon de le couvrir l'hyver avec de la litiere; car il craint les fortes gelées.

USAGES.

Le Chamælea conſerve pendant l'hyver ſes feuilles, qui ſont d'un beau verd : ainſi il fera très-bien dans les boſquets de cette ſaiſon ; mais il faut, comme nous l'avons dit, le défendre des fortes gelées.

Les Anciens employoient ſes feuilles comme un puiſſant purgatif ; mais maintenant on ne s'en ſert plus que pour déterger les ulceres.

CHAMÆRHODODENDROS, Tournef.

Rhododendron, Linn.

DESCRIPTION.

Le calyce des fleurs (*a*) eſt fort petit, diviſé en cinq ſegments ovales terminés en pointe : il eſt ordinairement coloré en dedans, & il ſubſiſte juſqu'à la maturité du fruit.

Cette fleur n'a qu'un pétale figuré en tuyau (*b*), qui s'évaſe en forme de ſoucouppe, & cet évaſement eſt découpé en cinq.

Aux eſpeces que M. Linneus a nommées *Kalmia*, on apperçoit ſous les découpures dont nous venons de parler, dix petites éminences ou ſortes de mammelons, qui ſont formés par des cavités qui ſe trouvent à la face ſupérieure du pavillon.

Souvent les ſommets des étamines reſtent engagés dans les cavités, & alors les filets qui les ſupportent font des eſpeces d'anſes.

On trouve ſouvent dans l'intérieur du tuyau dix étamines; mais les *Azalea Linn.* n'en ont que cinq : elles ſont plus ou moins longues ſuivant les eſpeces.

Au milieu eſt un piſtil (*c*), compoſé d'un ſtyle cylindrique, & d'un embryon qui devient une capſule pentagonale (*d*), diviſée en cinq loges (*e*) qui s'ouvrent par la pointe (*f*, *g*, *h*); elles contiennent des ſemences (*i*) aſſez fines. Les *Kalmia Linn.* ont les fruits fort courts & petits; les *Azalea* les ont fort longs.

Les feuilles des Chamærhododendros ſont allongées & de différentes formes, ſuivant les eſpeces : elles ſont poſées deux à deux, & quelquefois trois à trois ſur les tiges, excepté les *Azalea* qui les ont alternes.

On voit que M. Linneus a fait trois genres de ce que nous comprenons ſous un ſeul : mais il nous a paru que la circonſtance des petites cavités du pétale du *Kalmia* dans leſquelles les ſommets des étamines reſtent engagés, de même que celle de ne trouver que cinq étamines dans les *Azalea*, n'étoient pas des différences aſſez conſidérables pour multiplier les genres. Néanmoins nous diſtribuerons l'énumération des eſpeces en trois claſſes, ſavoir :

1°. *Chamærhododendros.* 2°. *Chamærhododendros Kalmia.* 3°. *Chamærhododendros Azalea.* On trouvera le détail de la fleur & du fruit aux mots AZALEA & KALMIA.

ESPECES.

CHAMÆRHODODENDROS.

1. *CHAMÆRHODODENDROS Alpina, glabra.* Inſt.
   CHAMÆRHODODENDROS des Alpes, à feuille liſſe.

2. *CHAMÆRHODODENDROS Alpina, villoſa.* Inſt.
   CHAMÆRHODODENDROS des Alpes, à feuilles velues.

3. *CHAMÆRHODODENDROS Alpina, ſerpilli folio.* Inſt.
   CHAMÆRHODODENDROS des Alpes, à feuilles de Serpolet.

CHAMÆRHODODENDROS AZALEA.

4. *CHAMÆRHODODENDROS ſupina, ferruginea, thymi folio, Alpina.* Bocc. *AZALEA ramis diffuſo procumbentibus.* Fl. Suec.
   Petit CHAMÆRHODODENDROS des Alpes, à feuilles de Thym, de couleur de rouille.

5. *CHAMÆRHODODENDROS Virginiana, flore & odore Periclymeni... CISTUS.* Pluk. *AZALEA foliis margine ſcabris, corollis piloſo glutinoſis.* Linn. Spec.
   CHAMÆRHODODENDROS de Virginie, qui a la fleur de Periclymenum.

6. *CHAMÆRHODODENDROS Virginiana, Periclymeni flore ampliori,*

ampliori, minùs odorato... CISTUS. Pluk. AZALEA *foliis ovatis, corollis pilosis, staminibus longissimis.* Linn. Spec.

CHAMÆRHODODENDROS de Virginie, à grandes fleurs de Periclymenum peu odorantes.

CHAMÆRHODODENDROS KALMIA.

7. *CHAMÆRHODODENDROS mariana Laurifolia, floribus expansis, summo ramulo in umbellam plurimis...* CISTUS. Pluk. KALMIA *foliis ovatis, corymbis terminalibus.* Linn. Spec.

CHAMÆRHODODENDROS à petites feuilles de Laurier, qui porte ses fleurs rassemblées en bouquets comme en umbelle au bout des branches.

8. *CHAMÆRHODODENDROS semper virens, Laurifolia, floribus eleganter bullatis...* CISTUS. Pluk. Alm. KALMIA *foliis lanceolatis corymbis lateralibus.* Linn. Spec.

CHAMÆRHODODENDROS, arbuste à petites feuilles de Laurier, qui sont lisses, & qui n'ont aucunes nervures.

ESPECES.

Les *Chamærhododendros* proprement dits se peuvent multiplier par les graines & les marcottes; & je crois même qu'on peut aussi employer les boutures.

Les *Chamærhododendros Kalmia* sont encore trop rares en France pour que nous puissions dire quelque chose de positif sur leur culture.

Néanmoins M. Sarrazin nous apprend que l'espece n°. 7 se trouve au bord des ruisseaux; & nous le cultivons en pleine terre depuis plusieurs années. Le même Auteur dit que l'espece n°. 8 vient dans les terres incultes & seches.

A l'égard des *Chamærhododendros Azalea*, ils se plaisent dans les terreins gras & humides. Ils subsistent dans les terres seches, mais ils ne s'y élevent qu'à deux ou trois pieds; au lieu que dans les bons terreins ils ont jusqu'à quinze ou seize pieds de hauteur.

Cette plante vient naturellement en Virginie & dans la Caroline : elle a supporté les hyvers en pleine terre en Angleterre, où elle produit ses belles fleurs depuis plusieurs années.

USAGES.

Tous les *Chamærhododendros* portent de très-jolies fleurs, qui paroiſſent la plupart dans le mois de Juin ; ainſi on peut les employer pour la décoration des boſquets de la fin du printemps.

M. Sarrazin dit que le n°. 7 forme un arbriſſeau qui s'éleve environ à cinq ou ſix pieds. Il eſt chargé de feuilles ovales, qui ſe terminent en pointe par les deux extrêmités ; elles ſont unies, point dentelées par les bords, & elles ſubſiſtent l'hyver. Les fleurs, qui ſont purpurines, ſont raſſemblées par gros bouquets.

Son bois eſt fort dur ; on l'employe en Canada à faire des eſſieux de poulies & à d'autres uſages pareils. On prétend que ſes feuilles ſont un poiſon pour les oiſeaux, pour les bœufs & pour les chevaux, & qu'au contraire elles ſont ſaines pour les chevres & pour les cerfs.

Le n°. 8 eſt un arbuſte qui ne s'éleve qu'à un demi-pied : ſes feuilles ſont ovales & terminées en fer de lance ; elles ſont plus petites & plus molles que celles de l'eſpece précédente. Ses fleurs ſont auſſi plus petites, & elles ne ſont pas raſſemblées par bouquets ; mais elles viennent trois à trois le long des tiges : elles ſont d'un fort beau pourpre. Cet arbuſte conſerve ſes feuilles pendant l'hyver ; & on lui attribue les mêmes vertus qu'au précédent.

Les tiges de l'Azalea, qui dans les bons terreins ſont groſſes comme une canne, produiſent de petites branches, ſur leſquelles les feuilles ſont rangées alternativement.

Du bout de ces branches menues ſortent des bouquets de fleurs qui reſſemblent aſſez au Chevre-feuille : elles ne ſont pas toutes de la même couleur ; quelques plantes en produiſent de blanches, d'autres de rouges, & d'autres de purpurines.

Lorſque les fleurs ſont paſſées, des capſules longues leur ſuccedent : elles contiennent une infinité de ſemences très-fines.

Cet arbriſſeau n'a point encore fleuri dans nos jardins ; mais à en juger par ce qu'en dit M. Cateſbi, ſes fleurs doivent y fournir un bel ornement.

Tome I. Planche 61.

CHENOPODIUM, Tournef. & Linn.

PIED-D'OISON.

DESCRIPTION.

Le calyce de la fleur (*a b*) des *Chenopodium* eſt compoſé de cinq feuilles creuſées en cuilleron, dont les bords ſont membraneux. Il ne porte point de pétales, mais ſeulement cinq étamines (*c d*) ſurmontées d'un ſommet arrondi.

Le piſtil eſt formé d'un embryon arrondi, qui eſt ſurmonté de deux ou trois ſtyles ou filets courts, dont l'extrêmité eſt obtuſe. L'embryon (*f*), qui a toujours le calyce pour enveloppe (*e*), devient une ſemence ronde & comprimée (*g*).

ESPECE.

CHENOPODIUM, Sedi folio minimo, fruteſcens perenne. Boer. ind. alt. *Sedum minus fruticoſum.* C. B. P.

Pied-d'Oison qu'on appelle Petit Sedum, & qui forme un arbriſſeau.

Nous avons obmis les *Chenopodium* qui ne forment point des arbuſtes, & quelques variétés de celui que nous venons de nommer.

CULTURE.

Cet arbuſte ſe multiplie aiſément par bouture & par marcottes. Il a peine à ſupporter les très-fortes gelées.

USAGES.

Ses fleurs n'ont aucun mérite; mais comme il ne quitte point ſes feuilles, il forme un petit buiſſon qu'on peut mettre dans les boſquets d'hyver.

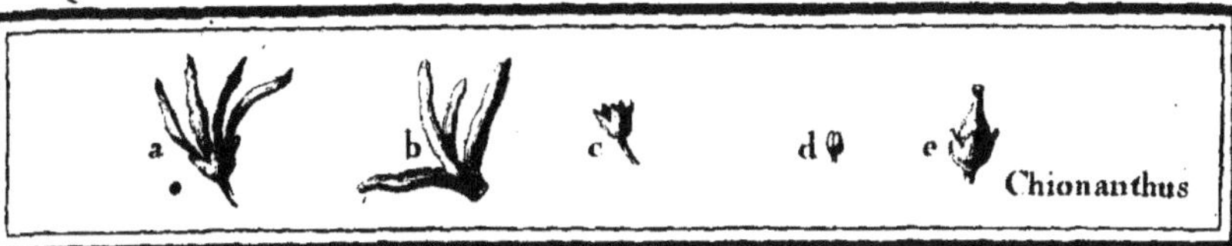

CHIONANTHUS, Linn.

DESCRIPTION.

Le calyce de la fleur est d'une seule piece divisée en quatre (*a*, *c*), de même que le pétale (*b*) qui est un tuyau fort court, mais dont les découpures sont longues & étroites ; il supporte dans son intérieur deux étamines fort courtes, terminées par des sommets figurés en cœur (*d*).

On trouve dans l'intérieur un pistil (*e*), qui est formé d'un embryon ovale, & d'un style dont l'extrêmité est divisée en trois. L'embryon qui est à la base du style devient une baie ronde, dans laquelle on trouve un noyau strié.

Quelquefois on trouve des fleurs à cinq pétales ; celles-là ont trois étamines.

Les feuilles ovales sont grandes & opposées sur les branches.

ESPECE.

CHIONANTHUS. Linn. Hort. Cliff. ou Arbor Zeilanica *Catini foliis, subtùs lanugine villosis, floribus albis, cuculi modo laciniatis.* Pluk.

Snaudrap des Anglois.

CULTURE.

Cet arbre, qui nous vient de l'Amérique septentrionale, supporte nos hyvers. Il se multiplie par les semences & par les marcottes.

USAGES.

Comme les fleurs forment des grappes, il semble, quand cet arbrisseau en est chargé, qu'il soit couvert de neige ; & lorsqu'elles tombent, la terre en est toute blanche : ainsi on peut l'employer pour décorer les bosquets. Il est encore assez rare ici : il fleurit au commencement de Juin.

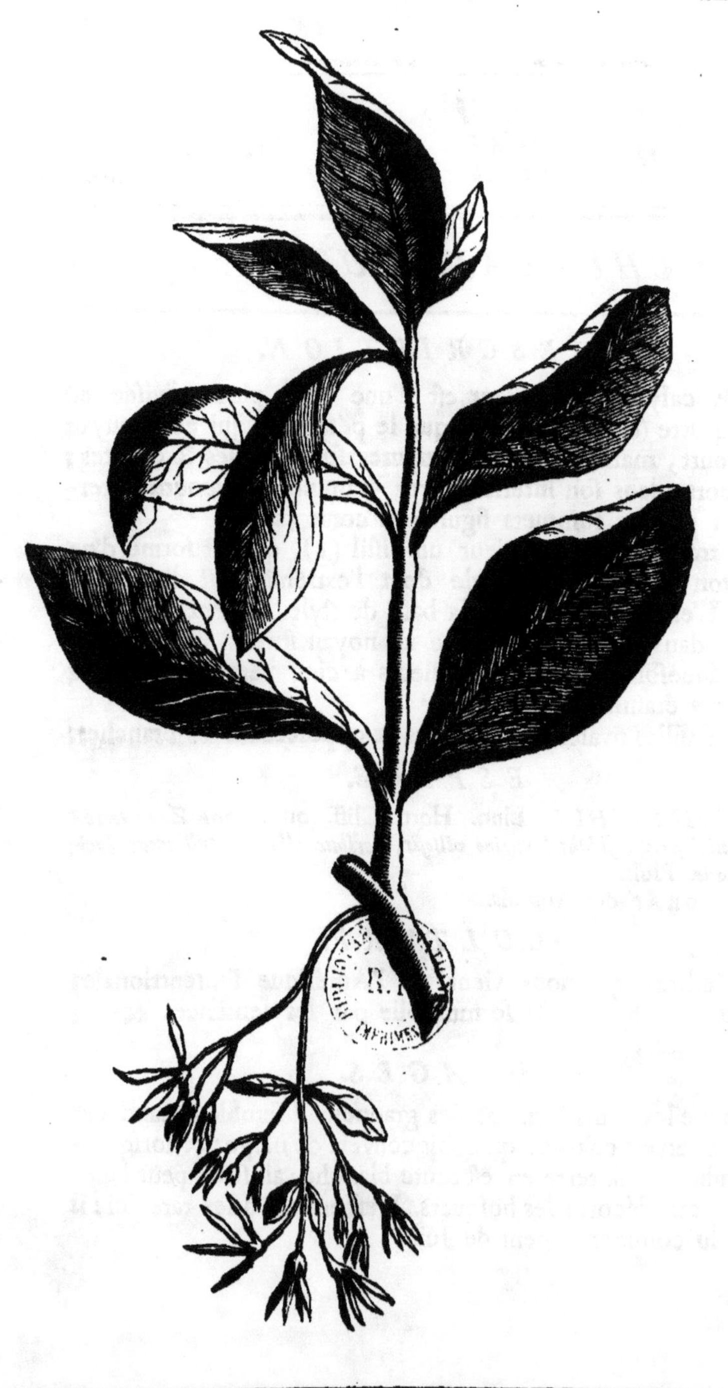

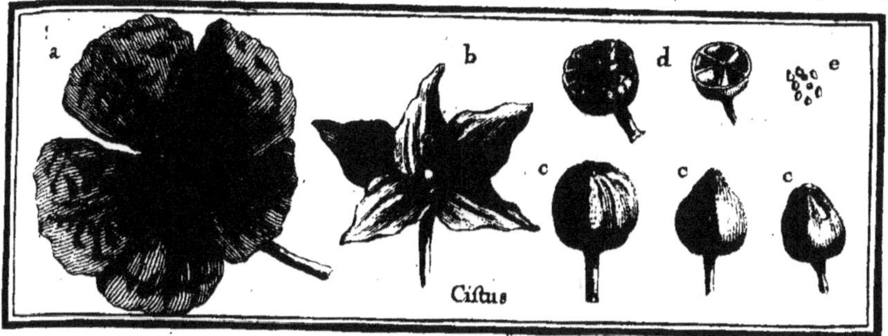

CISTUS, TOURNEF. & LINN. CISTE.

DESCRIPTION.

LA fleur (*a*) des Ciſtes eſt compoſée d'un calyce (*b*), formé de cinq feuilles, dont deux alternativement ſont plus petites que les autres; de cinq grands pétales, de beaucoup d'étamines garnies de petits ſommets ſphériques. Il y a quelques eſpeces qui n'ont que dix étamines, & dont M. Linneus a fait un genre particulier qu'il nomme *Ledum*.

On trouve au fond de la fleur un embryon arrondi d'où s'éleve un ſtyle obtus qui ſe termine en trompe. L'embryon qui fait la baſe du piſtil devient une capſule (*c*) à pluſieurs loges (*d*), qui renferme de petites ſemences rondes (*e*).

Les feuilles de pluſieurs eſpeces reſſemblent à celles de la Sauge : elles ſont oppoſées deux à deux ſur les branches, & elles conſervent leur verdeur pendant l'hyver.

ESPECES.

1. *CISTUS mas major, folio rotundiore.* J. B.
Grand CISTE à feuille ronde.

2. *CISTUS mas, folio longiore.* J. B.
CISTE à feuilles longues.

3. *CISTUS mas foliis undulatis & criſpis.* Inſt.
CISTE à feuilles ondées & crêpues.

4. *CISTUS mas, folio oblongo incano.* C. B. P.
CISTE à feuilles longues & velues. En Provence on l'appelle MASSUGUO.

5. *CISTUS mas, folio breviore.* C. B. P.
CISTE à petites feuilles.

6. *CISTUS femina, folio Salviæ, elatior & rectis virgis.* C. B. P.
CISTE à feuilles de Sauge, qui s'éleve & soutient bien ses branches.

7. *CISTUS ladanifera Monspeliensium.* C. B. P.
CISTE de Montpellier qui donne du Ladanum.

8. *CISTUS ladanifera Hispanica, Salicis folio.* Inst.
CISTE d'Espagne, à feuilles de Saule.

9. *CISTUS LEDON, foliis Laurinis.* C. B. P.
CISTE à feuilles de Laurier.

10. *CISTUS LEDON, foliis Populi nigræ, major.* C. B. P.
CISTE à feuilles de grand Peuplier noir.

11. *CISTUS LEDON, foliis Populi nigræ, minor.* C. B. P.
CISTE à feuilles de petit Peuplier noir.

12. *CISTUS ladanifera Cretica.* Inst.
CISTE de Crete, qui fournit le Ladanum.

13. *CISTUS LEDON foliis Roris marini Ferrugineis.* C. B. P.
CISTE à feuilles de Romarin.

M. Linneus a retranché cette plante des Cistes, & en a fait un nouveau genre, qu'il a nommé *LEDUM*, *Linn. fl. Lapp.* parce que 1°. le calyce des Cistes est de cinq feuilles, & celui du *Ledum* est d'une seule piece divisée en cinq; 2°. parce que la fleur des Cistes contient beaucoup d'étamines, & que celle du *Ledum* n'en contient que dix.

Pour le *Cistus Chamærhododendros*, &c. de Pluknet, voyez *Chamærhododendros*. Le *Cistus semper virens* de Pluknet est un Azalea de M. Linneus: voyez *Chamærhododendros*.

CULTURE.

Tous les Cistes se multiplient de semences.

Comme

Comme ils nous sont apportés de pays assez chauds, tels que sont la Provence, le Languedoc, l'Espagne, l'Italie, le Levant, ils périssent dans les grands hyvers; ainsi on fera bien de les couvrir avec un peu de litiere. Les especes n°. 8, 9, 10, 11 & 12 sont plus sensibles à la gelée que les autres; & nous en avons supprimé ici sept ou huit qui sont encore plus délicates.

USAGES.

Les Cistes sont de très-jolis arbustes. La beauté de leurs fleurs, qui ressemblent à des roses, & qui s'épanouissent à la fin de Mai, les rend propres à décorer les bosquets du printemps; & comme ils conservent leur verdeur pendant l'hyver, on peut mettre dans les bosquets de cette saison ceux qui sont moins sensibles à la gelée.

Les Cistes qui donnent du Ladanum [a], ont l'odeur de cette résine. M. de Tournefort [b] nous a détaillé comment on le ramasse dans le Levant avec des especes de fouets formés d'un grand nombre de lanieres de cuir en forme de frange, attachées au bout d'une gaule. On les passe sur les Cistes pendant l'ardeur du soleil, quand l'air est calme. La résine s'y attache, & on la retire en grattant les lanieres. Un journalier peut en ramasser deux livres par jour. Cette résine est presque toujours mêlée de sable noir qu'on y incorpore pour en augmenter le poids: c'est à quoi il faut prendre garde en l'achetant.

On dit qu'en Espagne on fait bouillir cette plante dans de l'eau, & qu'alors la résine, en se fondant, surnage.

Le Ladanum qui est plus ou moins solide, entre dans plusieurs emplâtres, & dans le baume apoplectique. Les Turcs en font un machicatoire; mais le trop fréquent usage leur devient pernicieux.

Il paroît au printemps, au pied de quelques especes de Ciste, des rejettons qui s'élevent à la hauteur d'un demi-pied: ils sont jaunâtres ou rougeâtres, tendres & succulents, & ressemblent en quelque façon à la Joubarbe ou à l'Orobanche. C'est une plante

[a] Labdanum & Ladanum sont synonimes.

[b] Voyage du Levant, tom. 1, p. 88.

parasite, qui tire sa substance des racines du Ciste : on l'appelle *Hypocistis*, en François *Hypociste*. Son suc épaissi en consistance d'extrait, est fort astringent.

Cette plante parasite est représentée dans une des planches, au pied d'un gros Ciste.

Tome I. Pl. 64.

Tome I. Pl. 66.

CISTUS, CISTE. N°. 13. Page 170****

Tome I. Pl. 67.

Tome I. Pl. 68.

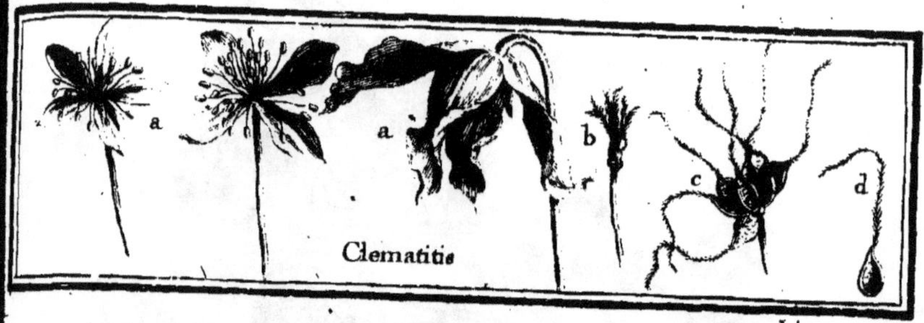

CLEMATITIS, Tournef. *Clematis*, Linn.
CLEMATITE *ou* HERBE AUX GUEUX.

DESCRIPTION.

LES fleurs (*a*) de la Clématite n'ont point de calyce; mais quatre ou cinq pétales, avec beaucoup d'étamines & quantité de pistils fort longs (*b*). La base de chaque pistil est un embryon qui devient une semence (*d*): pendant qu'elle se forme, les styles s'allongent; & lorsque les semences approchent de leur maturité, ils ressemblent à des plumes qui s'étant recourbées en différens sens, forment une espece de boule qui paroît être de duvet (*c*).

Les feuilles sont opposées sur les branches, & leur figure varie beaucoup dans les différentes especes. Elles ne sont point dentelées.

ESPECES.

1. *CLEMATITIS silvestris latifolia.* C. B. P.
   Clematite des bois à grandes feuilles.

2. *CLEMATITIS Canadensis trifolia dentata flore albo.* Boerh.
   Clematite de Canada à trois feuilles dentelées, & à fleurs blanches.

3. *CLEMATITIS peregrina foliis Pyri incisis.* C. B. P.
   Clematite exotique, à feuilles de Poirier découpées.

4. *CLEMATITIS Orientalis Apii folio flore viridi flavescente posteriùs reflexo.* Cor. Inst.
CLEMATITE du Levant, à feuille de Persil, dont la fleur est d'un blanc verdâtre.

5. *CLEMATITIS cærulea vel purpurea, repens.* C. B. P.
CLEMATITE rempante à fleur bleue.

6. *CLEMATITIS cærulea flore pleno.* C. B. P.
CLEMATITE à fleur double bleue.

7. *CLEMATITIS purpurea repens, petalis florum coriaceis.* Raj. Hist.
CLEMATITE rampante de Virginie, dont les pétales ressemblent à des lanieres.

8. *CLEMATITIS Alpina, Geranii folio.* C. B. P.
CLEMATITE des Alpes à feuilles de Geranium. ATRAGENE, *Linn. Spec. plant.*

9. *CLEMATITIS cærulea erecta.* C. B. P.
CLEMATITE qui soutient ses branches, & dont la fleur est bleue.

Cette espece n'est point un arbuste, puisqu'elle perd ses feuilles tous les hyvers : mais comme elle fait un fort bel effet par ses grandes fleurs, qui sont d'un bleu très-vif, j'ai cru devoir en faire mention à la suite des autres, qui sont des plantes grimpantes.

CULTURE.

Si l'on excepte la Clématite à fleur double, les autres peuvent s'élever de semences. Toutes sans exception peuvent être multipliées par marcottes : mais il faut être prévenu qu'elles produisent difficilement des racines; ainsi il faut les lier avec du fil de cuivre recuit au feu, & ne les sevrer que la troisieme année. Plusieurs especes tracent & fournissent abondamment du plant bien enraciné.

USAGES.

Toutes les Clématites, sans en excepter le n°. 1, qui vient naturellement dans les haies, font des bouquets de fleurs très-jolis;

la plupart ſont ſarmenteuſes, & peuvent ſervir à garnir des terraſſes, des murailles & des tonnelles ; elles fleuriſſent à la fin de Juin. La Clématite à fleur double fleurit dans le mois de Juillet : elle eſt alors toute couverte de fleurs, qui ſont d'un pourpre foncé & un peu terne.

Les Jardiniers ſe ſervent de l'eſpece du n°. 1 pour lier leurs légumes au lieu d'oſier. On en fait auſſi de jolis panniers, en ne conſervant que la partie ligneuſe qui eſt au milieu.

Cette plante eſt eſcarotique : les pauvres s'en ſervent pour ſe former des ulceres aux bras & aux jambes dans la vue d'exciter la compaſſion, & ils ſe guériſſent avec des feuilles de poirée : c'eſt pour cette raiſon qu'on l'appelle *Herbe aux Gueux*. Quelques-uns la nomment mal-à-propos *Viorne* ; ce nom ne convient qu'au *Viburnum*.

Tome I. Pl. 69.

Tome I. Pl. 70.

CLETHRA, Gronov. & Linn.

DESCRIPTION.

Le calyce (*ad*) de la fleur de cette plante eſt formé de cinq feuilles ovales creuſées en cuilleron, & de cinq pétales oblongs un peu plus grands que les feuilles du calyce (*bc*). On apperçoit dans le milieu de la fleur dix étamines (*ef*), & un piſtil (*g*) qui eſt formé d'un embryon ſphérique, & d'un ſtyle terminé par un ſtigmate diviſé en quatre; l'embryon devient une capſule à trois loges (*h*) qui contiennent pluſieurs ſemences anguleuſes (*i*).

Les feuilles de cet arbriſſeau ſont entieres, ovales, allongées, terminées en pointes, dentelées par les bords, & poſées alternativement ſur les branches.

ESPECE.

CLETHRA. Gronov. Virg.

CULTURE.

Cet arbriſſeau ſe plaît ſingulierement dans les terres aquatiques, & il ſupporte les hyvers, du moins dans les pays maritimes. On peut l'élever des ſemences qu'on nous envoye de la Louyſiane, & le multiplier par des marcottes.

USAGES.

Le Cléthra produit de jolis épis de fleurs blanches dans le mois de Juillet; ainſi il doit ſervir à la décoration des boſquets d'été, pourvu que le terrein en ſoit un peu humide.

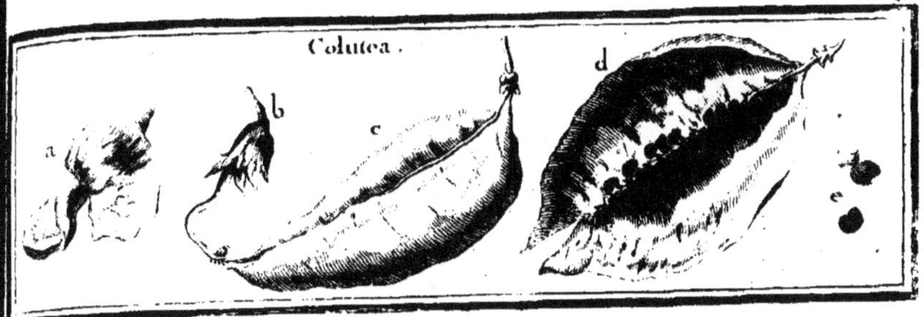

COLUTEA, Tournef. & Linn.
BAGUENAUDIER.

DESCRIPTION.

LA fleur (*a*) du Baguenaudier eſt légumineuſe; ſon calyce (*b*), qui ne tombe point, eſt une cloche diviſée en cinq par les bords.

Les cinq pétales prennent différentes figures ſuivant les eſpeces. Ordinairement les aîles (*alæ*) ſont petites & figurées comme une lance. Les étamines, qui ſont au nombre de dix, ſont réunies par le bas, & forment une gaîne qui enveloppe le piſtil.

Le piſtil (*b*), qui eſt recourbé par le haut, porte à ſa baſe un embryon applati & allongé qui devient une veſſie (*c*) aſſez groſſe & preſque vuide, dans laquelle on trouve pluſieurs ſemences (*d*) figurées comme un rein (*e*). Elles ſont attachées par des pédicules à deux nervures qui ſont dans une gouttiere, qui s'étend dans toute la longueur des veſſies.

Les feuilles de cet arbriſſeau ſont conjuguées, étant formées de folioles ovales qui ne ſont point dentelées par les bords, mais échancrées à leur extrêmité, & rangées deux à deux ſur un filet qui eſt terminé par une ſeule. Chaque feuille porte ordinairement neuf ou onze folioles. Ces feuilles ſont poſées alternativement ſur les branches.

ESPECES.

1. *COLUTEA vesicaria.* C. B. P.
BAGUENAUDIER qui porte des vessies.

2. *COLUTEA vesicaria, vesiculis rubentibus.* J. B.
BAGUENAUDIER qui porte des vessies rougeâtres.

3. *COLUTEA Orientalis, flore sanguinei coloris, luteâ maculâ notato.* Cor. Inst.
BAGUENAUDIER d'Orient, dont la fleur est rougeâtre, marquée d'une tache jaune.

Nous ne parlons point ici de plusieurs especes de Baguenaudiers qui sont annuels, ou qui craignent nos hyvers.

CULTURE.

Les Baguenaudiers se multiplient très-aisément de semences & de rejettons. Ces arbrisseaux s'accommodent bien de toutes sortes de terres.

USAGES.

Les Baguenaudiers sont en fleur à la fin de Mai : ils sont très-propres à décorer les bosquets du printemps.

On fera bien d'en planter dans les remises ; car pour peu que la terre y soit bonne, ils ne manqueront pas de s'y multiplier d'eux-mêmes.

Le Baguenaudier du Levant à fleur rouge, ne s'éleve pas autant que celui du n°. 1 ; mais ses feuilles sont d'un verd argenté, & ses vessies sont ouvertes par le bout ; ce qui fait que ses graines sont assez difficiles à ramasser.

Les feuilles & les gousses du Baguenaudier sont purgatives. On pourroit substituer ses feuilles à celles du Séné : cependant on ne les employe pas à cet usage, parce qu'il faudroit en augmenter beaucoup la dose, & que sans cela elles purgent trop lentement.

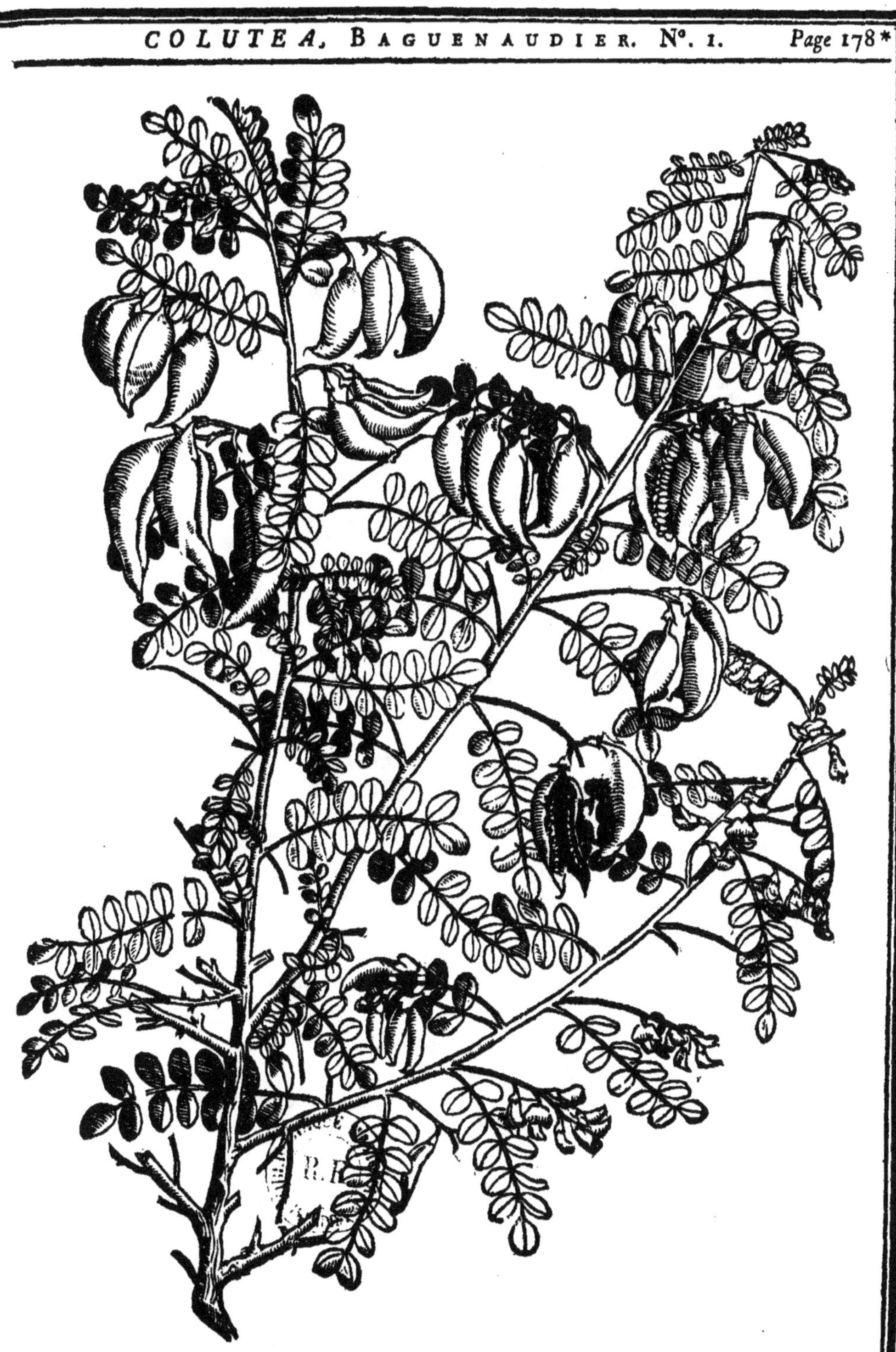
COLUTEA, BAGUENAUDIER. N°. 1.

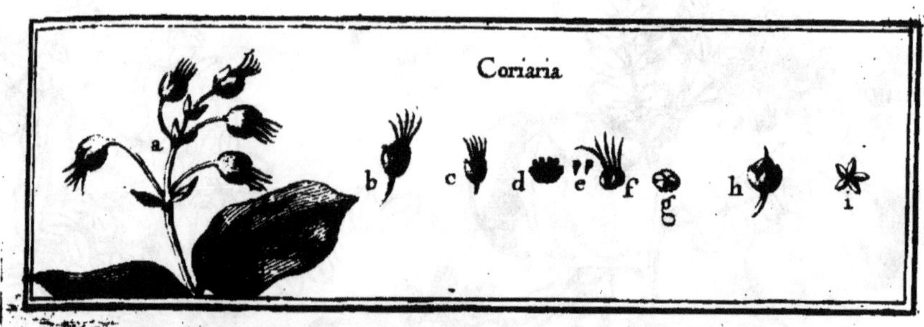

CORIARIA, Nissol. & Linn.

DESCRIPTION.

LES fleurs du Coriaria (*ab*) ſont hermaphrodites : elles viennent en grappes. Ces fleurs ont deux calyces : l'extérieur, qui paroît en (*b*), eſt diviſé en cinq pieces juſqu'à ſa baſe ; ce calyce ſubſiſte juſqu'à la maturité du fruit (*h*). Le calyce intérieur qui paroît en (*c*) eſt également diviſé en cinq feuilles épaiſſes, tellement collées ſur les fruits, qu'une portion de leur chair ſe prolonge entre les ſemences (*i*).

Dans le milieu de la fleur du Coriaria, l'on apperçoit cinq embrions (*d f*), ſurmontés d'un pareil nombre de ſtyles aſſez longs, & d'un rouge vif : on voit dix étamines (*de*) autour de ces embrions. Ces cinq embrions ſe changent en autant de ſemences qui ſont ici repréſentées en (*g*) & dépouillées de leur ſecond calyce en (*i*).

Les feuilles de cet arbuſte ſont aſſez larges par la baſe ; point dentelées, mais terminées en pointe ; relevées en deſſous de trois nervures, creuſées en deſſus de trois ſillons, & oppoſées deux à deux ſur les branches ; elles ſe replient preſque toutes du même côté.

Les tiges ſont relevées ſuivant leur longueur, de quatre petits filets en relief qui les font paroître quarrées.

ESPECE.

CORIARIA. Act. Acad. Par.

CULTURE.

Le Coriaria trace beaucoup, & ne se multiplie que trop quand il trouve une terre un peu bonne.

USAGES.

Cet arbrisseau forme un buisson de trois ou quatre pieds de hauteur : il conviendroit de le placer dans les remises ; mais quelques personnes prétendent qu'il fait avorter les brebis. Ce soupçon suffit pour empêcher qu'on ne le multiplie dans les campagnes. On dit encore que c'est un violent poison & que cinq ou six baies sont capables de faire mourir un homme : lorsque les moutons en mangent les pousses, ils deviennent comme enivrés ; cependant cette ivresse passe en peu de temps : c'est peut-être ce qui aura fait dire que cet arbrisseau fait avorter les brebis, & cette propriété pernicieuse peut lui avoir été attribuée avec raison.

Comme ses feuilles, qui sont d'un beau verd, subsistent jusqu'aux fortes gelées, il pourra être mis dans les bosquets d'automne.

On peut employer cet arbuste, comme le Sumac, pour tanner les cuirs ; c'est pour cela qu'on l'a nommé *Coriaria.*

Les Tanneurs font sécher le Coriaria, & le font moudre sous une meule : cette poudre donne un tan plus fort que celui de l'écorce du Chêne. Quand ils veulent hâter la préparation des cuirs, ils mêlent avec le tan ordinaire un tiers ou un quart de cette poudre & par ce moyen le cuir est plutôt préparé ; mais il en vaut beaucoup moins pour l'usage.

Tome I. Planche 73.

Cornus.

CORNUS, Tournef. & Linn. CORNOUILLER.

DESCRIPTION.

LA fleur du Cornouiller eſt formée de quatre, & rarement cinq pétales (*ab*), qui partent d'un calyce qui a un pareil nombre de découpures (*c*). On trouve dans cette fleur le même nombre d'étamines, & un piſtil compoſé d'un ſtyle menu, & d'un embryon (*c*) qui fait partie du calyce : cet embryon devient une baie qui eſt terminée par un ombilic (*d*), & dans laquelle eſt un noyau fort dur (*e*) diviſé en deux loges (*f*), qui contient deux amandes (*g*). Pluſieurs de ces fleurs ſortent d'un même bouton, qui forme un calyce commun dans les eſpeces qu'on nomme improprement mâles : ce calyce commun (*Involucrum*) eſt quelquefois fort grand.

Les feuilles ſont ovales, terminées en pointe, & relevées en deſſous de nervures très-ſaillantes qui partent de la nervure du milieu, & vont circulairement ſe rendre à la pointe. Elles ſont oppoſées deux à deux ſur les branches, & ne ſont point dentelées par les bords.

Quoique les fleurs des Cornouillers ſoient hermaphrodites, on diſtingue, aſſez mal-à-propos, ces arbres en mâles & en femelles.

Les mâles conſervent le nom de *Cornouiller*, & les femelles prennent celui de *Sanguin*, parce que leurs jeunes branches & leurs feuilles ſont preſque toujours fort rouges; mais les Cornouillers ſe diſtinguent encore mieux des Sanguins par quatre feuilles ordinairement colorées qui accompagnent les bouquets de fleurs, & qui forment un calyce commun.

Les fruits des Cornouillers, n°. 1, lorſqu'ils ſont mûrs, ſont de la forme de petites olives : ils ſont d'un fort beau rouge,

& ils ont le goût de l'Epine-vinette : ils viennent par petits bouquets de deux, trois ou quatre, qui sortent d'un même bouton.

Les fruits des Sanguins sont ronds, très-acres, violets au dehors, verds au dedans, & rassemblés au bout des branches en forme d'umbelle : l'écorce de ces branches est ordinairement rouge.

Les boutons des Cornouillers sont très-pointus ; & les branches font avec les tiges un angle très-ouvert.

ESPECES.

1. *CORNUS silvestris mas.* C. B. P.
   CORNOUILLER des bois.

2. *CORNUS hortensis mas.* C. B. P.
   CORNOUILLER ordinaire cultivé. Les Provençaux l'appellent ACURNIER.

3. *CORNUS hortensis mas, fructu ceræ colore.* C. B. P.
   CORNOUILLER cultivé, à fruit jaune.

4. *CORNUS hortensis mas, fructu albo.* C. B. P.
   CORNOUILLER cultivé, à fruit blanc.

5. *CORNUS hortensis mas, fructu saturatiùs rubente, cum ossiculo crassiore & breviore.* C. B. P.
   CORNOUILLER cultivé, à fruit rouge foncé, dont le noyau est gros & court.

6. *CORNUS arborea involucro maximo, foliolis obversè cordatis.* Linn. Hort. Cliff.
   CORNOUILLER de Virginie, dont les feuilles qui accompagnent le fruit sont très-grandes, & figurées comme un cœur renversé.

7. *CORNUS femina.* C. B. P.
   SANGUIN ordinaire des bois, ou BOIS-PUNAIS.

8. *CORNUS femina, foliis variegatis.* H. L. Bat.
   SANGUIN des bois, à feuilles panachées.

9. *CORNUS femina silvestris fructu albo.* Amoen. Stirp. rar.
   SANGUIN à fruit blanc de Canada & de Sibérie.

10. *CORNUS femina, candidissimis foliis, Americana.* Pluk.
SANGUIN d'Amérique, dont les feuilles sont très-blanches.

11. *CORNUS foliis Citri angustioribus.* Amœn. Stirp. rar.
CORNOUILLER à feuilles d'Oranger petites. Ce Cornouiller est le seul qui ait ses feuilles posées alternativement sur les branches.

12. *CORNUS herbacea ramis nullis.* Amœn. Acad.
CORNOUILLER nain de Canada, qui n'est presque qu'une herbe.

Pluknet avoit mis le *Sassafras* au nombre des Cornouillers ; voici sa phrase :

CORNUS mas odorata, folio trifido, margine plano, SASSAFRAS dicta. Mais c'est un vrai Laurier. Voyez LAURUS.

CULTURE.

Les Cornouillers s'accommodent assez de toutes sortes de terreins. Quelques especes, sur-tout de celles des Sanguins, tracent beaucoup. Tous se multiplient de semences & par marcottes.

Quand on les tond avec le croissant ou avec le ciseau, ils produisent beaucoup de branches.

USAGES.

Les Cornouillers proprement dits, c'est-à-dire, les especes nº. 1, 2, 3, 4 & 5, portent de très-petites fleurs qui s'ouvrent dès le mois de Février en si prodigieuse quantité que les arbres paroissent tout jaunes. Les fruits des especes, nº. 1 & 2, deviennent d'un beau rouge, lorsqu'ils sont mûrs. On peut alors les confire comme l'Epine-vinette ; car ils sont fort aigrelets. On prétend encore que ses fruits verds peuvent être confits au vinaigre comme les olives.

Comme cet arbre souffre le ciseau, on peut en faire de jolies palissades basses ; & puisqu'il s'accommode assez bien des terres médiocres, on peut en mettre dans les remises.

Le Sanguin porte au commencement de Juin d'assez gros bouquets de fleurs blanches qui n'ont cependant pas beaucoup d'éclat. Ses fruits sont abandonnés aux oiseaux ; & comme il trace beaucoup, il convient de le mettre dans les remifes. On peut auffi l'admettre dans les bofquets printaniers.

Les efpeces, n°. 6, 8, 9, 10 & 11, méritent une attention particuliere.

L'efpece n°. 12, ne peut pas être regardée comme un arbufte; tant elle eft petite; néanmoins fi l'on parvenoit à la familiarifer avec notre climat, on pourroit en faire des bordures, qu'il faudroit relever fréquemment, parce qu'elle trace beaucoup. Mais jufqu'à préfent cette plante n'a pas fait ici de grands progrès: il conviendroit de la placer dans des terreins frais & humides.

Comme les Cornouillers ne font pas de grands arbres, leur bois n'eft pas d'un grand ufage, quoiqu'il foit fort dur.

Les fruits des Cornouillers font recommandés pour arrêter les diarrhées & les flux de fang.

CORONILLA,

Tome I. Pl. 74.

Tome I. Pl. 75.

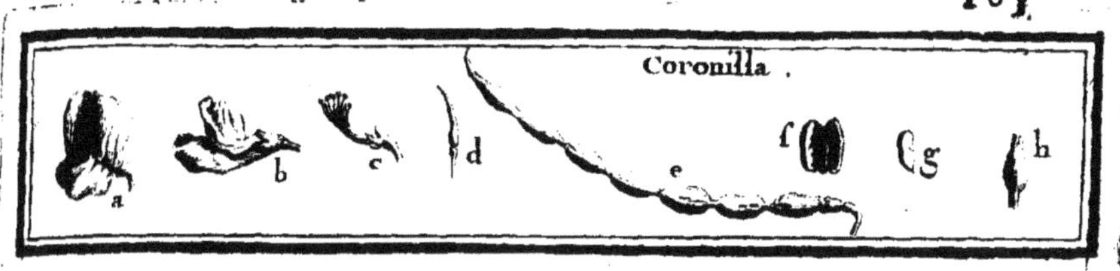

CORONILLA, Tournef. & Linn.

DESCRIPTION.

LES fleurs (*a*) du Coronilla sont légumineuses & formées d'un calyce (*c*) assez court, découpé en cinq inégalement, de sorte qu'on apperçoit trois petites levres & deux grandes.

Le pavillon (*vexillum*) est assez petit, figuré en cœur, renversé en dehors. Les aîles (*alæ*), qui s'approchent l'une de l'autre par le haut, & s'écartent par en bas, sont ovales. La nacelle (*carina*) est courte, applatie, & relevée par l'extrêmité (*b*).

On apperçoit dans l'intérieur dix étamines qui se réunissent par le bas (*c*), & forment par leur réunion une espece de gaîne qui environne le pistil.

Ce pistil (*d*) devient une silique (*e*) qui contient plusieurs semences arrondies, oblongues (*g*). Comme la silique est comprimée entre chaque semence, il semble qu'elle soit formée de plusieurs petits corps cylindriques (*f h*) articulés les uns au bout des autres.

Les fleurs de cet arbrisseau sont rassemblées par bouquets, & disposées de maniere qu'elles forment une espece de couronne.

Les feuilles sont conjuguées; ainsi les folioles sont rangées deux à deux sur un filet commun qui est terminé par une seule. Les feuilles sont attachées alternativement sur les branches, & garnies de stipules à leur insertion. Celles du n°. 1 sont assez grandes.

ESPECES.

1. CORONILLA *maritima glauco folio*. Inst.
CORONILLA maritime, à fleurs blanchâtres.

2. CORONILLA *siliquis & seminibus crassioribus.* Inst.
CORONILLA dont les semences & les siliques sont grosses.

Nous ne comprenons point dans ce Catalogue plusieurs especes de Coronilla qui perdent leurs tiges l'hyver.

M. Linneus a rangé dans ce genre le SECURIDACA & l'EMERUS. On peut les distinguer par les semences, qui sont quarrées dans le *Securidaca*, cylindriques dans l'*Emerus*, & rondes dans le *Coronilla*.

Voyez EMERUS.

CULTURE.

Ces arbustes se multiplient de semences & par marcottes. Ils n'exigent aucun soin particulier. Il leur suffit, comme à tous les petits arbustes, qu'ils ne soient pas étouffés par l'herbe.

USAGES.

Les Coronilla dont nous parlons, ne forment que de très-petits arbustes, mais qui sont tout couverts de fleurs d'un très-beau jaune pendant une partie du mois de Juin.

Ces fleurs passent pour émollientes, & sont employées dans les cataplasmes & dans les décoctions.

Tome I. Pl. 76.

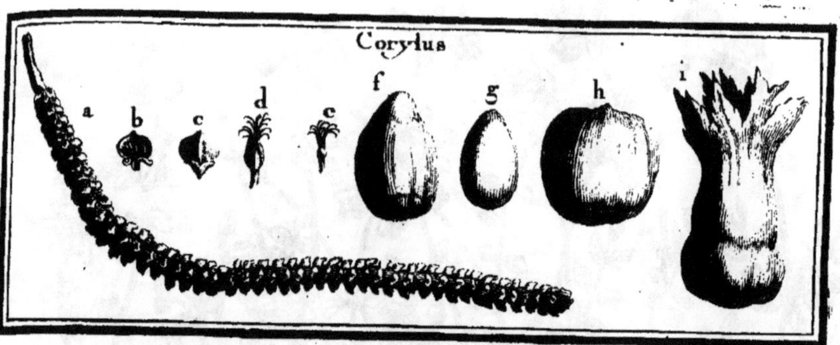

CORYLUS, TOURNEF. & LINN. NOISETTIER, ou AVELINE.

DESCRIPTION.

LE Noisettier porte des fleurs mâles & des fleurs femelles. Les fleurs mâles (*a*) étant grouppées sur un filet commun, forment des chatons écailleux. Sous les écailles (*b c*) on apperçoit de fort petites étamines.

A d'autres endroits du même arbre s'ouvrent des boutons (*d*) qui contiennent les fleurs femelles ; elles sont formées d'un calyce découpé par les bords, d'où sort une houppe de filets purpurins (*e*), qui se réunissant forment le pistil, dont la base devient le fruit (*i*), qui est un noyau (*f h*). Il repose sur une substance charnue assez épaisse, d'où part une enveloppe membraneuse qui n'est point fermée par le haut, mais découpée assez profondément. On trouve dans l'intérieur du noyau une amande (*g*) qui est bonne à manger. L'enveloppe membraneuse & la substance charnue d'où elle part, & sur laquelle repose le noyau, sont formées par le calyce qui croît avec le fruit.

Les feuilles des Noisettiers sont presque rondes, assez grandes, dentelées sur les bords par de grandes dentelures, qui sont elles-mêmes dentelées plus finement. Elles sont posées alternativement ſur les branches, & couvertes d'un duvet très-fin qui les fait paroître comme veloutées, quand on les touche.

On apperçoit dans les aiſſelles de gros boutons; ceux d'où doivent ſortir les fleurs femelles ſont preſque ſphériques.

Les Noiſettiers à fruit rond ou Aveliniers ont l'enveloppe de leur fruit finement dentelée, & plus courte que les eſpeces à fruit long : leurs feuilles ſont auſſi plus rondes. Les deux eſpeces ſont repréſentées dans la planche.

ESPECES.

1. *CORYLUS ſilveſtris.* C. B. P.
NOISETTIER des bois, ou NOISETTIER ſauvage à fruit rond, ou COUDRIER.

2. *CORYLUS ſativa fructu rotundo maximo.* C. B. P.
NOISETTIER cultivé à fruit rond fort gros, ou AVELINE.

3. *CORYLUS Hiſpanica fructu majore angulоſo.* Pluk. Alm.
NOISETTIER d'Eſpagne, dont le fruit eſt gros & anguleux, ou AVELINE d'Eſpagne.

4. *CORYLUS ſativa fructu albo minore, ſive vulgaris.* C. B. P.
NOISETTIER cultivé à petit fruit blanc & oblong, ou NOISETTIER franc à fruit blanc.

5. *CORYLUS ſativa fructu oblongo rubente.* C. B. P.
NOISETTIER cultivé à fruit long & rouge, ou NOISETTIER franc à fruit rouge.

6. *CORYLUS ſativa fructu oblongo rubenti pelliculâ albâ tecto.* C. B. P.
NOISETTIER cultivé à fruit long & rouge, couvert d'une pellicule blanche.

7. *CORYLUS nucibus in racemum congeſtis.* C. B. P.
NOISETTIER dont le fruit vient en grappe.

8. *CORYLUS Bizantina.* H. L. B.
NOISETTIER du Levant.

CULTURE.

Le Noiſettier ſe peut multiplier en ſemant les noiſettes;

mais comme les branches pouſſent aiſément des racines quand on en fait des marcottes, & que même la plupart tracent & fourniſſent des drageons enracinés, on les multiplie ordinairement de cette façon.

Les Noiſettiers forment des arbriſſeaux de médiocre grandeur. Au bout de quelque temps les tiges qui ont porté du fruit périſſent, & l'arbuſte ſe rajeunit par des brins gourmands qu'il pouſſe de la ſouche. Cette circonſtance oblige d'abattre de temps en temps les tiges qui commencent à dépérir.

Quand nous voulons garnir une côte avec des Noiſettiers, nous faiſons arracher du plant au pied des groſſes ſouches; nous le mettons en pépiniere dans une bonne terre; & quand au bout de trois ans il a produit de belles racines, nous le tranſplantons au lieu deſtiné; il réuſſit ordinairement fort bien, & forme un petit taillis qu'on peut abattre tous les ſept ou huit ans.

Cet arbriſſeau ſe plaît dans les pays méridionaux, où ſon fruit mûrit plus parfaitement qu'en France. On dit qu'on en trouve à la Louyſiane le long de la mer.

USAGES.

Les Noiſettiers francs ſont des arbriſſeaux plus propres pour des potagers que pour des bois; néanmoins comme toutes les eſpeces de Noiſettiers ſubſiſtent ſur des côteaux dont la terre eſt d'une médiocre qualité, & où beaucoup d'autres arbres périſſent, c'eſt une reſſource qui n'eſt pas à négliger quand on ſe propoſe de faire des remiſes. Ses fleurs ont peu d'éclat: ſes feuilles, qui ne tombent que fort tard, jauniſſent de bonne heure; ainſi cet arbuſte ne convient que dans les boſquets d'été.

Les Noiſettiers, n°. 2 & 8, ſont eſtimables par la groſſeur de leur fruit, qui eſt fort bon à manger, quoique moins délicat que les eſpeces des n°. 3, 4 & 5.

On tire des noiſettes, par l'expreſſion, une huile qu'on employe à-peu-près aux mêmes uſages que l'huile d'amandes douces.

Le bois de Noiſettier ou Coudrier, eſt tendre & pliant; c'eſt pourquoi il est très-bon à en faire des cercles pour les petits barrils : les Vanniers l'employent aussi pour faire la charpente de leurs petits ouvrages ; enfin on en fait des baguettes pour les Chandeliers, & des faussets pour fermer les trous de vrille que l'on fait aux futailles.

Tome I. Pl. 77.

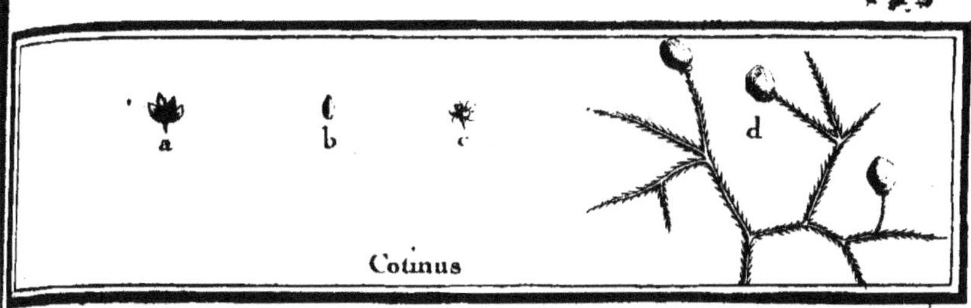

COTINUS, Tournef. & Linn. FUSTET.

DESCRIPTION.

LES parties de la fleur (*a*) du Fuſtet ſont, un calyce d'une ſeule piece, qui eſt diviſée en cinq lanières obtuſes, cinq petits pétales (*b*) ovales diſpoſés en roſe (*c*), & cinq petites étamines ſurmontées de fort petits ſommets. Le piſtil eſt compoſé d'un embryon triangulaire, d'où partent trois ſtyles ou filets dont l'extrêmité eſt obtuſe. L'embryon devient une baie ovale (*d*), dans laquelle on trouve une ſemence triangulaire. Les fleurs viennent au bout des branches en forme de grappes ; elles paroiſſent pourpres. Quand les baies ſout tombées, ces grappes reſſemblent à une touffe de bourre ; car outre les queues qui portent les baies, & qui n'ont point de poils, il y en a beaucoup d'autres qui ſont hériſſées dans toute leur longueur de poils très-fins.

Les feuilles de cet arbriſſeau ſont d'un beau verd, entieres, point dentelées, ovales, arrondies par le bout, portées par des queues aſſez longues, & attachées alternativement ſur les branches. Au milieu de la feuille eſt une nervure jaune qui s'étend dans toute ſa longueur : il en part de latéralles qui tendent vers le bord de la feuille, & celles-ci font preſque un angle droit avec la nervure du milieu.

ESPECE.

COTINUS Coriaria. Dod. pempt.
Fustet des Corroyeurs.

CULTURE.

Cet arbrisseau supporte bien nos hyvers: néanmoins comme il nous vient des pays chauds, nous mettons un peu de litiere sur les racines, afin que la souche repousse de nouveaux jets, si des gelées extraordinaires faisoient périr les branches.

On peut l'élever de semences qu'on tire d'Espagne, d'Italie & du Levant; car elles ne mûrissent point dans ce pays. Cette raison fait que nous le multiplions par des marcottes; mais il ne faut les lever que dans la troisiéme année: car elles poussent difficilement des racines.

Le Fustet vient assez bien dans des terres fort médiocres.

USAGES.

La fleur du Fustet n'a aucun mérite; ainsi cet arbrisseau ne convient point dans les bosquets du printemps; mais il est fort garni de feuilles, qui sont fermes presque comme celles du Laurier: elles sont d'un verd agréable, & elles conservent leur verdeur jusqu'aux gelées; ainsi les Fustets doivent être mis dans les bosquets d'été & d'automne.

Leurs feuilles sont bonnes, ainsi que celles du Chêne vert, pour tanner les cuirs, & l'on se sert du bois de cet arbrisseau pour les teintures jaunes.

On attribue au Fustet les mêmes vertus médicinales qu'au Sumac.

CRATÆGUS,

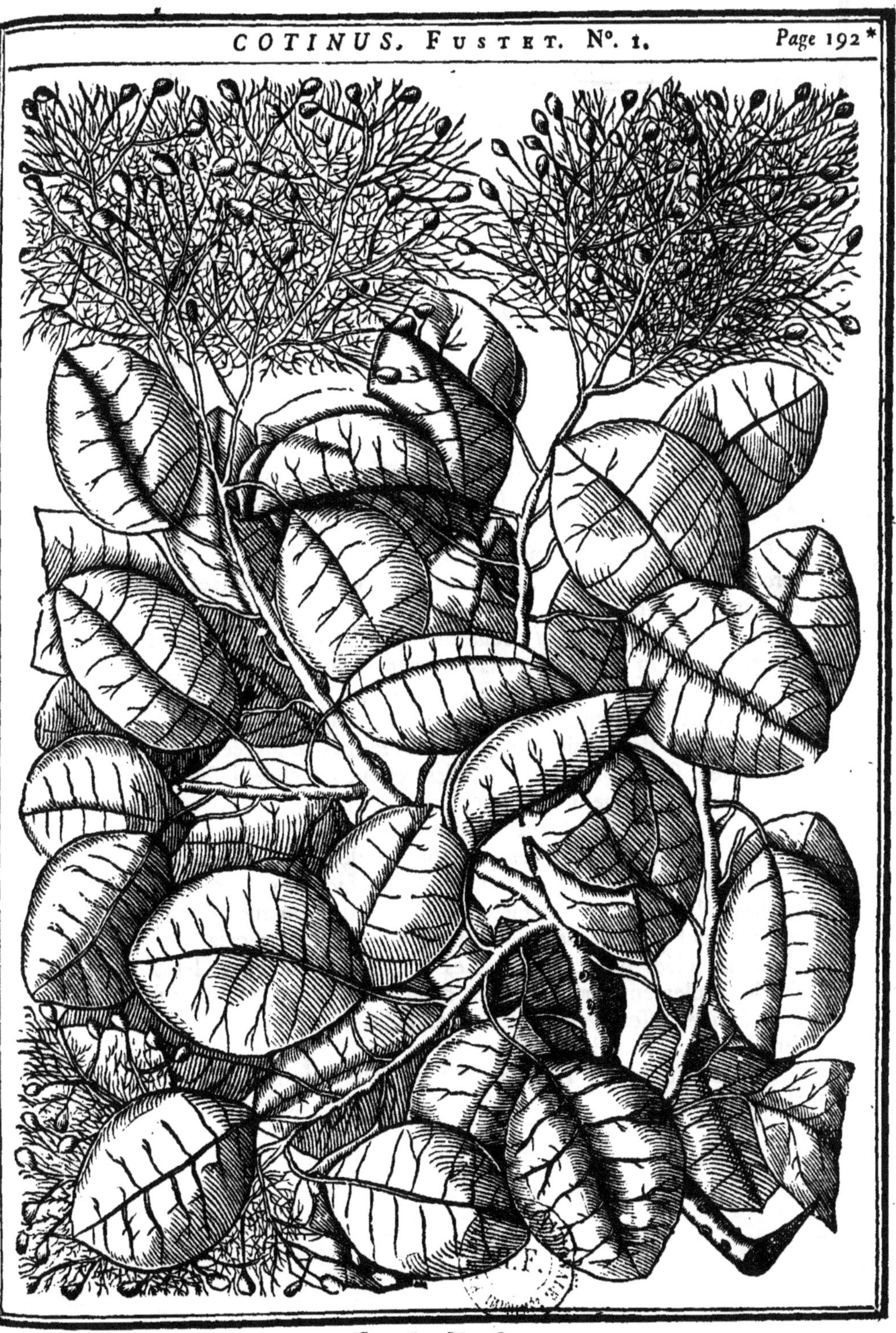

COTINUS, Fustet. N°. 1. Page 192*

Tome I. Pl. 78.

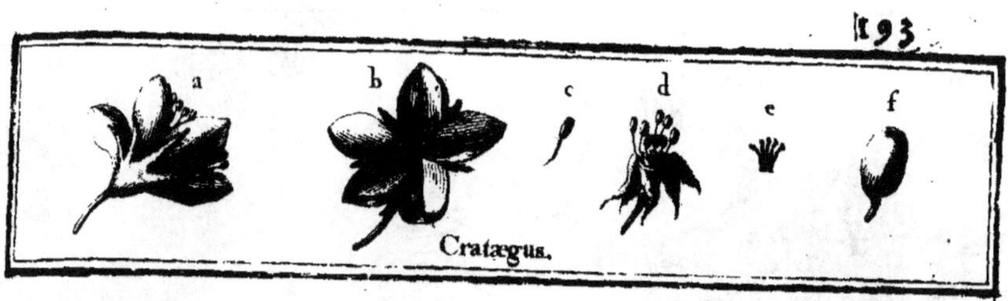

Cratægus.

CRATÆGUS, Tournef. & Linn. ALIZIER.

DESCRIPTION.

L'Alizier porte ses fleurs (*a*) rassemblées en bouquets. Leur calyce est d'une seule piece figurée en coupe, divisée en cinq par les bords : il ne tombe point.

Le calyce porte cinq pétales (*b*) arrondis, creusés en cuilleron, & une vingtaine d'étamines (*c*), qui sont terminées par des sommets arrondis.

La base du calyce (*d*) renferme l'embryon d'où partent quatre ou cinq styles (*e*). L'embryon devient une baie (*f*) charnue, arrondie, & qui est terminée par un ombilic ; elle renferme deux semences oblongues & cartilagineuses.

Les feuilles des Aliziers sont grandes, fermes & placées alternativement sur les branches, où elles restent attachées jusqu'aux gelées ; mais elles perdent leur éclat d'assez bonne heure. Néanmoins il y a quelques especes, comme l'Alouche de Bourgogne, qui conservent plus long-temps la beauté de leurs feuilles.

Les Aliziers à feuilles découpées (*foliis laciniatis*) ont leurs feuilles échancrées, de maniere que les bords forment ordinairement neuf grandes dents pointues, qui sont outre cela finement dentelées par les bords. Les especes n°. 4 & 5 ont leurs feuilles seulement dentelées : & celui de Virginie, n°. 6, qui a les feuilles assez petites, les a dentelées si finement qu'elles semblnet être sans dentelures.

Les boutons des Aliziers sont presque comme ceux du Poirier.

ESPECES.

1. *CRATÆGUS folio laciniato.* Inſt.
ALIZIER à feuilles découpées.

2. *CRATÆGUS folio ſubrotundo ſerrato & laciniato.* Bot. Par.
ALIZIER à feuilles arrondies, dentelées & découpées.

3. *CRATÆGUS folio ſubrotundo minùs laciniato.* Bot. Par.
ALIZIER à feuilles arrondies moins découpées.

4. *CRATÆGUS folio ſubrotundo ſerrato ſubtùs incano.* Inſt.
ALIZIER à feuilles arrondies & blanches en deſſous, ou ALOUCHE de Bourgogne.

5. *CRATÆGUS folio oblongo ſerrato, utrinque virente.* Inſt.
ALIZIER à feuilles oblongues, dentelées & vertes des deux côtés.

6. *CRATÆGUS Virginiana foliis Arbuti.* Inſt.
ALIZIER de Virginie, à feuilles d'Arbouſier, finement dentelées: au bord des feuilles & ſur l'arête du milieu, on apperçoit de petits points noires qui paroiſſent glanduleux.

M. Linneus, dans ſes *Spec. plant.* a réuni au *Cratægus* le *Sorbus torminalis*, les *Oxiacantha* & les *Meſpilus Apii folio;* & quoiqu'il n'y ait dans les parties de la fructification, que le ſeul fruit qui puiſſe les faire ranger ſous des genres particuliers, les fleurs étant les mêmes, nous leur avons cependant conſervé les dénominations données par les anciens Botaniſtes.

CULTURE.

L'Alizier eſt un arbre de forêts, qui ſe plaît dans les terres qui ont beaucoup de fonds. On peut le multiplier de ſemences; & elles levent naturellement dans les bois ſous les gros arbres.

Les eſpeces rares peuvent ſe greffer ſur l'Alizier ordinaire. On pourroit auſſi en faire des marcottes.

USAGES.

L'Alizier eſt un arbre de moyenne grandeur; ainſi il ne

convient point dans les grandes avenues, ni dans les grandes futaies. On peut en faire de petites allées dans les parcs; & il convient dans les taillis, où ſon fruit attire les oiſeaux.

Ses fleurs qui viennent par bouquets, font un bel effet au printemps. Comme les feuilles de pluſieurs eſpeces perdent leur éclat de bonne heure, il convient de n'en point mettre dans les boſquets d'automne. Cet arbre vient aſſez bien à l'ombre; c'eſt pourquoi on pourra s'en ſervir pour garnir les clairieres qui ſe trouveront dans les bois de moyenne grandeur.

Quand les Alizes (c'eſt ainſi qu'on nomme les fruits des Aliziers) ſont molles comme les neſſles, elles ſont aſſez agréables à manger.

Le bois de l'Alizier eſt fort dur; mais il n'a point de couleur: les Charpentiers l'employent pour faire des alluchons & des fuſeaux dans les rouages des moulins. Il eſt recherché par les Tourneurs; & les Menuiſiers en font la monture de leurs outils.

On ſe ſert auſſi des jeunes branches pour faire des flûtes & des fifres.

Le fruit de l'Alizier eſt aſtringent & propre à arrêter les diarrhées.

Tome I. Pl. 79.

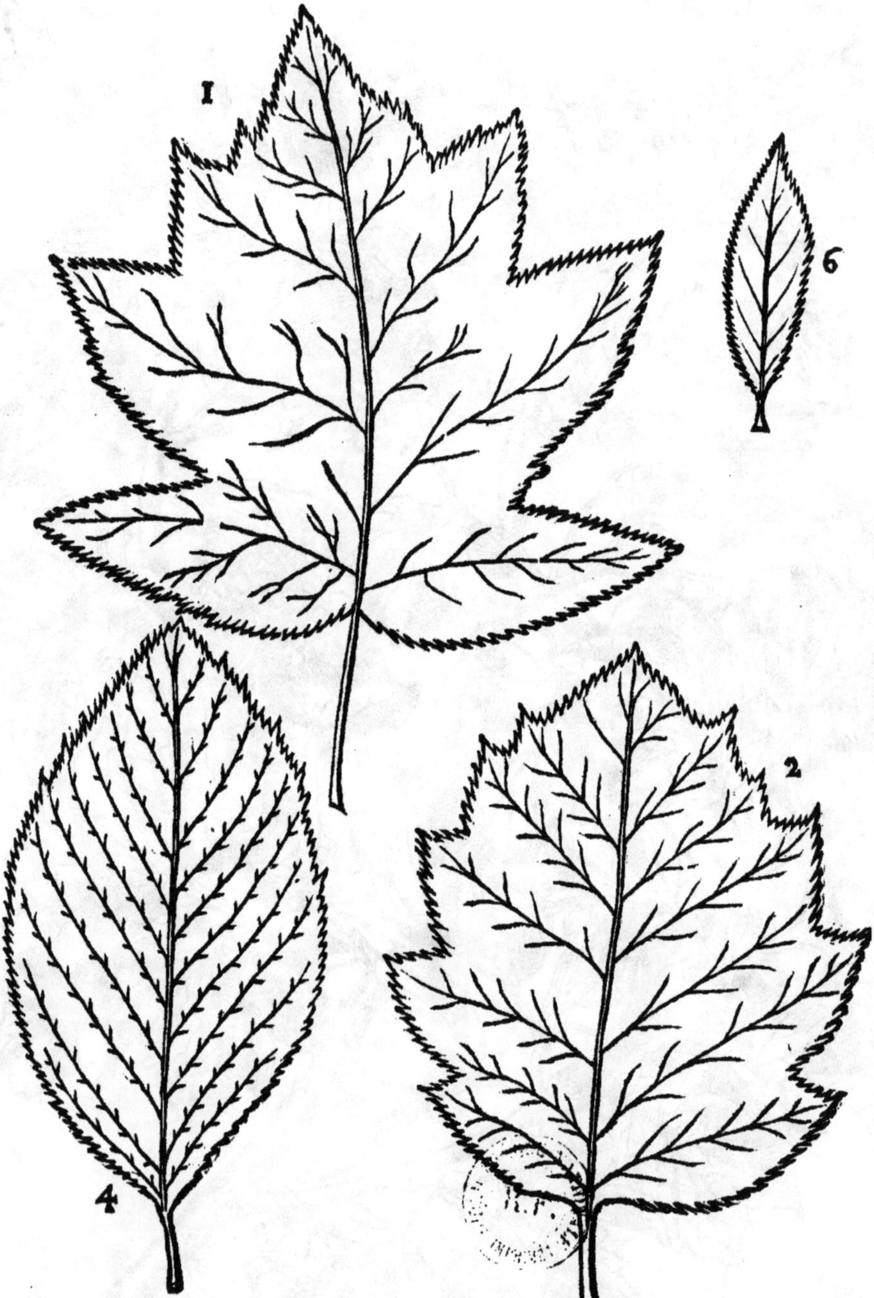

I

6

2

4

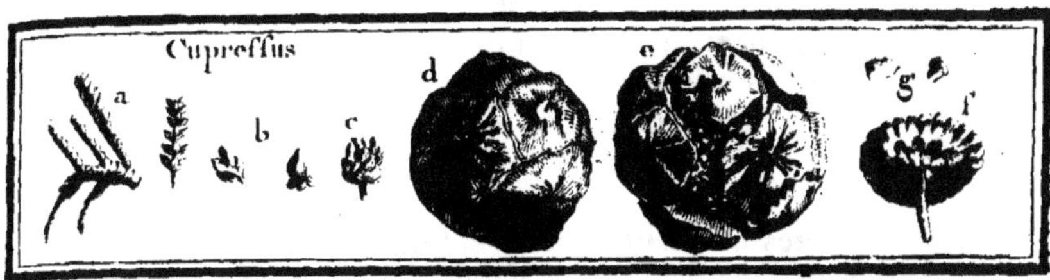

CUPRESSUS, Tournef. & Linn. CYPRÈS.

DESCRIPTION.

LE Cyprès porte, ſur différentes parties du même arbre, des fleurs mâles & des fleurs femelles.

Les fleurs mâles (*a*), raſſemblées ſur un filet commun, forment de petits chatons ovales & écailleux. On découvre ſous les écailles (*b*) quatre étamines, ou plutôt quatre ſommets qui fourniſſent beaucoup de pouſſiere très-fine; de ſorte qu'en certains jours du printemps, lorſque les étamines s'ouvrent, on croiroit qu'il ſort de la fumée des gros Cyprès.

Les fleurs femelles (*c*) ſortent d'autres boutons ſous la forme d'un petit cône écailleux, dans lequel on ne découvre ni pétales ni piſtils bien apparents; néanmoins il ſe forme en cet endroit un fruit preſque rond (*d*), qui, lorſqu'il eſt mûr (*e*), ſe gerſe à la ſuperficie, & s'ouvre peu à peu, de la circonférence au centre, en pluſieurs ſegments de ſphere (*f*), entre leſquels ſont quantité de ſemences (*g*) aſſez menues & anguleuſes.

On voit par cette deſcription que les épithetes, mâle & femelle, qu'on a données aux eſpeces n°. 1 & 2, ſont très-impropres.

Les feuilles du Cyprès ſont très-petites, pointues, & comme articulées les unes avec les autres; ou plutôt les Cyprès paroiſſent n'avoir que de petites branches rondes & vertes : mais ces branches ſont couvertes de petites écailles; ce ſont-là les feuilles : elles ſont attachées à un filet ligneux qui eſt dans l'axe de ces petites branches.

Les feuilles du Cyprès de Virginie, n°. 4, sont composées d'une cinquantaine de petites folioles longues & ovales, qui sont rangées par paires sur une nervure commune qui est terminée par une seule. Ces feuilles, qui sont posées alternativement sur les branches, tombent l'hyver.

Les fruits de ce Cyprès ressemblent extérieurement aux noix des Cyprès ordinaires; mais l'intérieur est fort différent. On apperçoit sous une croûte qui enveloppe le fruit, des amandes ovales très-résineuses qui sont enchassées dans des especes de capsules ligneuses, de figure fort irréguliere. Ces amandes sont attachées à un filet ligneux qui est au milieu du fruit. Quand cet arbre sera plus connu, il est à présumer qu'on le séparera du genre des Cyprès pour en faire un particulier.

ESPECES.

1. *CUPRESSUS meta in fastigium convoluta, quæ fœmina Plinii* Inst.
CYPRÈS qui a les branches rassemblées comme en un faisceau.

2. *CUPRESSUS ramos extra se spargens, quæ mas Plinii.* Inst.
CYPRÈS qui étend ses branches.

3. *CUPRESSUS Lusitanica patula, fructu minori.* Inst.
CYPRÈS de Portugal, à petit fruit.

4. *CUPRESSUS Virginiana foliis Acaciæ deciduis.* H. L. B.
CYPRÈS de la Louysiane à feuilles d'Acacia, & qui se dépouille l'hyver.

CULTURE.

Le Cyprès ne se multiplie que de semences: il y a des années où elles levent très-bien; mais souvent il en leve fort peu, ce qui nous a engagé à les semer dans des terrines sur couche, & la seconde année on plante en pépiniere les petits pieds.

Il faut préserver de la gelée les jeunes Cyprès, & ceux qui sont nouvellement plantés; mais quand ces arbres sont un peu gros, & qu'ils ont bien pris possession de la terre, ils supportent très-bien l'hyver. Il n'y a que celui de Portugal qui est plus délicat; ses feuilles ont une odeur assez agréable.

Les Cyprès s'accommodent bien de toutes ſortes de terres, & viennent vîte : l'eſpece n°. 4, eſt la ſeule qui ſe plaît à l'ombre & dans les terreins fort humides.

Après bien des tentatives, nous avons enfin reconnu que pour avoir des graines de Cyprès propres à germer, il faut, dans les mois de Mars & d'Avril, chercher les noix qui commencent à s'ouvrir. On les met dans une boîte, dans un grenier un peu chaud, ou au ſoleil, juſqu'à ce que les noix s'ouvrent d'elles-mêmes; & l'on ſeme la graine qui tombe au fond de la boîte. Alors elle leve en très-peu de temps. Si l'on ouvre les noix pour en tirer la graine, il eſt rare qu'elle germe. Il faut auſſi avoir l'attention de ne pas ſemer cette graine trop avant dans la terre. Mais le plus sûr eſt de tirer la ſemence de cet arbre des Provinces méridionales, comme de la Provence ou du Languedoc.

USAGES.

Le Cyprès, n°. 1, forme naturellement une pyramide qui fait un très-bel effet le long des allées.

L'eſpece, n°. 2, étend ſes branches, & convient dans les maſſifs. On peut auſſi faire de belles allées en plantant alternativement les deux eſpeces, ſur-tout ſi l'on a ſoin d'élaguer le n°. 2, pour lui former une tige.

On peut planter les Cyprès en maſſifs; ils formeront des bois qui ſeront agréables pendant l'hyver. Leur défaut eſt d'être d'un verd obſcur qui eſt déſagréable pendant l'été; mais dans l'hyver, quand les autres arbres ſont dépouillés, on ne les trouve plus diſgracieux à la vûe : ainſi on ne doit pas manquer de mettre les trois premieres eſpeces dans les boſquets d'hyver.

L'eſpece, n°. 3, eſt d'un plus beau verd, & l'odeur de ſes feuilles eſt plus agréable; mais il craint les grandes gelées, & l'on fera bien de ne le riſquer en pleine terre que quand il ſera un peu fort, & à des expoſitions qui le mettent à couvert du grand froid.

Comme l'eſpece du n°. 4 quitte ſes feuilles l'hyver, il ne convient point dans les boſquets de cette ſaiſon; mais on pourra l'employer pour garnir les parties baſſes des parcs.

On devroit beaucoup multiplier les plantations de Cyprès :

il y a peu d'arbres dont on pût retirer plus d'utilité. Son bois est de bonne odeur, & l'on peut le subſtituer au Cedre. Il a le très-grand avantage d'être preſque incorruptible. Nous avons une enceinte de melonniere dont les poteaux ſont encore très-ſains, quoiqu'ils ſoient en place depuis près de vingt-cinq ans : ainſi des Cyprès de ſept à huit pouces de diametre conviendroient très-bien pour faire des contr'eſpaliers, pour paliſſader des Villes de guerre, & pour beaucoup d'autres ſervices où le Chêne ne ſubſiſte que ſept à huit ans. Les jeunes branches ſeroient très-propres à faire des échalats, & des treillages d'eſpaliers.

Je ne puis rien dire de la qualité du bois de l'eſpece n°. 4; parce que cet arbre qui nous vient de la Louyſiane eſt encore trop rare en France pour que nous ayons été à portée de connoître la qualité de ſon bois.

Les Cyprès ſont des arbres réſineux, & l'on dit que dans les pays chauds ils fourniſſent de la réſine quand on a fait des inciſions à leurs branches; néanmoins il n'en ſort point des branches que nous coupons à nos gros Cyprès.

Nous avons remarqué qu'il ſort, en très-petite quantité, de l'écorce des jeunes Cyprès une ſubſtance blanche, & qui paroît comme des points de cette couleur. Quand on les examine à la loupe, on trouve qu'ils reſſemblent à de petits morceaux de gomme adragante : nous avons quelquefois vû des abeilles ſe donner bien de la peine pour les détacher; apparemment qu'elles employent cette matiere dans leur *propolis*.

La noix ou fruit du Cyprès, eſt très-aſtringente; elle paſſe auſſi pour fébriſuge étant priſe en poudre à la doſe d'une dragme.

CYDONIA,

CUPRESSUS, Cyprès. N°. 2. Page 200*

Tome I. Pl. 81.

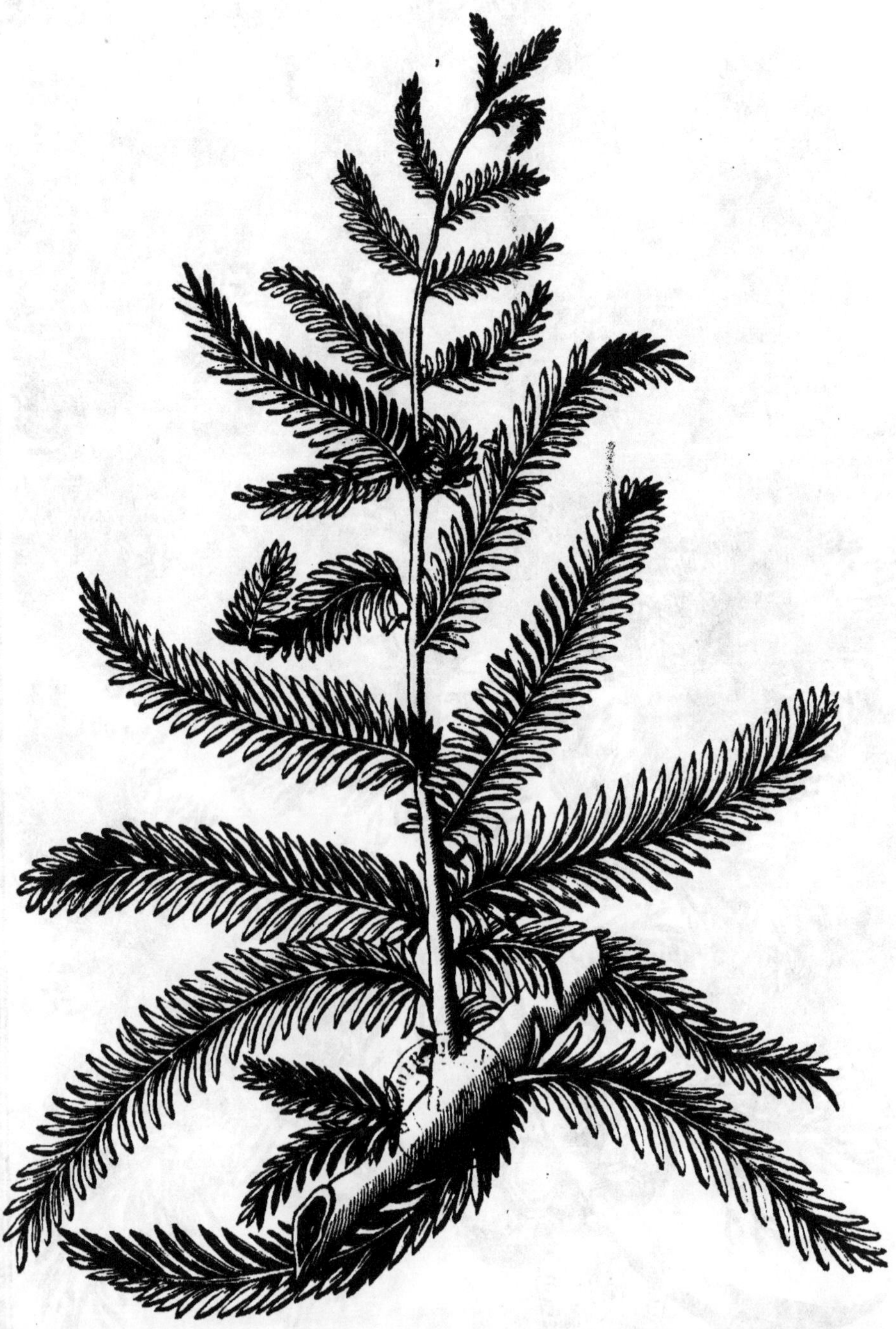

Tome I. Pl. 82.

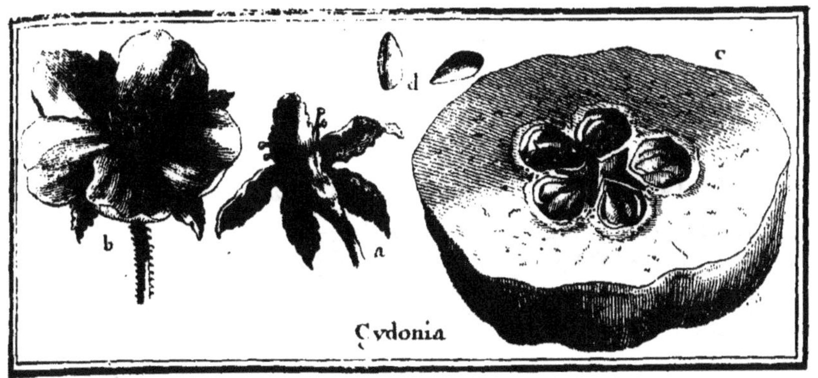

CYDONIA, TOURNEF. *PIRUS*, LINN.

COIGNASSIER *ou* COIGNIER.

DESCRIPTION.

LE calyce (*a*) de la fleur du Coignaſſier eſt d'une ſeule piece ; le bas forme un godet : il eſt diviſé en cinq par les bords, & ne tombe point ; il porte cinq grands pétales arrondis (*b*), creuſés en forme de cuilleron, diſpoſés en roſe, avec environ une vingtaine d'étamines ſurmontées de ſommets qui ſont diviſés en quatre.

Le piſtil eſt compoſé d'un embryon qui fait partie du calyce, & de cinq filets ou ſtyles.

L'embryon ou la baſe du piſtil devient un fruit charnu figuré en poire, odorant, couvert d'un duvet fin, & terminé par un ombilic qui eſt formé par les découpures du calyce.

On trouve dans l'intérieur (*c*) de ce fruit cinq loges, dans chacune deſquelles il y a une & ſouvent deux ſemences ou pepins (*d*), qui ſont en forme de larme.

Les feuilles ſont aſſez grandes, chargées d'un duvet fin, blanchâtres en deſſous, point dentelées, poſées alternativement ſur les branches.

ESPECES.

1. *CYDONIA fructu oblongo læviori.* Inst.
COIGNASSIER à fruit long. En Provençal COUDOUNIER.

2. *CYDONIA angustifolia vulgaris.* Inst.
COIGNASSIER ordinaire à feuilles étroites.

3. *CYDONIA fructu breviore & rotundiore.* Inst.
COIGNASSIER à fruit rond, ou COIGNIER.

4. *CYDONIA latifolia Lusitanica.* Inst.
COIGNASSIER de Portugal, à gros fruit & à grandes feuilles.

CULTURE.

On cultive ordinairement les Coigniers & les Coignassiers dans les potagers, où ils viennent sans beaucoup de soin. On n'en trouve point dans les bois.

On pourroit multiplier cet arbre en semant les pepins; mais comme les marcottes poussent aisément des racines, on les multiplie ordinairement de cette façon, & l'on greffe l'espece du n°. 4 sur celle du n°. 2.

USAGES.

On sait que les Coins servent à faire des confitures, des gelées qu'on nomme *Cotignac*, & des liqueurs. Toutes ces préparations s'employent pour fortifier l'estomac & arrêter les diarrhées. Leurs pepins fournissent un mucilage qui est adoucissant & incrassant.

Cet arbre, qui mérite de trouver place dans les vergers, ne convient pas dans les bosquets; & l'usage qu'on fait principalement de l'espece n°. 2, est de fournir par marcottes des sujets sur lesquels on greffe toutes les especes de Poiriers, qui étant greffés sur les Coignassiers, restent plus nains, donnent du fruit plus promptement, & ordinairement plus beau que lorsqu'ils sont greffés sur des Poiriers sauvageons. On voit sur la même planche gravée, les fleurs de cet arbre, les Coins ronds n°. 3. & les Coins longs n°. 1.

Tome I. Pl. 83.

Cytiso-genista

CYTISO-GENISTA, TOURNEF. *SPARTIUM*, LINN. GENEST-CYTISE.

DESCRIPTION.

LES Genêts-Cytises sont de véritables Genêts. M. de Tournefort dit qu'ils se rapportent au Genêt, en ce qu'ils ont une partie de leurs feuilles qui naissent seules & alternes; & qu'ils approchent du Cytise, en ce que le reste de leurs feuilles sont composées de trois folioles qui sont disposées en trefle au bout d'une queue. M. Linneus ayant jugé à propos d'appeller *Spartium* ce qu'on appelloit *Genista*, il a mis les Genêts-Cytises dans le genre des *Spartium:* on peut donc ne faire qu'un seul & même genre du Genêt & du Genêt-Cytise; ainsi, pour la description de la fleur & du fruit, voyez GENISTA.

ESPECES.

1. *CYTISO-GENISTA scoparia vulgaris flore luteo.* Inst.
   GENEST-CYTISE ordinaire à fleur jaune, dont on fait des balais.

2. *CYTISO-GENISTA scoparia vulgaris flore albo.* Inst.
   GENEST-CYTISE ordinaire à fleur blanche, dont on fait des balais.

CULTURE.

Les Genêts-Cytises se multiplient très-aisément par les

ſemences ; & comme celui dont les fleurs ſont jaunes eſt plus commun que celui qui porte des fleurs blanches, on peut, pour ſe procurer cette derniere eſpece, la greffer par approche ou en écuſſon ſur l'autre.

Au reſte cet arbuſte s'accommode aſſez de toutes ſortes de terres.

Nous ſupprimons ceux du Portugal, parce qu'ils craignent le froid.

USAGES.

Les Genêts-Cytiſes forment de très-jolis arbuſtes quand ils ſont chargés de leurs fleurs dans le mois de Mai ; ainſi ils ſont très-propres à décorer les boſquets printaniers.

Dans les pays de forêts on en fait des balais.

Tome I. Pl. 84.

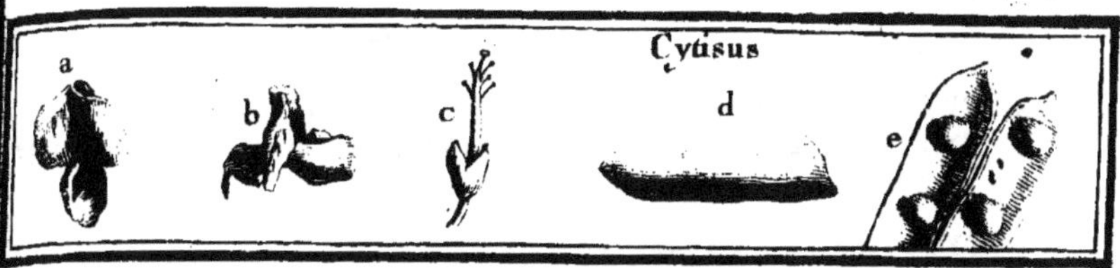

CYTISUS, Tournef. & Linn. CYTISE.

DESCRIPTION.

La fleur (*a*) des Cytises est légumineuse. Les pétales sortent d'un petit calyce (*b*) figuré en cornet qui est divisé en deux grandes levres, dont la supérieure est subdivisée en deux, & l'inférieure en trois. Le pavillon (*vexillum*) est ovale, & les bords sont repliés. Les aîles (*alæ*) sont obtuses & assez longues, & la nacelle (*carina*) est renflée & terminée en pointe.

Les étamines (*c*), au nombre de dix, se réunissent par la base, & forment une gaîne au pistil.

Le pistil est composé d'un embryon qui est surmonté d'un filet ou style dont l'extrêmité est obtuse.

L'embryon devient une silique assez longue (*d*), qui contient plusieurs semences (*e*) figurées comme un rein.

Les feuilles de tous les Cytises sont en trefle, ou composées de trois folioles qui sont soutenues par une même queue, & les feuilles sont posées alternativement sur les branches. Au reste elles sont de grandeur & de figure très-différentes suivant les especes.

ESPECES.

1. *CYTISUS glabris foliis subrotundis, pediculis brevissimis.* C. B. P.
   Cytise à feuilles lisses, arrondies, & soutenues par des queues fort courtes, ou Trifolium des Jardiniers.

2. *CYTISUS glaber viridis.* C. B. P.
   Cytise à feuilles lisses & d'un beau verd.

3. *CYTISUS glaber nigricans.* C. B. P.
Cytise à feuilles liſſes, & d'un verd foncé.

4. *CYTISUS foliis incanis, anguſtis, quaſi complicatis.* C. B. P.
Cytise à feuilles blanchâtres, étroites, & qui ſemblent être raſſemblées par bouquets.

5. *CYTISUS hirſutus, flore luteo purpuraſcente.* C. B. P.
Cytise velu, à fleur jaune orangé.

6. *CYTISUS Alpinus, latifoliis, flore racemoſo pendulo.* Inſt.
Cytise des Alpes à feuille large, dont les fleurs ſont diſpoſées en grappes pendantes; ou Ebenier des Alpes.

7. *CYTISUS Alpinus flore racemoſo pendulo, foliis variegatis.* Inſt.
Cytise des Alpes, dont les fleurs ſont en grappes pendantes, & qui a les feuilles panachées.

8. *CYTISUS Alpinus anguſtifolius, flore racemoſo pendulo longiori.* Inſt.
Cytise des Alpes, à feuille étroite, dont les fleurs ſont en grappes fort longues.

9. *CYTISUS Alpinus, flore racemoſo pendulo breviori.* Inſt.
Cytise des Alpes, dont les fleurs ſont en grappes courtes.

10. *CYTISUS ſpinoſus.* H. L. Bat.
Cytise épineux; c'eſt un *Spartium* de Linneus.

11. *CYTISUS incanus folio medio longiore.* C. B. P. ou *Anthillis fruticoſa foliis ternatis, inæqualibus calycibus, lanatis lateralibus.* Linn.
Cytise velu, à feuilles longues velues.

CULTURE.

Les Cytiſes ne ſont point délicats; nous en avons planté ſur des côtes où la terre étoit aſſez mauvaiſe, & ils y ont ſubſiſté.

On les multiplie très-aiſément de ſemences & par des marcottes; & les Cytiſes des Alpes, n°. 6, 7, 8 & 9, reprennent très-bien de bouture.

USAGES.

Les Cytiſes, n°. 1, 2, 3, 4 & 5, ſont de très-jolis arbuſtes qui portent une prodigieuſe quantité de fleurs jaunes.

Les eſpeces n°. 6, 7, 8 & 9, forment d'aſſez grands arbres,

qui font très-beaux quand ils font chargés de leurs grandes grappes de fleurs jaunes.

Les uns & les autres fleuriffent dans le mois de Mai, & méritent plus qu'aucun autre arbre d'être mis dans les bofquets printaniers. On peut compter fur un coup-d'œil fort gracieux, en mêlant avec art des buiffons du *Staphilodendron* qui produit des grappes de fleurs blanches, avec des Cytifes des Alpes & des *Pfeudo-Acacia*, qui portent tous deux des fleurs légumineufes en grappe, des Genêts, des Guefniers, &c.

Le bois des Cytifes des Alpes eft fort dur, à-peu-près de la couleur de l'ébene verte. Je l'ai vu employer comme le bois des Ifles, pour faire des manches de couteaux. Il eft auffi fort liant. On affure qu'on en fait d'excellents brancards de chaife. Comme ce bois reffemble beaucoup aux bois des Ifles, on le nomme *Ebenier* des Alpes.

Les Cytifes des Alpes doivent être élevés en maffifs; car quand ils font ifolés, ils pouffent le long de la tige des brins gourmands qui arrêtent la féve, & empêchent les arbres de profiter fi l'on n'a pas foin de les retrancher.

On confit au vinaigre les petits boutons des Cytifes. Les fleurs & les femences paffent pour être très-apéritives.

Tome I. Pl. 85.

CYTISUS, CYTISE. N°. 10. *Page 208**

Tome I. Pl. 86.

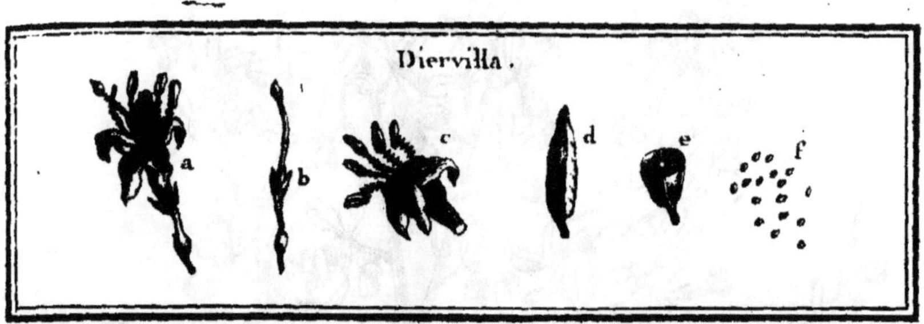

DIERVILLA, Tournef. *LONICERA*, Linn.

DESCRIPTION.

LA fleur (*a*) de la Diervilla eſt formée d'un calyce allongé comme une eſpece de tuyau, qui eſt découpé en cinq, & garni de cinq petites feuilles; elle a un pétale qui a la forme d'un tuyau dont le bord eſt découpé en cinq. Ces découpures ſont arrondies & renverſées en dehors. Il y en a une qui eſt un peu plus grande que les autres; elle eſt plus épaiſſe, & elle eſt garnie de petits filets (*nectarium*) que les autres n'ont point; auſſi eſt-elle plus colorée de jaune: les autres ſont d'un blanc ſale. Le calyce ſubſiſte juſqu'à la maturité du fruit; mais le pétale tombe, & il reſſemble aſſez à celui d'une fleur de Jaſmin. On trouve dans l'intérieur de la fleur cinq étamines (*c*), & un embryon ovale (*b*) qui fait partie du calyce, & d'où part un filet ou ſtyle. L'embryon devient un fruit (*d*) en forme de poire, ou une capſule diviſée en quatre loges (*e*), remplies de ſemences (*f*) rondes & petites.

Les fleurs ſont raſſemblées par bouquets; & les feuilles ſont grandes, ovales, dentelées par les bords, pliées en gouttiere, & ſupportées par des queues aſſez courtes. Elles ſont oppoſées deux à deux ſur les tiges.

ESPECE.

DIERVILLA Acadienſis fruticoſa, flore luteo. Act. Acad. R. P.
Diervilla de Canada en arbriſſeau, qui porte des fleurs jaunes.

CULTURE.

Ce petit arbuste peut s'élever de semences & de marcottes; mais ordinairement il trace, & fournit quantité de rejets enracinés. Il ne craint point le froid. On ne connoît encore que l'espece qui vient d'être nommée.

USAGE.

La Diervilla qu'on pourroit presque regarder comme un Chevre-feuille, produit à la fin de Mai des grappes de fleurs assez jolies; ainsi cet arbuste peut décorer les bosquets de la fin du printemps.

DIERVILLA. N°. 1.

Tome I. Pl. 87.

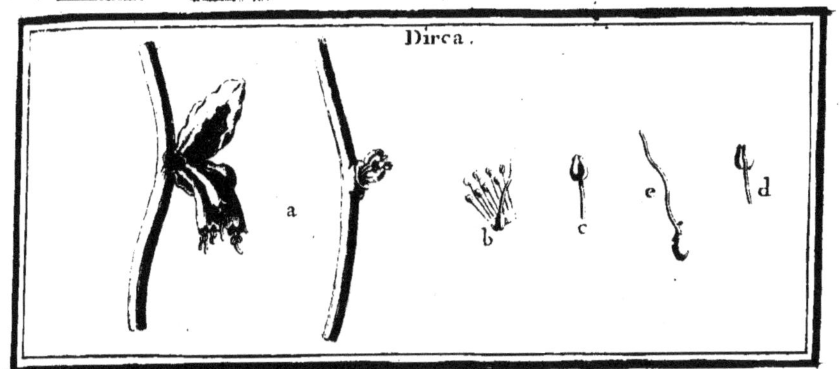

DIRCA, LINN. En Canada BOIS DE PLOMB.

DESCRIPTION.

LA fleur (*a*) du Bois de plomb n'a point de calyce ; elle n'a qu'un pétale qui a la forme d'un tuyau qui n'eſt point terminé par un pavillon, mais dont l'extrêmité eſt inégale. De la partie moyenne de ce tuyau partent huit étamines (*b*), qui ſont plus longues que le tuyau ; elles ſont terminées par des ſommets en olives (*c d*).

Le piſtil (*e*) eſt composé d'un embryon ovale, qui eſt un peu oblique à ſon extrêmité ; il eſt ſurmonté d'un ſtyle menu, qui eſt plus long que les étamines, & qui ſe recourbe par le bout.

L'embryon devient une baie, dans laquelle on trouve une ſemence.

Cet arbriſſeau ne parvient guere qu'à cinq ou ſix pieds de hauteur. Les branches ſont tellement articulées qu'on les prendroit pour des chevilles qui entrent les unes dans les autres. Les feuilles ſont grandes & ovales. Les fleurs ſortent ordinairement au nombre de trois de chaque bouton ; elles ſemblent partir d'un pédicule commun : elles ſont recourbées vers le bas, & paroiſſent avant les feuilles.

ESPECE.

DIRCA. Linn. *Thymelæa floribus albis primo vere erumpentibus, foliis oblongis, acuminatis viminibus & cortice valdè tenacibus.* Gron. Fl. Virg.

Il eſt appellé par les Anglois *Lither Wood*, ou *Moor Wood* : par les Canadiens, *Bois de plomb.*

CULTURE.

Quoique cet arbriſſeau ait été pluſieurs années au Jardin du Roi, je ne puis rien dire ſur ſa culture; M. Sarrazin nous apprend ſeulement qu'en Canada il ſe trouve dans les lieux gras & humides.

USAGES.

Le Bois de plomb eſt trop rare pour que nous puiſſions décider de l'uſage qu'on pourroit en faire pour la décoration des jardins : nous remarquerons ſeulement que, comme il fleurit de très-bonne heure, il annonce le printemps, ce qui eſt toujours agréable. Il ne paroît pas qu'il puiſſe être d'une grande utilité pour les Arts, non-ſeulement parce qu'il ne forme qu'un arbriſſeau, mais encore parce que ſon bois eſt fort tendre & léger : M. Sarrazin n'ayant pu ſavoir des Indiens pourquoi ils nommoient cet arbriſſeau *Bois de plomb*, eſt porté à croire que ce n'eſt que par oppoſition qu'ils lui ont donné ce nom.

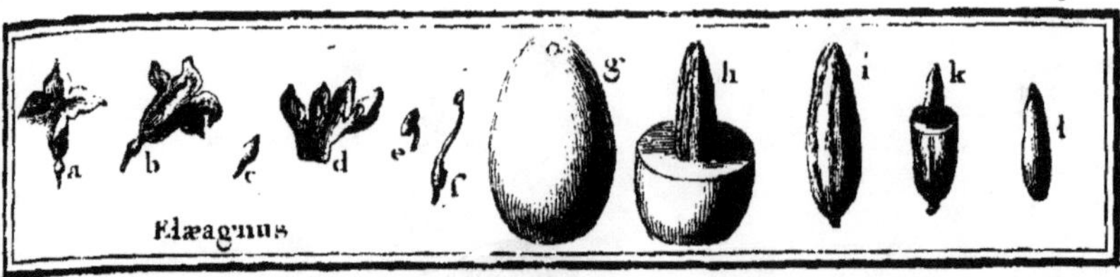

ELÆAGNUS, Tournef. & Linn. OLIVIER SAUVAGE.

DESCRIPTION.

LES fleurs (*ab*) de l'Elæagnus sont composées d'un calyce ou d'un pétale d'une seule piece en forme de cloche fort petite, découpée en quatre parties, colorée en jaune par le dedans, & blanchâtre au dehors. Il sort de ces petites cloches quatre étamines (*de*), & un pistil (*f*) composé d'un style & d'un embryon (*c*), qui devient une baie (*g*) succulente semblable à une olive, dans laquelle se trouve un noyau (*hi*) qui contient une amande (*kl*): quelquefois le style forme une pointe au bout du fruit; d'autres fois il se desseche, & on n'apperçoit qu'une cicatrice.

Les feuilles sont entieres, ovales, non dentelées, velues & blanchâtres, sur-tout pardessous; elles sont attachées alternativement sur les jeunes branches, qui sont aussi blanchâtres & velues; les queues des feuilles sont assez courtes.

ESPECE.

ELÆAGNUS Orientalis angustifolius, fructu parvo, Olivæ-formi, subdulci. Cor. Inst.

ELÆAGNUS du Levant à feuilles étroites, dont les fruits sont doux, & ressemblent à de petites olives.

Quelques Auteurs l'appellent *Olivier sauvage.*

CULTURE.

Cet arbre n'exige aucune attention sur la nature du terrein;

& on le multiplie très-aiſément par marcottes ou même par bouture.

USAGES.

L'Elæagnus eſt un arbre de médiocre grandeur, qui ſe charge d'une prodigieuſe quantité de fort petites fleurs jaunes, de ſorte que dans le mois de Juin, lorſqu'il eſt en fleurs, il paroît entierement de cette couleur.

Ses fleurs répandent alors une odeur très-forte, mais cependant agréable lorſqu'on en eſt un peu éloigné : c'eſt pour cela que les Portugais l'appellent l'*Arbre du Paradis*. Ainſi cet arbre, qui parfume le ſoir tout un jardin, peut ſervir pour la décoration des boſquets de la fin du printemps. On peut auſſi le mettre dans ceux d'automne; car il ne quitte ſes feuilles que dans le temps des fortes gelées.

Son bois eſt tendre, & ſe rompt aiſément.

ELÆAGNUS. OLIVIER SAUVAGE. N°. 1. Page 214*

Tome I. Pl. 89.

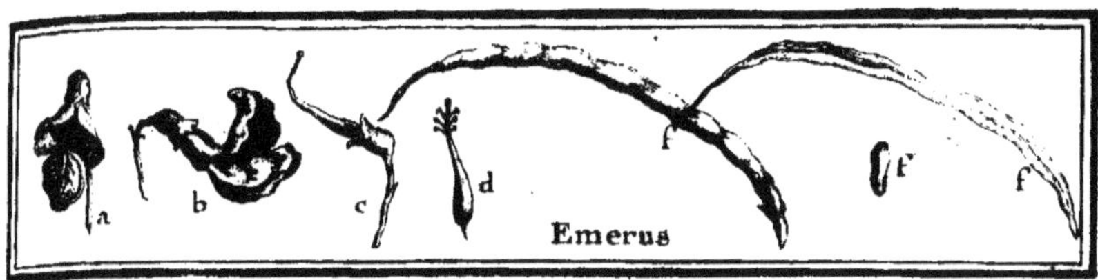

EMERUS, TOURNEF. *CORONILLA*, LINN.

DESCRIPTION.

LES fleurs (*a*) de l'Emerus, rassemblées en petites grappes, sont légumineuses : elles sont composées d'un calyce fort petit (*b*), découpé par les bords en quatre parties inégales. Le pavillon (*vexillum*) n'est presque pas plus grand que les aîles ; il est renversé en arriere, & échancré au milieu: souvent il est séparé des autres parties de la fleur jusqu'à sa base. Les aîles (*alæ*) sont ovales; elles se réunissent par le haut, & s'écartent un peu par le bas. La nacelle (*carina*) est presque cachée par les aîles ; elle est d'une seule feuille, attachée au calyce par deux appendices; elle est comprimée & se termine en pointe. On trouve dans l'intérieur dix étamines (*d*), qui prennent leur origine d'une gaîne qui enveloppe le pistil; leurs sommets ressemblent à de petites pyramides.

Le pistil (*c*) est formé d'un embryon allongé surmonté d'un filet.

L'embryon devient une silique (*f*), longue, menue, & comprimée entre chacune des semences, lesquelles sont cylindriques.

Les feuilles sont conjuguées, étant composées de folioles figurées comme un cœur, & rangées par paire au nombre de quatre, six, huit sur un filet qui est terminé par une seule. Ces feuilles sont attachées alternativement sur les jeunes branches : elles sont d'un beau verd ; & cet arbrisseau est fort touffu.

ESPECES.

1. *EMERUS Cæsalpini.* Inst.
   Emerus de Césalpin, ou Securidaca des Jardiniers, ou Sené batard.

2. *EMERUS minor.* Inst.
   Petit Emerus.

CULTURE.

Cet arbuste s'éleve fort bien dans toutes sortes de terreins; mais il se plaît à l'ombre. On le multiplie très-aisément par des drageons enracinés qui poussent autour des gros pieds.

USAGES.

L'Emerus est un arbuste très-joli: au printemps il se garnit d'une prodigieuse quantité de feuilles qui sont d'un beau verd; & vers le milieu du mois de Mai il est tout couvert de fleurs jaunes, marquées de taches rouges, qui le rendent très-propre à la décoration des bosquets du printemps.

Comme il conserve ses feuilles jusqu'aux gelées, & que souvent il fleurit encore dans l'automne, on pourra en mettre dans les bosquets de cette saison.

On prétend que les feuilles de cet arbuste sont laxatives.

Le *Securidaca* de M. de Tournefort ne devroit point entrer dans ce Traité, parce que ses tiges périssent tous les ans; néanmoins comme il sert pour la décoration des jardins, & qu'il differe peu de l'Emerus, nous en avons joint la figure à celle de l'Emerus.

EMPETRUM;

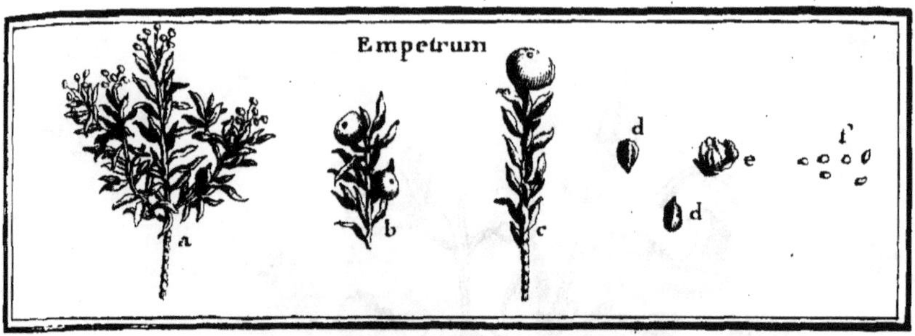

EMPETRUM, Tournef. & Linn.

DESCRIPTION.

L'Empetrum reſſemble beaucoup aux bruyeres; il porte trois ſortes de fleurs, les unes hermaphrodites, les autres mâles & les autres femelles.

Les hermaphrodites (*a*) ont un calyce diviſé en trois; un pareil nombre de pétales, trois étamines, & un piſtil compoſé d'un embryon arrondi & d'un ſtyle fort court. L'embryon devient une baie (*bc*) à-peu-près ſphérique, dans laquelle on trouve neuf ſemences tranchantes d'un côté, arrondies de l'autre (*d e f*).

Les fleurs mâles ſont ſemblables aux précédentes, excepté qu'elles n'ont point de piſtil; ce qui fait qu'elles ne donnent point de fruit. Les femelles au contraire n'ont point d'étamines, mais un piſtil, & elles produiſent des baies ſucculentes qui renferment des ſemences (*g*).

Cet arbuſte porte des tiges rameuſes, chargées de feuilles étroites, petites & pointues; & les fleurs ſont raſſemblées en épi.

ESPECES.

1. *EMPETRUM montanum fructu nigro.* Inſt.
   Empetrum de montagne à fruit noir, ou grande Bruyere qui porte des baies noires.

2. *EMPETRUM Lusitanicum fructu albo.* Inst.
EMPETRUM de Portugal à fruit blanc.

CULTURE.

Ces arbustes peuvent se multiplier par les semences & par marcottes: ils ne demandent aucun choix de terrein; mais l'espece n°. 2 craint les fortes gelées. Ils reprennent difficilement quand on les transplante.

USAGES.

L'Empetrum forme un arbuste qui peut être mis dans les bosquets d'été.

On fait avec les baies de celui de Portugal une espece de limonade qui est agréable: on en fait boire aux fébricitans.

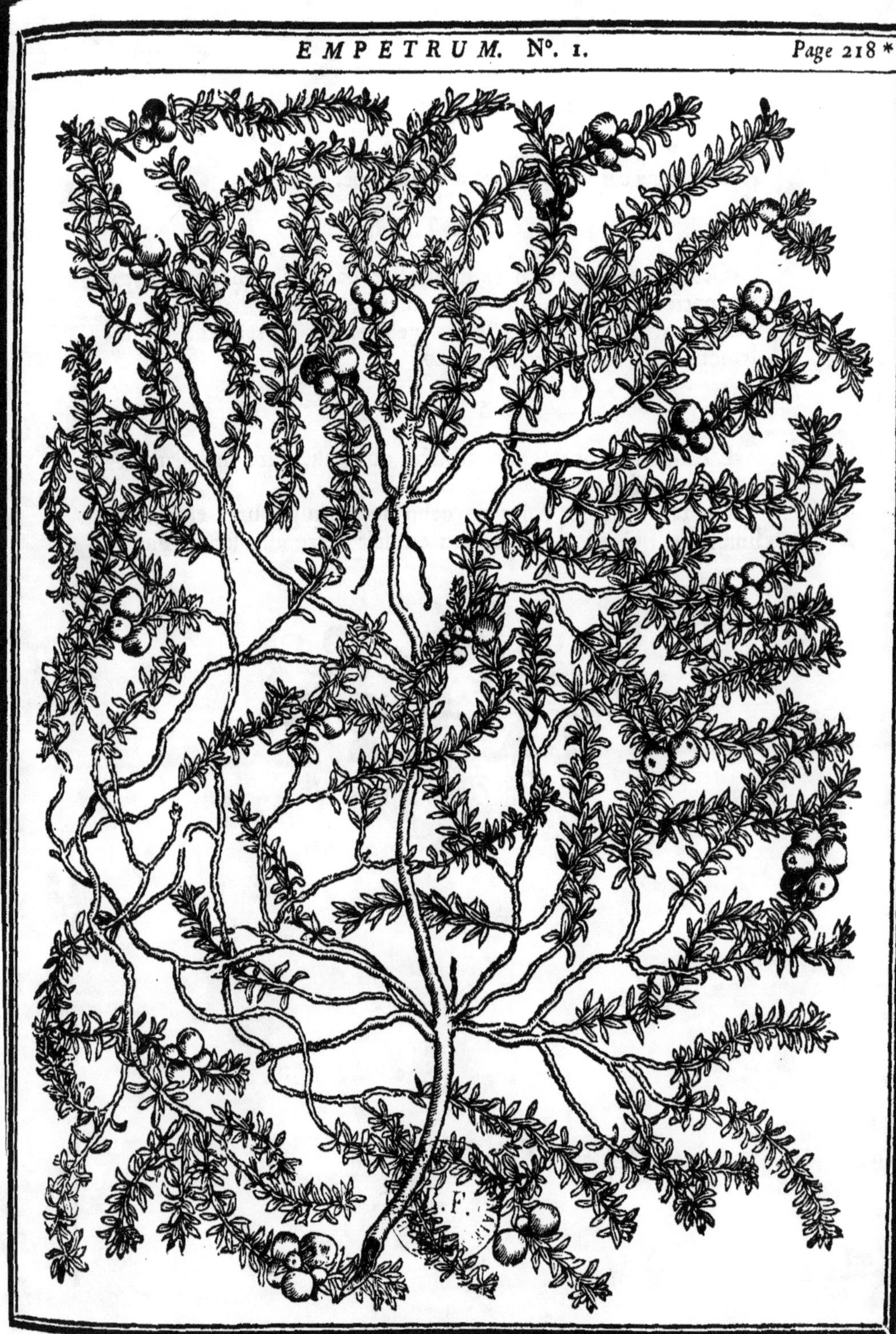

Tome I. Pl. 91.

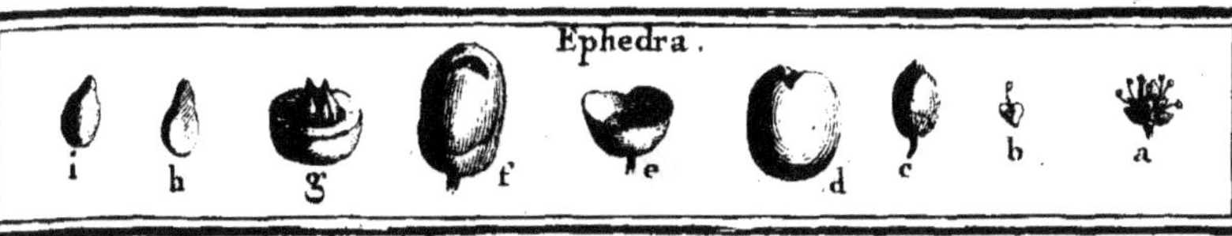

EPHEDRA, Tournef. & Linn.

DESCRIPTION.

LES Ephedra ſont les uns mâles & les autres femelles : il y en a auſſi d'hermaphrodites.

Les parties des fleurs mâles (*a*) ſont, une enveloppe écailleuſe formée de pluſieurs petites feuilles qui ſont à-peu-près rondes & creuſées en cuilleron ; & un calyce d'une ſeule piece, diviſé en deux parties, qui ſont auſſi creuſées en cuilleron & terminées par une pointe obtuſe.

Dans l'intérieur on ne trouve point de pétales, mais ſeulement ſept ou huit étamines (*b*), qui rapprochées l'une de l'autre, forment une eſpece de colonne même plus longue que le calyce.

Entre les étamines, il s'en trouve trois plus longues que les quatre autres. Toutes ſont terminées par des ſommets arrondis qui s'ouvrent par le bas.

Les fleurs femelles (*cdef*) different des mâles, en ce qu'on trouve dans leur calyce le piſtil qui eſt formé par deux embryons ovales applatis d'un côté, preſqu'entierement recouverts par le calyce, & ſurmontés de deux ſtyles qui ſe terminent par des ſtigmates obtus.

Les embryons deviennent des ſemences (*ghi*) figurées en larmes, & applaties du côté où elles ſe touchent ; elles n'ont point d'autre enveloppe que le calyce, qui devient une ſubſtance charnue & ſucculente.

Les Ephedra ont de très-petites feuilles preſque cylindriques, & une grande quantité de rameaux d'un beau verd ſemblables à ceux du Genêt, & interrompus par des articulations. La fleur n'a aucun mérite ; mais le fruit en mûriſſant devient ſucculent comme une petite mûre : il a un goût aigrelet, ſucré & agréable.

ESPECES.

1. *EPHEDRA*, *sive* Anabazis *Bellon*. Inst. *Mas & fœmina.*
EPHEDRA qui grimpe, ou RAISIN DE MER.

2. *EPHEDRA maritima major.* Inst. *Mas & fœmina.*
Grand EPHEDRA.

3. *EPHEDRA maritima minor.* Inst. *Mas & fœmina.*
Petit EPHEDRA.

4. *EPHEDRA Hispanica arborescens, tenuissimis & densissimis foliis.* Inst. *Mas & fœmina.*
EPHEDRA d'Espagne qui forme un arbrisseau, & qui a ses rameaux menus & très-touffus.

5. *EPHEDRA Cretica tenuioribus & rarioribus flagellis.* Cor. Inst.
EPHEDRA de Crete, dont les rameaux sont fort courts.

6. *EPHEDRA petiolis sæpe pluribus, amentis solitariis.* Gmel. flor. Sib.
Petit EPHEDRA de Sibérie.

CULTURE.

L'Ephedra est un arbrisseau qui vient au bord de la mer; il s'éleve très-bien dans nos jardins, & il souffre d'être tondu au ciseau.

Il trace & produit beaucoup de jets enracinés, par lesquels on le multiplie.

USAGES.

Quoique les Ephedra ne produisent presque point de feuilles, ils ne laissent pas de faire un arbrisseau toujours verd & très-touffu, par la grande quantité de ses branches; on doit donc le mettre dans les bosquets d'hyver. En les tondant au ciseau, on en fait de belles boules. On peut aussi leur former une tige, en faire des tapis d'un pied & demi ou deux pieds de hauteur, & les employer à différents usages pour la décoration des jardins.

L'espece n°. 6, est très-basse, & forme une sorte de gason.

Les fruits mûrs de l'Ephedra ont, comme nous l'avons dit, une acidité agréable; on les conseille pour tempérer l'ardeur de la bile.

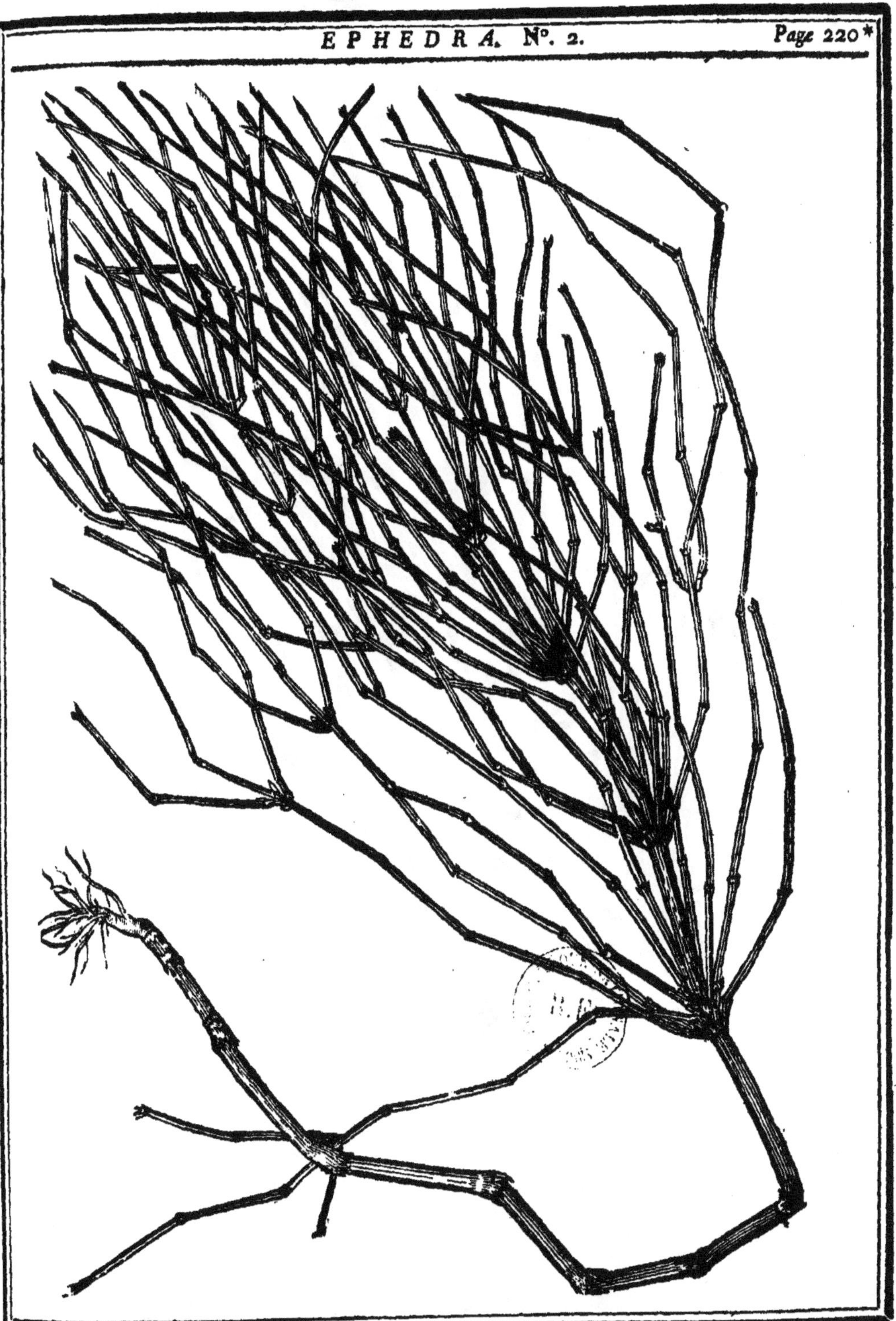

EPHEDRA. N°. 2.

EPHEDRA. N°. 3. Page 220 **

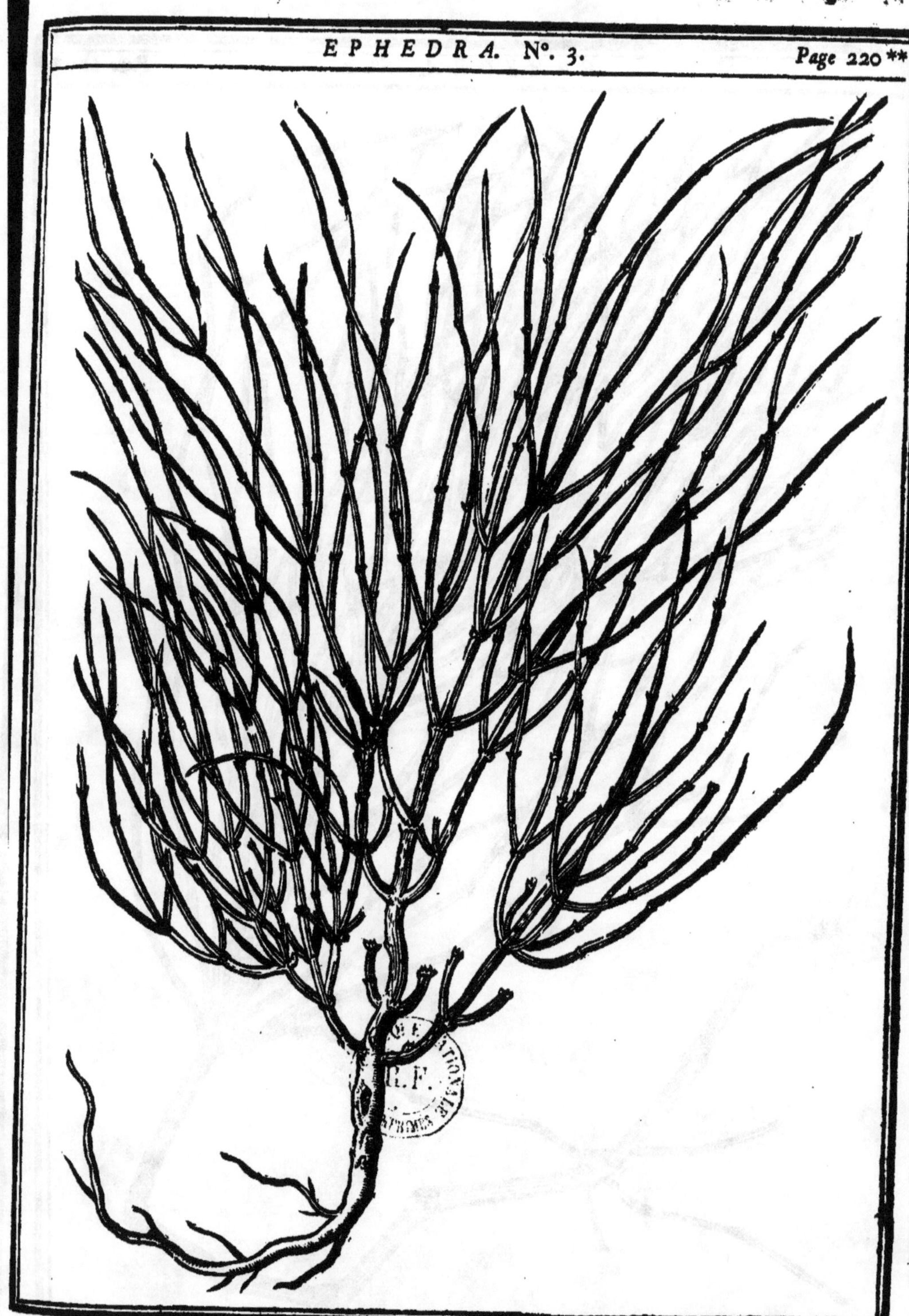

Tome I. *Pl.* 93.

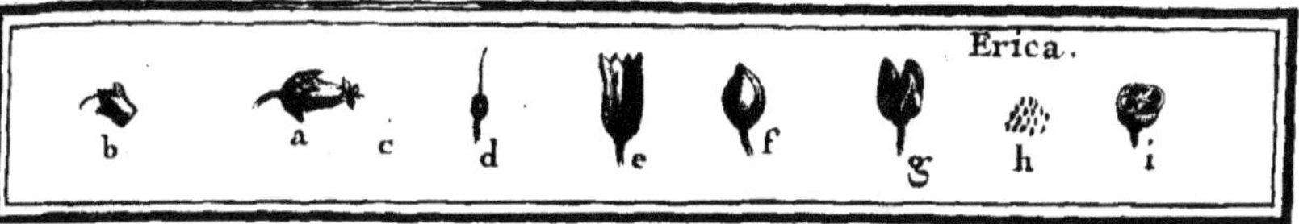

ERICA, TOURNEF. & LINN. BRUYERE.

DESCRIPTION.

LES fleurs (*ab*) de la Bruyere ont un calyce composé de plusieurs petites feuilles colorées, & un pétale figuré en cloche ou en grelot divisé en quatre parties. On trouve dans l'intérieur huit étamines (*c*), & un pistil (*de*), qui est formé d'un embryon terminé par un style. L'embryon devient un fruit (*f*) arrondi, divisé en quatre loges (*gi*) remplies de semences fort menues (*h*).

Les feuilles sont petites, étroites, pointues, & tantôt opposées sur les branches, tantôt posées alternativement, suivant les especes.

ESPECES.

1. *ERICA vulgaris glabra.* C. B. P.
BRUYERE ordinaire, dont les feuilles sont lisses.

2. *ERICA vulgaris glabra flore albo.* C. B. P.
BRUYERE ordinaire à feuilles lisses & à fleurs blanches.

3. *ERICA frutescens peregrina.* C. B. P.
BRUYERE en arbrisseau.

4. *ERICA major floribus ex herbaceo purpureis.* C. B. P.
Grande BRUYERE à fleurs pourpres, tirant sur le verd.

5. *ERICA major scoparia, foliis deciduis.* C. B. P.
Grande BRUYERE à faire des balais, & qui quitte ses feuilles.

6. *ERICA ex rubro nigricans scoparia.* C. B. P.
BRUYERE à faire des balais, qui est d'un rouge brun.

7. *ERICA humilis cortice cinereo Arbuti flore.* C. B. P.
Petite BRUYERE à fleur d'Arbousier.

8. *ERICA hirsuta Anglica.* C. B. P.
BRUYERE velue d'Angleterre.

CULTURE.

La plupart des Bruyeres viennent dans les plus mauvais terreins, ſur-tout dans des ſables arides; & elles ſe multiplient par marcottes, par drageons enracinés, & par ſemences. Quand elles ſe plaiſent dans un endroit, on a bien de la peine à les détruire, ou à les empêcher de ſe multiplier trop; mais il eſt ſouvent difficile de les y faire reprendre.

USAGES.

Toutes les eſpeces de Bruyeres forment des arbuſtes très-jolis dans les mois de Juin & Juillet, temps auquel ils ſont chargés de fleurs, les unes blanches & les autres pourpres. Mais il eſt dangereux de les trop multiplier; parce qu'il n'eſt pas aiſé de les empêcher de s'étendre quand elles ſe plaiſent dans un terrein. La plupart des eſpeces ne quittent point leurs feuilles; mais lorſque les fleurs ſont paſſées, les tiges reſtent chargées de follicules ſeches qui ſont déſagréables à voir.

Les abeilles font d'amples récoltes ſur les fleurs de Bruyeres; mais le miel qu'elles ramaſſent ſur cette plante n'eſt pas eſtimé; il eſt jaune & ſyrupeux. C'eſt avec la Bruyere que l'on fait les petits balais qu'on préſente aux vers à ſoie, quand ils veulent monter pour ſe métamorphoſer & former leur coque.

La plus grande partie du charbon que l'on conſomme à Bordeaux, eſt fait avec les ſouches & les groſſes racines de la Bruyere.

Enfin on attribue aux feuilles de la Bruyere une vertu diurétique.

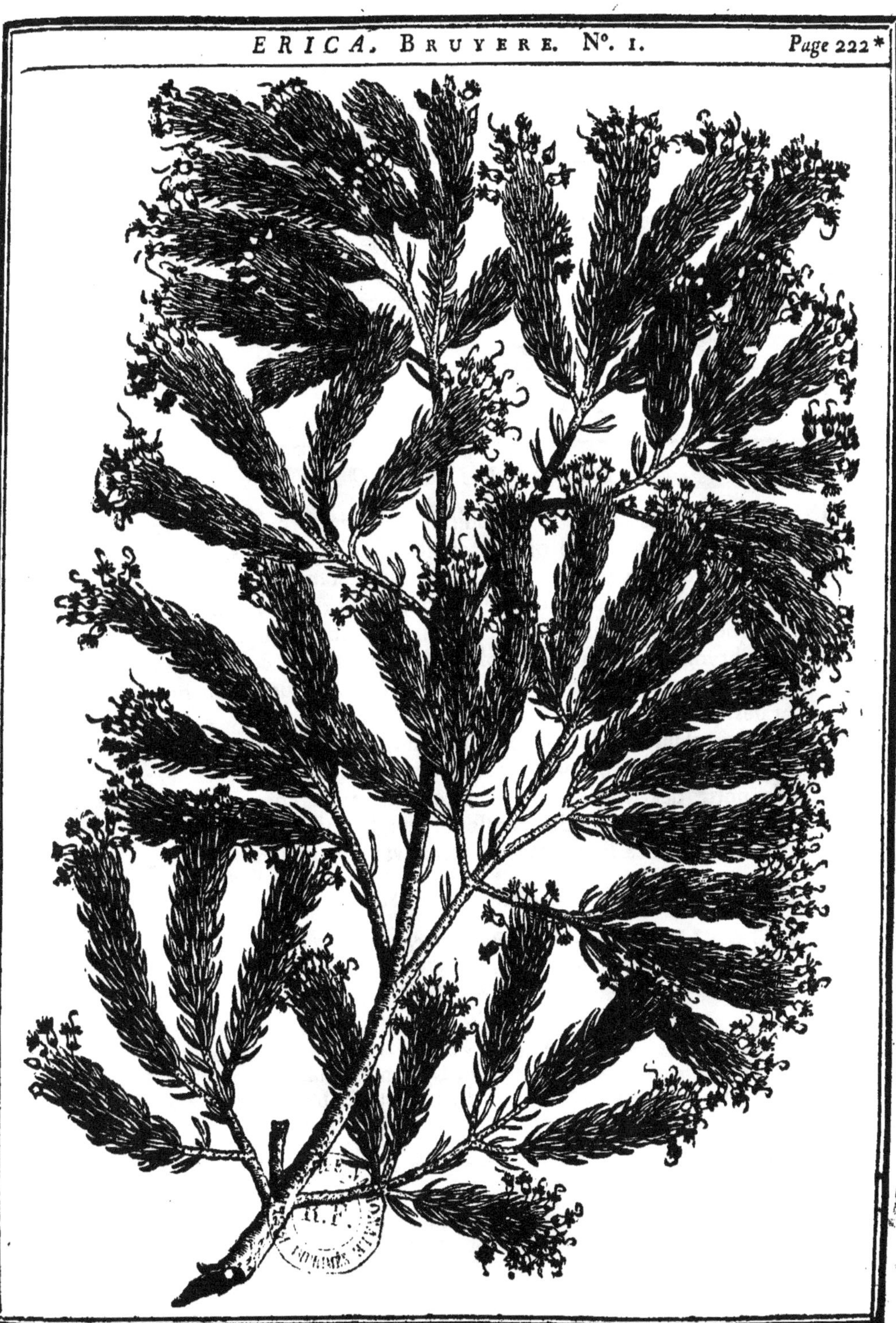

Tome I. Pl. 94.

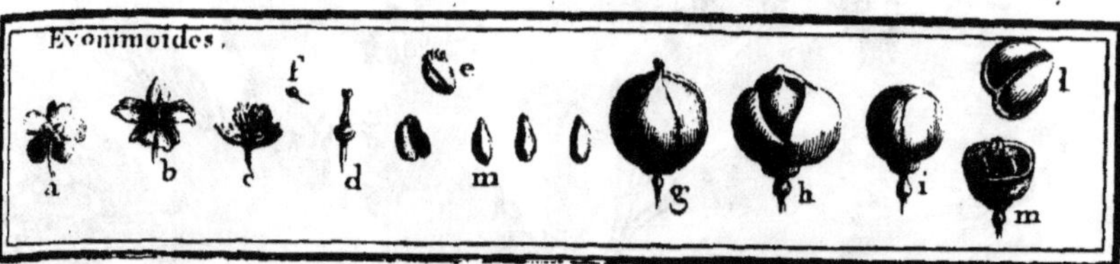

EVONIMOÏDES, Act. Acad. R. P.

CELASTRUS, LINN.

DESCRIPTION.

LES fleurs (*abc*) de l'Evonimoides sont formées d'un calyce d'une seule piece, divisé en cinq parties. Ce calyce porte cinq pétales ovales (*e*), cinq étamines (*f*), & un pistil (*d*), formé par un petit embryon, surmonté d'un style quelquefois fort court, qui est terminé par un stigmate arrondi. L'embryon devient un fruit oblong (*g h i*) formant comme trois côtes. On trouve dans l'intérieur (*l*) quelques semences ovales (*m*).

Cette plante est sarmenteuse & grimpante; elle n'a point de mains, mais elle s'entortille autour de ce qu'elle peut toucher: elle porte des feuilles arrondies terminése en pointe, & des épis de fleurs qui s'épanouissent vers le milieu du mois de Mai. Les feuilles sont posées alternativement sur les branches.

ESPECES.

1. *EVONIMOIDES Canadensis scandens, foliis serratis.* Act. Acad. R. S.
   EVONIMOIDES qui grimpe, & dont les feuilles sont dentelées, ou BOURREAU DES ARBRES.

2. *EVONIMOIDES Virginiana foliis non serratis, fructu coccineo eleganter bullato.* Act. Acad. R. S. ou *EVONIMUS Virginianus rotundifolius, capsulis coccineis eleganter bullatis.* D. Banist. Pluk. Phytog.
   EVONIMOIDES de Virginie, dont les feuilles ne sont point dentelées, & dont les fruits sont ronds & d'un beau rouge.

EVONIMOIDES Caroliniensis Ziziphi foliis. Act. Acad. R. S. Voyez *CEANOTHUS*.

CULTURE.

L'Evonimoides, n°. 1, trace beaucoup; & quand il eſt une fois bien repris dans un endroit, il ſe multiplie plus qu'on ne veut.

Nous n'avons point l'eſpece n°. 2: elle vient en Canada: M. Sarrazin dit qu'elle s'éleve beaucoup en s'accrochant aux arbres voiſins.

USAGES.

L'Evonimoides peut ſervir à garnir des tonnelles & des terraſſes : ſes feuilles ſont d'un beau verd; mais il ne s'éleve pas fort haut, & il a le défaut de tracer beaucoup, ce qui le rend incommode dans les jardins cultivés avec propreté.

On dit qu'en Canada il ſe roule autour de la tige des arbres, & qu'il les fait quelquefois périr; c'eſt ce qui l'a fait appeller *le Bourreau des Arbres*.

L'eſpece, n°. 2, n'a point les feuilles terminées en pointe; elles ſont ovales, allongées, & cette plante fait un fort bel effet ſurtout dans l'automne.

EVONMIUS,

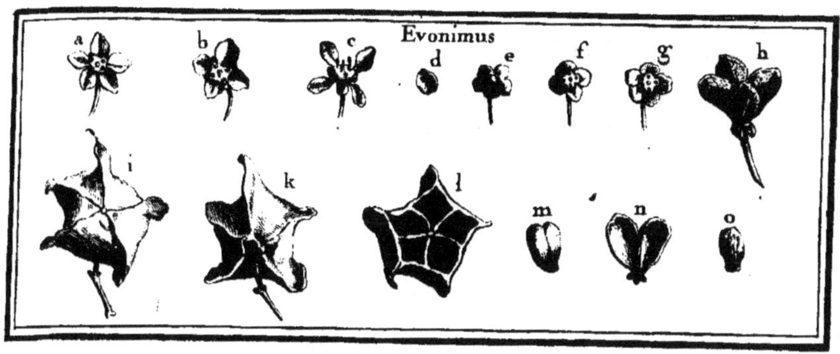

EVONIMUS, TOURNEF. & LINN. FUSAIN, *ou* BONNET DE PRESTRE.

DESCRIPTION.

LES fleurs (*abc*) du Fuſain ſont formées d'un calyce applati (*efg*), diviſé en quatre ou cinq parties. On apperçoit en dedans une eſpece de roſette qui eſt l'embryon ou la baſe du piſtil; c'eſt de cette roſette que partent quatre ou cinq pétales (*d*), un pareil nombre d'étamines & le ſtyle (*hik*).

L'embryon devient un fruit quarré ou pentagonal, qui eſt diviſé en quatre ou cinq loges (*l*), dans chacune deſquelles eſt une ſemence (*o*), qui eſt enveloppée dans un peu de pulpe colorée (*n*), comme on le voit en (*m*).

Les feuilles de la plupart des Fuſains ſont entieres, ovales, plus ou moins allongées, finement dentelées par les bords, & poſées deux à deux ſur les branches.

Les Fuſains forment d'aſſez grands arbriſſeaux.

ESPECES.

1. *EVONIMUS vulgaris granis rubentibus*. C. B. P.
   FUSAIN des bois, dont les graines ſont d'un beau rouge. En quelques Provinces on le nomme GARAS.

2. *EVONIMUS granis nigris.* C. B. P.
FUSAIN dont les graines sont noires.

3. *EVONIMUS latifolius.* C. B. P.
FUSAIN dont les feuilles sont grandes, & les fruits gros & pourpres.

4. *EVONIMUS Virginianus Pyracanthæ foliis, semper virens, capsula verrucarum instar asperata.* Pluk.
FUSAIN de Virginie toujours verd, à feuilles de Pyracantha, dont les fruits sont couverts de petites bosses.

5. *EVONIMUS Virginianus folio ovato dentato, flore ex viridi rubello.*
FUSAIN de Virginie à feuilles ovales dentelées, dont les fleurs sont vertes, teintes de rouge.

EVONIMUS Virginianus, &c. Pluk. Voyez EVONIMOIDES.

EVONIMUS Jujubinis foliis, &c. Pluk. Voyez CEANOTHUS.

CULTURE.

Le Fusain, n°. 1, vient naturellement dans les haies; & les especes n°. 2 & 3 ne sont pas plus délicates.

Toutes les especes peuvent s'élever par semences & par marcottes; quelquefois même elles tracent, & fournissent des drageons enracinés.

USAGES.

Le Fusain fleurit à la fin de Mai. Ses fleurs, qui sont d'un blanc verdâtre, ont peu de mérite; mais ses fruits rouges ou violets qui conservent leur belle couleur jusqu'aux gelées, doivent engager à le mettre dans les bosquets d'automne & dans les remises.

Le n°. 3, qui a de gros fruits pourpres, est garni de belles & grandes feuilles.

L'espece, n°. 4, ne quitte point ses feuilles, & pourroit être mise dans les bosquets d'hyver, si elle n'étoit pas sensible aux grandes gelées.

L'espece, n°. 5, se cultive à Trianon.

Le bois du Fusain est assez dur. On s'en sert pour faire de grosses lardoires & des fuseaux.

On en fait aussi du charbon qui sert aux Dessinateurs. Pour cela on fend une tige de Fusain par morceaux gros comme le doigt; on en remplit un canon de fer que l'on bouche exactement par les bouts, & on le fait rougir au feu. Quand il est refroidi, on trouve dedans un charbon très-tendre & très-commode pour faire des esquisses. Mais comme la circonférence de ces morceaux de bois se retire plus que le centre, on trouve ordinairement les charbons rompus ou très-courbés; c'est pourquoi, au lieu de prendre des morceaux refendus, je préfere des baguettes de brin; alors les crayons sont fort droits; mais il faut faire la pointe de ces crayons sur un des côtés pour éviter la moëlle.

On dit que les fruits & les feuilles du Fusain sont pernicieux au bétail; & que deux ou trois de ses fruits purgent violemment.

Tome I. Pl. 96.

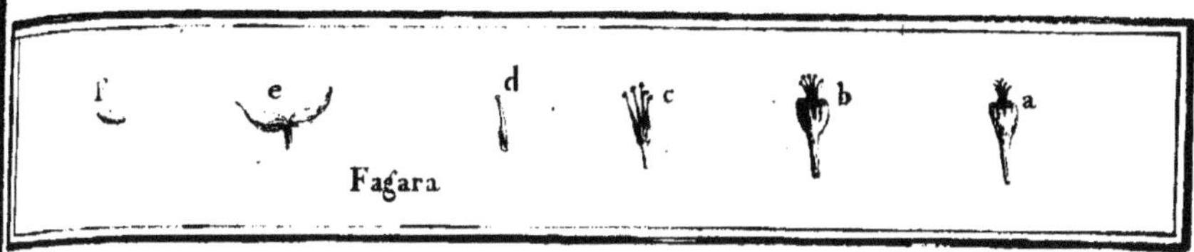

FAGARA, *ZANTOXILUM*, LINN.

DESCRIPTION.

LE Fagara porte, sur différens individus, des fleurs mâles & des fleurs femelles.

Les fleurs mâles ont un calyce découpé en cinq parties ovales & colorées, point de pétale, à moins qu'on ne veuille que le calyce soit le pétale. On apperçoit dans la fleur quatre, cinq, six ou sept étamines.

Les fleurs femelles (*ab*) sont entierement semblables aux mâles, excepté qu'au lieu d'étamines on apperçoit un pistil (*cd*) formé de quatre ou cinq embryons & d'autant de styles terminés par un stigmate obtus. Tous ces embryons, qui sont rassemblés en tête au fond du calyce, forment autant de capsules qui renferment chacune une semence ronde & brillante (*ef*).

Les feuilles du Fagara ressemblent beaucoup à celles du Frêne; mais il ne forme qu'un arbrisseau: il porte de grosses & courtes épines.

ESPECE.

FAGARA fraxini folio. Mas & fœmina.

FAGARA dont la feuille ressemble assez à celle du Frêne, ou FRESNE ÉPINEUX.

CULTURE.

Nous avons élevé cet arbrisseau par les graines qui nous sont venues de Canada; mais la plus grande partie ne leve point.

Si on veut avoir des ſemences de cet arbriſſeau en France, il eſt néceſſaire de planter les deux individus auprès les uns des autres.

Nous avons quelques pieds aſſez gros qui tracent, & fourniſſent beaucoup de drageons enracinés.

USAGES.

Le Frêne épineux forme un joli arbriſſeau par ſon feuillage; mais ſa fleur n'a aucun éclat: il eſt ſujet à être dépouillé par les cantharides. Il paſſe en Canada pour être un puiſſant ſudorifique & diurétique. Ses graines & leurs capſules répandent une odeur aſſez agréable.

FAGARA. N°. 1.

Tome I. Pl. 97.

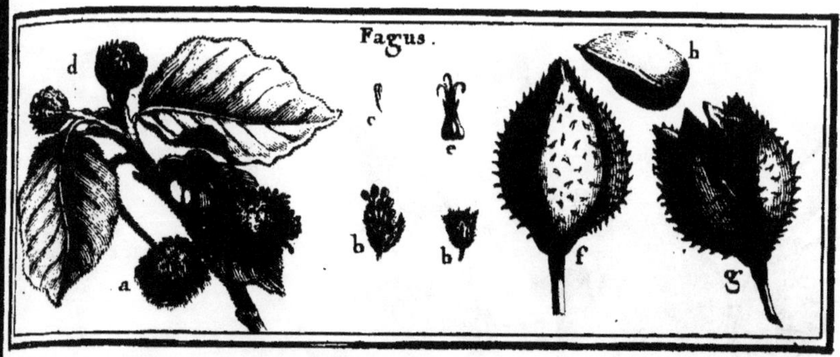

FAGUS, TOURNEF. & LINN. HESTRE.

DESCRIPTION.

LE Hêtre produit des fleurs mâles & des fleurs femelles. Les fleurs mâles (*b*) sont attachées à un filet flexible, & forment par leur assemblage un chaton sphérique (*a*).

Chaque fleur est composée d'un calyce qui est figuré en cloche, & découpé par les bords en cinq, sans pétale ni pistil; on trouve dans l'intérieur environ douze étamines (*c*).

Les fleurs femelles (*d*) ont un calyce campaniforme découpé en quatre par les bords. On apperçoit dans l'intérieur le pistil (*e*) composé de trois styles, dont la base ou le calyce devient un fruit (*f*) épineux, relevé de quatre côtes ou gaudrons; il se termine en pointe; & l'on trouve dans l'intérieur (*g*) quatre semences triangulaires (*h*).

Les feuilles sont ovales; on apperçoit quelques dentelures sur les bords, & il y a des feuilles qui n'en ont presque point: elles sont toutes de médiocre grandeur, d'un beau verd, très-luisantes, & rangées alternativement sur les branches.

Cet arbre, qui est un des plus grands & des plus beaux de nos forêts, a toujours son écorce très-unie & blanchâtre.

ESPECE.

FAGUS. Dod. pempt.
HESTRE, FAU, FOUTEAU, OU FOYARD.

CULTURE.

Nous avons semé la Faine (ou Fouesne) qui est la semence du Hêtre, dans l'automne & au printemps, avec un égal succès : néanmoins il est mieux d'en conserver les semences dans du sable pendant l'hyver ; elles y sont à couvert des mulots & de plusieurs autres animaux qui en sont très-friands, & elles se disposent à lever plus promptement au printemps.

Quand on fait des semis en grand, on répand le sable avec la semence ; & si le champ a été entretenu en bon labour, il suffit d'y faire passer la herse pour que la Faine soit suffisamment enterrée ; car elle réussiroit mal si on la mettoit à une trop grande profondeur.

Quand on veut semer du Hêtre, dans la vue de l'élever en pépiniere, on répand les semences sur des planches, avec les précautions que nous venons de rapporter ; & dans la seconde ou la troisieme année, lorsque les jeunes Hêtres ont six ou huit pouces de hauteur, alors, au mois de Novembre, quand la terre est bien pénétrée d'eau, on les arrache, ayant attention de ne point rompre les racines : on coupe la racine pivotante ; & l'on plante les jeunes arbres dans des rigolles à deux pieds de distance les uns des autres.

On laboure ces pépinieres comme une jeune vigne : on élague de temps en temps les jeunes arbres ; & quand ils ont quatre ou cinq pouces de circonférence à un pied au-dessus de terre, on peut les arracher pour les planter en avenues.

Comme il leve beaucoup de Faine dans les forêts, on peut se dispenser d'en semer ; il suffit d'en arracher de petits sous les grands arbres, & de les mettre aussitôt en pépiniere.

Les Hêtres ne réussissent point dans les terres qui ont peu de fonds ; le terrein qui leur convient le mieux est un sable gras, ou qui est mêlé d'un peu d'argille. On en voit d'assez beaux dans le sable pur, lorsque le terrein est un peu humide.

On dit que cet arbre croît naturellement à la Louysiane,

USAGES.

On sait que le Hêtre est un des plus beaux & des plus grands arbres de nos forêts. Son bois, comme nous le dirons dans

dans la ſuite, eſt propre à beaucoup de ſervices. Ainſi lorſque l'on ſe trouvera dans un terrein qui lui convient, on fera bien d'en élever de grandes futaies.

Il y a peu d'arbres qui ſoient d'une plus belle forme : ſes feuilles ſont d'un très-beau verd, brillantes, & aſſez fermes ; ce qui fait qu'elles ſont peu endommagées par les inſectes, & qu'elles ſubſiſtent ſur les arbres juſqu'aux gelées. Toutes ces raiſons doivent engager à en faire des ſalles d'automne & des avenues. Comme cet arbre ſouffre le croiſſant & le ciſeau, on pourra en former des paliſſades, qui ſeront au moins auſſi belles que celles de Charme.

Le bois de Hêtre eſt fendant & caſſant quand il eſt bien ſec ; mais tant qu'il conſerve un peu de ſéve, il eſt pliant & fait reſſort : c'eſt pourquoi on le préfere à tout autre bois pour les rames des bâtimens de mer, & l'on en fait encore de bons brancards pour les chaiſes de poſte. En Allemagne les Charrons en font des gentes de roues : & à Breſt on en fait quelquefois des affuts de canon, qui pourriſſent moins promptement dans les Vaiſſeaux que ceux que l'on fait d'Orme. Mais ce bois eſt plus ſujet à ſe fendre : & on ne l'employe guere pour les charpentes ni pour la conſtruction des Vaiſſeaux ; j'en ai ſeulement vu faire des palplanches pour des encaiſſemens autour des pilotis. Les Menuiſiers pour meubles en employent beaucoup, quoiqu'il ſoit ſujet à être piqué par les vers : on prévient en partie cet inconvénient en verniſſant ce bois après l'avoir employé.

Les Tourneurs en font pluſieurs petits ouvrages, comme des ſebiles ou gamelles, des ſaunieres, &c.

Les bâtieres des bêtes de charge, les attelles des colliers des chevaux de harnois, les pelles pour remuer le grain, pour les vendanges, pour les écuries, pour les travaux des terres, pour les Boulangers : toutes ces choſes ſont faites avec le Hêtre. On en refend à la ſcie des planches fort minces dont les Layetiers font une grande conſommation. C'eſt avec ce bois qu'on fait les copeaux pour éclaircir le vin, & pour les ouvrages de gaînerie ; les meilleurs ſabots, après ceux de Noyer, ſont ceux de Hêtre : & l'on choiſit ce bois par préférence à tout autre pour chauffer les appartemens.

Nous avons dit que le bois de Hêtre étoit ſujet à être piqué des vers : néanmoins les ſabots, les pelles, les attelles de collier, & quantité d'autres ouvrages, ne ſont point ſujets à la vermoulure; ce qu'on doit, je crois, attribuer à la précaution qu'on a de paſſer ces ouvrages par la fumée : cette opération donne au bois une couleur aſſez agréable; elle empêche que ces différents ouvrages, qui ſont faits avec du bois verd, ne ſe fendent, & je crois qu'elle les préſerve pour un temps de l'attaque des vers.

C'eſt encore avec ce bois qu'on fait les manches des couteaux que l'on nomme des jambettes. Quand le manche eſt dégroſſi, on le met ſous une preſſe dans un moule de fer poli, qu'on a fait chauffer & que l'on a frotté d'huile. Ce bois entre dans une eſpece de fuſion : une portion du bois s'étend entre les deux plaques de fer qui forment le moule, comme ſi c'étoit une eſpece de métal; & le manche ſort du moule bien formé, très-poli, ayant acquis beaucoup de dureté, & pris une couleur aſſez agréable. En cet état il n'eſt plus poſſible de reconnoître le grain du bois de Hêtre.

Les amandes qui ſont dans les ſemences ſont preſque auſſi agréables à manger que les noiſettes. On prétend qu'elles ſont diurétiques. Les porcs les mangent avec avidité. On en tire par expreſſion une huile fort douce, qui reſſemble à celle de noiſette. Cette circonſtance qui établit une grande différence entre l'amande du Hêtre, & la Châtaigne, dont on ne peut tirer d'huile, nous a détourné de réunir ces deux genres, comme l'a fait M. Linneus, qui met les Châtaigniers au rang des Hêtres. D'ailleurs la forme des parties qui ſervent à la fructification, eſt bien ſuffiſante pour diſtinguer ces deux genres. Et cette diſtinction ſe trouve encore confirmée par le peu de ſuccès des tentatives qu'on a faites depuis quelque temps pour faire reprendre le Châtaignier ſur le Hêtre.

M. d'Iſnard prétend (Hiſt. de l'Acad. des Sciences 1726) que l'huile de Faine, nouvellement tirée, cauſe des peſanteurs d'eſtomach; mais qu'elle perd cette mauvaiſe qualité en la conſervant un an dans des cruches de grais bien bouchées que l'on enterre.

Tome I. Pl. 68.

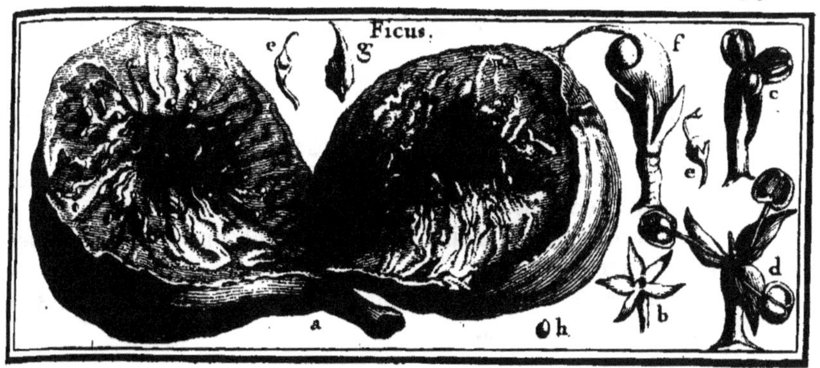

FICUS, Tournef. & Linn. FIGUIER.

DESCRIPTION.

ON a cru que le Figuier ne portoit point de fleurs ; mais maintenant les Botaniſtes ſont aſſez d'accord que ce qui fait la chair de la Figue eſt un calyce commun & charnu qui forme une eſpece de bourſe (*a*), où il ne reſte qu'une petite ouverture qu'on nomme l'œil ou l'ombilic : encore cette ouverture eſt-elle preſque entierement fermée par des écailles qui forment les bords du calyce. Ce calyce qui eſt, pour ainſi dire, caverneux, contient intérieurement une multitude de fleurs : celles qui ſont aſſez proche de l'ombilic ſont mâles (*cd*) ; elles contiennent trois, quatre ou cinq étamines ſupportées par un aſſez long pédicule & un calyce (*b*) : elles ne produiſent point de graines. Les fleurs femelles (*ef*), qui ſont auſſi au bout d'un long pédicule, & que l'on trouve près de la queue de la Figue, renferment un piſtil formé d'un embryon & d'un long ſtyle : l'embryon devient une ſemence lenticulaire (*h*) ; enfin proche l'ombilic de la Figue l'on découvre des écailles (*g*) qui ne renferment ni étamines ni piſtil.

Les Figues qui ſont formées par ces différents organes, ſont des fruits plus ou moins gros & plus ou moins ronds, ſuivant les eſpeces ; mais ils approchent toujours de la figure d'une poire; lorſqu'ils ſont en parfaite maturité, ils doivent être fort mols & ſucculens.

Les feuilles du Figuier ſont grandes, découpées plus ou moins profondément, ſuivant les eſpeces: elles ſont rudes au toucher, d'un verd aſſez foncé pardeſſus, blanchâtres en deſſous, & relevées de nervures aſſez ſaillantes. Elles ſont poſées alternativement ſur les branches.

Les bords ne ſont point dentelés, mais ondés, & quelquefois échancrés.

Cet arbre répand une liqueur blanche quand on entame ſon écorce ou ſes feuilles.

ESPECES.

1. *FICUS ſativa fructu violaceo longo, intùs rubenti.* Inſt.
   FIGUIER cultivé à fruit long, violet en dehors & rouge en dedans.

2. *FICUS ſativa fructu præcoci, albido, fugaci.* Inſt.
   FIGUIER hâtif à fruit blanc.

3. *FICUS ſativa fructu globoſo, albo, mellifluo.* Inſt.
   FIGUIER à fruit blanc, rond & très-ſucré.

4. *FICUS ſativa fructu parvo fuſco, intùs rubente.* Inſt.
   FIGUIER à petit fruit, jaune en deſſus, rouge en dedans, ou FIGUE-ANGELIQUE.

5. *FICUS ſativa fructu longo majori nigro, intùs purpuraſcente.* Inſt.
   FIGUIER à fruit long, noir par deſſus, & rouge dedans, ou FIGUE-POIRE.

6. *FICUS ſativa fructu globoſo, intùs rubente.* M. C.
   FIGUIER à fruit rond, qui eſt rouge en dedans, ou FIGUE DE BRUNSWICK.

7. *FICUS Orientalis foliis laciniatis, fructu maximo albo.* M. C.
   FIGUIER du Levant à très-gros fruit, dont les feuilles ſont découpées en lanieres; ou FIGUIER DE TURQUIE.

Il y a un grand nombre d'autres eſpeces de Figuier qu'on peut chercher dans les Livres de Jardinage, & dont le détail ſeroit d'autant plus long & plus confus, que la plupart, ainſi que celles mêmes que nous venons de nommer, ne ſont que des variétés.

CULTURE.

Le Figuier s'accommode de toutes ſortes de terres : j'en ai vu de très-gros dans des terres ſubſtantieuſes; mais il ſubſiſte dans les plus mauvaiſes, & ſon fruit eſt plus ſucré, & a le goût plus fin, quand l'arbre eſt planté dans un terrein ſec, & même entre des rochers.

Comme cet arbre ne peut ſupporter nos grands hyvers, pendant long-temps on l'a cultivé en caiſſe; mais dans cet état il ne produit que très-peu de fruit. Il vaut mieux planter les Figuiers ſur un côteau bien expoſé au midi, & qui ſoit à couvert du nord & du couchant par le côteau même, ou par des murailles aſſez élevées.

Il eſt préférable de planter les Figuiers en buiſſon plutôt qu'en eſpaliers; ils donnent alors plus de Figues, & elles mûriſſent mieux.

Si l'on ſe contente de tenir ainſi les Figuiers à une bonne expoſition, il arrivera de temps en temps que les branches géleront : à la vérité la ſouche repouſſera; mais les nouveaux jets ne donneront des Figues que dans la troiſieme année. Pour prévenir ces accidents, il faut tenir les Figuiers très-nains. Il y en a qui croyent y parvenir en rompant l'été l'extrêmité des jeunes pouſſes : je ne blâme point cette pratique que j'ai éprouvée; mais le mieux eſt d'abbatre tous les ans juſques ſur la ſouche quelques-unes des plus groſſes branches. Pendant que les branches de médiocre groſſeur donneront du fruit, la ſouche produira de nouveaux jets, qui ſeront en état de fructifier quand les autres branches, ayant pris trop de force, ſeront dans le cas d'être retranchées. Par cette pratique on n'aura pas à la vérité autant de fruit que ſi les arbres étoient grands; mais auſſi on ne courra point le riſque d'en être entierement privé après les grands hyvers, pourvu toutefois qu'on ait l'attention de couvrir les arbres nains avec de la paille, des roſeaux ou des genêts.

Comme dans les Provinces maritimes, les gelées y ſont moins

fortes, j'ai vu à Breſt des Figuiers d'une groſſeur monſtrueuſe: mais il y fait rarement aſſez chaud pour que leur fruit mûriſſe parfaitement.

Nous avons fait remarquer que les Figuiers donnent des fruits plus ſucculents quand ils ſont plantés entre des rochers. Comme on eſt rarement dans le cas de ſe trouver pourvû d'un pareil terrein, qui ſoit bien expoſé, & à l'abri de la biſe, nous avons pris le parti de faire paver le deſſous de nos Figuiers. Par cette précaution l'on empêche l'eau des pluies de pénétrer juſqu'aux racines, & on augmente la réverbération du ſoleil qui contribue à faire mûrir les Figues.

Ce qui eſt le plus expéditif, & ce qui ſe pratique le plus communément, eſt de multiplier les Figuiers par des marcottes: elles pouſſent effectivement des racines avec beaucoup de facilité. Si-tôt qu'on a fait une entaille à une branche en la coupant en talut du tiers ou du quart de ſa groſſeur, il ne s'agit plus que de la paſſer dans un panier ou dans une caiſſe remplie de terre, ou de courber la branche pour couvrir de terre l'endroit entamé: on eſt sûr d'avoir au bout d'un an un Figuier bien enraciné; & pour peu qu'il ait de racines, la repriſe eſt certaine, puiſque les boutures de cet arbre réuſſiſſent aſſez bien.

On peut auſſi multiplier les bonnes eſpeces de Figues en les greffant ſur les eſpeces moins eſtimables ou plus communes: la greffe qu'on nomme greffe en ſifflet, réuſſit mieux que toute autre.

Quand il ne s'agira que de multiplier les eſpeces connues, on fera bien de le faire par des marcottes ou par la greffe; car ces moyens mettent en état d'avoir promptement du fruit: mais il y a des cas où l'on ſera forcé d'avoir recours aux ſemences. Si, par exemple, on deſiroit d'avoir des eſpeces d'Italie, d'Eſpagne, du Levant, on pourroit tenter de ſe les procurer en ſemant les graines qui ſe trouvent dans les Figues ſeches qu'on tire de ces pays; car les ſemences ſe conſervent très-ſaines dans les fruits qui n'ont été deſſéchés que par l'ardeur du ſoleil.

M. l'Abbé Nollin, Chanoine de Saint Marcel à Paris, qui fait cultiver dans ſon jardin beaucoup d'arbres curieux, & qui ſe fait un plaiſir de tenter diverſes expériences propres à perfectionner leur culture, m'a fait voir des Figuiers d'un an qui avoient sept à huit pouces de hauteur, & qui provenoient de la graine de différentes especes de Figues seches qu'il avoit tirées de l'étranger.

Il est vrai que par les semences on ne peut pas compter avoir surement l'espece de Figue qu'on a semée ; cependant c'est le seul moyen de se procurer de nouvelles especes, & entre celles-là il peut s'en trouver de très-bonnes.

Si dans cette vue un curieux veut semer la graine des Figues de son jardin, il faut qu'il les laisse mûrir sur l'arbre jusqu'à ce qu'elles soient entierement flétries : il les cueillera en cet état, & il les écrasera dans un bassin rempli d'eau fraîche. Il ramassera la bonne graine qui tombe au fond de l'eau ; & après l'avoir un peu desséchée sur un linge, il la semera dans des terrines, en la répandant sur la superficie de la terre, & il ne la recouvrira qu'avec un peu de terre passée au crible. Si l'on tient ces terrines sur une couche chaude, & si on a l'attention de les défendre de la grande ardeur du soleil avec des paillassons, on aura la satisfaction de voir en peu de jours les jeunes Figuiers sortir de terre.

Nous ne parlerons point des industries qu'on peut employer pour hâter par des étuves la maturité de ces fruits, parce que nous n'avons pour le présent en vue que les arbres qui se peuvent élever en pleine terre.

On recommande dans quelques Livres d'Agriculture de mettre avec un pinceau un peu d'huile d'olive à l'œil des Figues, c'est-à-dire à cette ouverture que l'on apperçoit à l'extrêmité du fruit. J'en ai vû faire l'expérience à Bercy chez feu M. Geoffroy. On choisissoit sur une même branche deux figues de même grosseur, & qui étoient parvenues aux deux tiers de celle qu'elles devoient avoir. On mettoit avec un pinceau un peu d'huile d'olive à l'une des deux ; celle-là grossissoit plus que l'autre, & elle parvenoit plutôt à sa maturité sans rien perdre de sa bonté. Je crois que dans cette occasion l'huile fait à-peu-près le même effet que les insectes de la caprification, dont je vais parler. Nous sommes dans l'usage de faire cette opération à presque toutes nos Figues. Quelques Auteurs ont aussi conseillé de piquer l'œil de la Figue avec une plume ou une paille graissée d'huile.

Les Figuiers croiſſent naturellement à la Louyſiane.

USAGES.

La Figue de bonne eſpece, qui eſt venue dans un terrein convenable, à une bonne expoſition, & qui eſt parvenue à une parfaite maturité, eſt un des meilleurs fruits qu'on puiſſe manger. Quelques-uns ont prétendu qu'il étoit mal-ſain; mais je crois que c'eſt à tort, & que s'il a quelquefois cauſé des indigeſtions fâcheuſes, il faut s'en prendre moins aux Figues qu'à l'intempérance de ceux qui mangent avec excès d'un fruit qui leur paroît délicieux.

En Languedoc, en Provence, en Eſpagne, en Italie, & dans le Levant, on deſſeche beaucoup de Figues au ſoleil; cela fait une branche de commerce aſſez conſidérable : car on en conſomme beaucoup pour les aliments, dans les pays froids & tempérés.

La Figue ſeche eſt regardée en Médecine comme un bon émollient, & on l'employe ſur-tout pour avancer la maturité des abcès de la bouche & de la gorge. C'eſt auſſi un bon béchique : on en fait uſage pour appaiſer les toux violentes. Comme ſa décoction eſt adouciſſante, relâchante & incraſſante, on l'ordonne pour la maladie des reins & de la veſſie.

Le lait qui découle des feuilles & de l'écorce des Figuiers eſt cauſtique; on s'en ſert pour détruire les verrues.

Le bois de cet arbre eſt tendre & ſpongieux : je ne ſache pas qu'on en faſſe aucun uſage. Les Serruriers & les Armuriers s'en ſervent; parce qu'étant ſpongieux, il ſe charge facilement de beaucoup d'huile & de la poudre d'émeril qu'ils employent pour polir leurs ouvrages.

Comme le Figuier exige des précautions pour être conſervé dans les grands hyvers, c'eſt un arbre qui appartient uniquement aux jardins potagers, & qui ne peut ſervir pour la décoration des boſquets. Ainſi il ne me reſte plus pour terminer l'article du Figuier qu'à dire un mot de la caprification.

Les Habitans de l'Archipel font leur principale nourriture des Figues ſeches, qu'ils mangent avec un peu de pain d'orge.

Cette

Cette raiſon les engage à donner toute leur attention à ce qui peut augmenter la fructification des Figuiers.

Ceux que nous cultivons aux environs de Paris, la plupart des eſpeces qu'on éleve en Provence, ou dans l'Iſle de Malthe, & pluſieurs eſpeces qui ſe cultivent dans l'Archipel, donnent leur fruit ſans qu'on ſoit obligé d'avoir recours à aucune autre induſtrie que la culture ordinaire que l'on donne à tous les arbres fruitiers. Mais dans l'Archipel & à Malthe, il ſe trouve des eſpeces de Figuiers, tant ſauvages que domeſtiques, qui ont beſoin d'un ſecours bien ſingulier pour conduire leur fruit juſqu'à une parfaite maturité. Au moyen de ce ſecours, qu'on nomme *Caprification*, un de ces Figuiers qui donneroit à peine vingt-cinq livres de Figues mûres & propres à ſécher, en donne plus de deux cens quatre-vingt livres.

La caprification étoit connue dès le temps d'Ariſtote ; M. de Tournefort, dans ſon Voyage du Levant, nous inſtruit des circonſtances de cette opération; & par les obſervations que M. le Commandeur le Godeheu a faites à Malthe, on a encore acquis des idées fort juſtes ſur la phyſique de la caprification. Je vais eſſayer de donner d'après ces deux Phyſiciens une idée abrégée d'une des plus ſingulieres pratiques d'agriculture.

On cultive dans l'Archipel deux eſpeces de Figuier, l'un domeſtique qui fournit les fruits, & l'autre ſauvage que l'on nomme *Caprifiguier* & dans le pays *Ornos*: celui-ci donne naiſſance à des inſectes qui ſervent à procurer aux Figues domeſtiques une maturité à laquelle elles ne parviendroient pas ſans ce ſecours.

On ſait que nos Figuiers produiſent des Figues au printemps & en automne. Les Caprifiguiers en produiſent trois fois dans le cours d'une année : les naturels de l'Archipel leur donnent des noms différents.

Les premieres Figues, qu'on nomme *Fornites*, & que nous appellerons *Figues d'automne*, paroiſſent en Août, & tombent ſans mûrir en Septembre & en Octobre. Les ſecondes Figues qu'on nomme *Cratitires*, & que nous appellerons *Figues d'hyver*, paroiſſent à la fin de Septembre, & reſtent ſur l'arbre juſqu'au mois de Mai. Alors paroît la troiſieme eſpece de Figue, qu'on nomme *Orni* dans le Levant, & que nous pouvons appeller *Figues printanieres*.

Aucune eſpece de ces fruits ne mûrit ; mais il s'engendre dans les Figues d'automne, de petits vers de la piquure de certains moucherons qui y dépoſent leurs œufs, & qu'on ne voit voltiger qu'autour des Caprifiguiers. Dans les mois d'Octobre & de Novembre, les moucherons qui proviennent des vers qui ſe ſont élevés dans les Figues d'automne, piquent les Figues d'hyver, & alors les Figues d'automne tombent. Les Figues d'hyver renferment, juſqu'au mois de Mai, les œufs de ces moucherons : alors les Figues du printemps commencent à ſe montrer. Lorſqu'elles ſont parvenues à une certaine groſſeur & que leur œil commence à s'ouvrir, elles ſont piquées en cet endroit par les moucherons qui ſe ſont élevés dans les Figues d'hyver.

Les Figues du printemps ſont beaucoup plus groſſes que celles d'automne & d'hyver. Lorſqu'elles approchent de leur maturité, elles molliſſent & deviennent jaunâtres ; mais dans leur plus grand degré de maturité, elles ne contiennent point de liqueur ſucrée ; elles ſont intérieurement ſeches & farineuſes. Au reſte, on apperçoit dans leur intérieur les fleurons & les graines, comme dans nos Figues ordinaires.

Dans les mois de Mai ou de Juillet, quand les vers qui ſe ſont métamorphoſés dans ces Figues, ſont prêts à ſortir ſous la forme de moucherons, les Payſans les cueillent & les portent ſur les Figuiers domeſtiques. C'eſt en cela que conſiſte le grand travail de la caprification ; car ſi l'on attend trop tard, les Figues printanieres tombent, & la plus grande partie du fruit des Figuiers domeſtiques ne fait que languir.

Quand on a tranſporté à temps les Figues du printemps ſur les Figuiers domeſtiques, les moucherons qui ſortent des Figues du printemps, entrent par l'ombilic dans les Figues domeſtiques, qui ſont alors groſſes comme des noix, & ils y dépoſent leurs œufs.

Si l'on ouvre en différents temps ces Figues, on voit d'abord les moucherons qui ſe promenent çà & là dans l'intérieur de la Figue. Quelque temps après, on apperçoit que tous les pepins ſont extrêmement gros ; & ſi on les ouvre, on trouve (pour me ſervir de l'expreſſion de M. le Godeheu) qu'elles contiennent des amandes vivantes, c'eſt-à-dire qu'il y a intérieurement des vers qui ſe nourriſſent des amandes des Figues.

En ouvrant les Figues lorſqu'elles approchent de leur maturité, on voit les moucherons ſortir des pepins; & bientôt après avoir deſſéché leurs aîles, ils s'envolent.

Quand les poires nouent, il y a quelquefois des moucherons qui dépoſent leurs œufs dans l'œil de ces jeunes fruits. Les vers qui en naiſſent entrent dans le fruit par le canal des piſtils, & ſe nourriſſent de ce qu'ils rencontrent. Ces poires groſſiſſent beaucoup plus promptement que les autres, & elles tombent. Cette augmentation de groſſeur vient-elle de ce que le ver ayant détruit les organes qui vont au pepin, les ſucs nourriciers ſe portent plus abondamment dans la chair du fruit? ou cette groſſeur dépend-elle d'une extravaſation de ſucs, comme il paroît par les galles qui viennent à l'occaſion de la piquure des inſectes? c'eſt ce qui n'eſt point encore décidé: mais il ſemble qu'il y a quelque rapport entre ce qui arrive aux fruits véreux, & ce qui réſulte de la caprification, d'autant que les Figues caprifiées ne ſont jamais ſi bonnes qne les autres. Le but de cette opération n'eſt que d'obtenir une plus grande quantité de fruits. M. le Godeheu remarque pour Malthe, 1°. qu'il y a des Figuiers, qu'il nomme domeſtiques, qui mûriſſent leur premier fruit ſans le ſecours de la caprification, mais qui ne peuvent s'en paſſer pour conduire à maturité leurs ſeconds fruits. 2°. Qu'il y a des Figuiers, qu'il nomme Sauvages, qui ne donnent du fruit que dans une ſaiſon, & que ceux-là ne peuvent ſe paſſer de la caprification. 3°. Enfin que la caprification fatigue les arbres, & que les Figuiers, qui ont donné par ce moyen beaucoup de fruit dans une année, en donnent peu l'année ſuivante.

La chaleur du ſoleil ne ſuffit pas pour deſſécher les Figues caprifiées; il faut encore les paſſer au four; c'eſt apparemment pour faire périr la ſemence vermineuſe, car le four leur donne un goût deſagréable.

Tome I. Pl. 99.

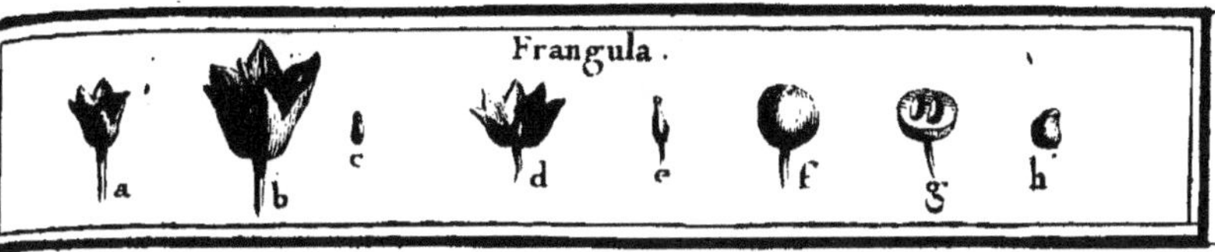

FRANGULA, Tournef. RHAMNUS, Linn. BOURDAINE.

DESCRIPTION.

LA fleur (*ab*) de la Bourdaine eſt formée d'un calyce en godet découpé en cinq, & coloré au dedans. En ouvrant le calyce, on apperçoit de petites feuilles (*c*) ce ſont des pétales; l'on y voit encore cinq étamines & un piſtil (*de*).

L'embryon, qui eſt à la baſe du piſtil, devient une baie ſucculente (*f*) qui renferme deux ſemences (*gh*), plattes d'un côté, convexes de l'autre. Les baies commencent par être vertes, puis elles rougiſſent, & enfin elles deviennent noires.

La Bourdaine forme un grand arbriſſeau: ſes feuilles ſont ovales, allongées, d'un aſſez beau verd. Elles ſont poſées alternativement ſur les branches. L'écorce intérieure eſt jaune; le bois eſt blanc & tendre.

On voit ici, comme dans l'Alaterne, que les petits pétales du *Frangula* ont engagé M. Linneus à comprendre cette plante dans le genre des *Rhamnus*. Cependant nous avons jugé à propos de lui conſerver le nom de Frangula, *Bourdaine*, pour ne point trop changer les noms établis par les anciens Botaniſtes: nous nous contentons d'avertir que cet arbre a beaucoup de rapport avec le *Rhamnus*, & qu'il pourroit être rangé dans le même genre.

ESPECES.

1. *FRANGULA*. Dod. Pempt.
Bourdaine, ou Aune noir, bacciſere.

2. *FRANGULA rugosiore & ampliore folio.* Inst.
BOURDAINE à feuilles larges ; ou AUNE NOIR, baccifere à grandes feuilles. Cet arbrisseau croît en Canada.

CULTURE.

La Bourdaine est un grand arbrisseau qui vient sous les grands arbres de nos bois, principalement dans les terrains humides.

On peut le multiplier par les semences, par les marcottes & par des drageons enracinés, qui se trouvent auprès des gros pieds.

USAGES.

La Bourdaine, qu'on nomme aussi l'*Aune noir*, ne peut guere servir à la décoration des jardins : le seul usage que je sache qu'on fasse de son bois, est de le réduire en un charbon léger, qui est estimé préférablement à tout autre pour la fabrique de la poudre à canon.

Pour cet effet, on coupe le Frangula par morceaux de quatre pieds de long ; & on en leve l'écorce dans le temps de la séve. Lorsque le bois est à demi-sec, on l'arrange debout dans une fosse qu'on a creusée en terre : on le brûle à flamme vive ; & quand il est suffisamment consumé, on étouffe la braise avec de la terre, car l'on n'employe point d'eau pour l'éteindre. Un quintal de ce bois, qui coûte à peu près quatre livres, ne produit que douze livres de charbon.

Dans plusieurs Provinces, les Cordonniers n'emploient point d'autre bois pour faire les chevilles des talons des souliers qu'ils fabriquent.

L'écorce des racines de cet arbrisseau purge fortement par haut & par bas. On l'emploie dans les campagnes contre les hydropisies, & on la prescrit à la dose d'une drachme & demie. On la fait aussi entrer dans les pommades contre la gale.

Tome I. Pl. 100.

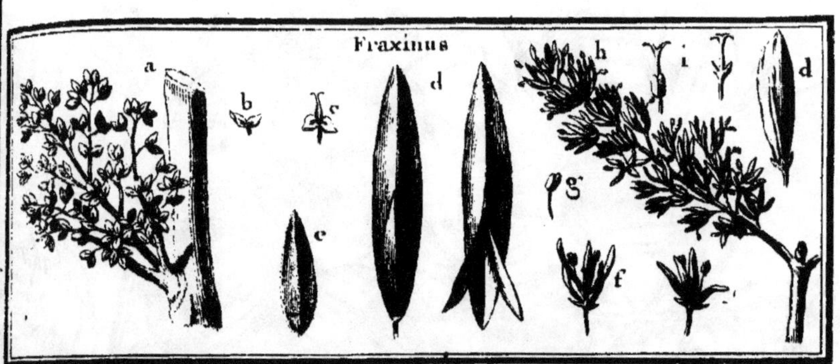

FRAXINUS, TOURNEF. & LINN. FRESNE.

DESCRIPTION.

LES fleurs du Frêne (*bf*) sont rassemblées par bouquets ou en grappes (*ah*) : elles sont formées de deux étamines (*fg*) & d'un pistil cilindrique (*ci*), divisé en deux par son extrêmité. Ce pistil devient un fruit, ou une follicule membraneuse, oblongue, formée en langue d'oiseau, platte, fort déliée dans sa pointe (*d*), & qui renferme dans son milieu une semence oblongue ou presque ovale, applatie (*e*), blanche, d'un goût âcre & amer : elle ne mûrit qu'en automne. La plupart des especes de Frêne portent des fleurs sans pétales (*b*) : les especes (*f*) qui ont quatre pétales étroits, se nomment *Frênes à fleur.*

Les feuilles du Frêne sont composées de sept & quelquefois de treize folioles dentelées plus ou moins profondément par les bords : elles sont rangées par paires le long d'une côte qui est terminée par une seule foliole.

Les feuilles sont aussi opposées deux à deux sur les branches.

ESPECES.

1. *FRAXINUS excelsior.* C. B. P.
FRESNE de la grande espece.

2. *FRAXINUS rotundiore folio.* J. B.
FRESNE à feuilles rondes.

3. *FRAXINUS humilior, sive altera Theophrasti, minore & tenuiore folio.* C. B. P.
FRESNE nain qui a les feuilles fort petites, ou FRESNE de Montpellier.

4. *FRAXINUS florifera bothryoides.* Mor. Hist. *ORNUS.* Mich.
FRESNE à fleurs en grappes.

5. *FRAXINUS Caroliniana latiori fructu.*
FRESNE de Caroline ou de Canada, à feuilles de Noyer.

6. *FRAXINUS ex novâ Angliâ primis foliorum in mucronem productioribus.*
FRESNE de la nouvelle Angleterre, dont les folioles sont terminées par une pointe longue.

Nous avons encore plusieurs autres especes de Frêne : la plupart nous sont venus de Canada & de la Louysiane ; mais comme ces arbres sont encore jeunes, nous ne les comprendrons point dans cette liste. Ils sont néanmoins différens les uns des autres, même par la qualité de leur bois.

CULTURE.

Le Frêne vient très-bien dans les terres aquatiques, & même submergées. Néanmoins nous avons planté les especes n°. 1, 2, 3, 4, sur des hauteurs, dans des terroirs secs, où ils ont très-bien réussi. Nous en avons même mis dans de fort mauvais terrains, & ils y ont mieux subsisté que l'Orme & le Noyer que nous y avions aussi plantés.

L'espece, n°. 5, ne se plaît point dans ces sortes de terres; il lui faut nécessairement de l'humidité.

Quand on a des massifs de Frêne, on ne manque pas de plant; il en leve toujours beaucoup sous les vieux arbres. Mais quand on veut semer cet arbre, on fera bien de cueillir la graine après les premieres gelées d'automne, & de la mettre sur le champ, & toute verte, par couches avec de la terre, pour la semer dans le mois de Mars : de cette façon elle leve en très-peu de temps; au lieu que si l'on avoit conservé la graine dans un lieu sec, elle ne sortiroit de terre que dans la seconde année.

Au

Au bout de deux ans on les arrache pour les planter dans les massifs, ou pour les mettre en pépiniere ; & comme on leur coupe le pivot, ils reprennent aussi aisément que les Ormes.

On ne les étête ordinairement point en les replantant ; on se contente de les élaguer. Nous en avons transplanté ainsi qui avoient dix-huit pouces de circonférence, & ils ont très-bien repris.

Nous avons greffé en fente, les especes n°. 3 & 4, sur l'espece n°. 1 ; & dès la premiere année, ils ont produit des jets de trois à quatre pieds de hauteur.

USAGES.

Le Frêne, n°. 1, forme un fort grand arbre. Sa tige est droite ; son écorce lisse & unie ; ses branches se soutiennent bien ; sa tête prend presque toujours une forme agréable ; ses feuilles sont d'un beau verd : & comme d'ailleurs cet arbre s'accommode assez bien de toutes sortes de terrains, on peut en faire des futaies & de belles avenues. Nous conseillerions même d'en mettre dans les bosquets d'été & d'automne, s'il n'avoit pas le défaut d'être dévoré presque tous les ans par les cantharides. Ces insectes paroissent ordinairement vers le milieu de Juin : ils mangent toutes les feuilles des Chevre-feuilles, des Xylostéons, des Lillacs & des Frênes. Ces arbres en repoussent à la vérité de nouvelles qui subsistent jusqu'aux gélées ; mais il est desagréable de voir des arbres dépouillés comme en hyver dans la plus belle saison de l'année, lorsque toutes les autres productions de la terre sont dans leur plus grande beauté.

Le Frêne à fleur, n°. 4, est absolument exempt de ce défaut : jamais les cantharides ne l'endommagent. Ses feuilles sont d'un très-beau verd ; & comme les pétales de ses fleurs sont grands, il est chargé à la fin de Mai de grandes & grosses grappes de fleurs qui font un très-bel effet. On doit conclure de ces avantages, qu'il faut beaucoup multiplier ces sortes de Frênes, pour en décorer les bosquets de la fin du printemps, & en former des massifs & des avenues.

L'espece, n°. 5, a les feuilles plus larges que les précédentes; mais elles ne sont pas d'un aussi beau verd; & cet arbre est plus délicat sur la nature du terrain. D'ailleurs il est dépouillé par les cantharides ainsi que le n°. 1; mais ce défaut est commun à toutes les especes de Frêne, excepté au Frêne à fleurs.

Les Frênes, n°. 2 & 3, sont probablement semblables à ceux qui donnent *la Manne de Calabre*. Voici les notions les plus certaines que nous avons à ce sujet.

Dans la Calabre la manne coule d'elle-même, quand le temps est serein, depuis le milieu de Juin jusqu'à la fin de Juillet: pendant la chaleur du jour on voit sortir du tronc & des branches des Frênes une liqueur très-claire, qui s'épaissit en grumeaux. Ces grumeaux deviennent assez blancs; on les ramasse le lendemain matin en les détachant avec des couteaux de bois, pourvu qu'il ne soit point tombé d'eau: un brouillard humide suffit seul pour les fondre. On les étend au soleil pour achever de les dessécher; c'est ce qu'on appelle *la Manne en larmes.*

Sur la fin de Juillet, lorsque cette liqueur cesse de couler d'elle-même, les Paysans font des incisions dans l'écorce des Frênes, d'où il sort pendant la chaleur du jour beaucoup de liqueur qui s'épaissit en gros floccons. On les laisse un ou deux jours se dessécher. La couleur de cette manne est plus rousse que la précédente; c'est probablement *la Manne grasse.*

Quelquefois dans les mois de Juin & de Juillet, les Paysans ajustent sur les arbres des morceaux de paille ou de bois, sur lesquels la manne se fige en forme de stalactites. C'est cette manne qui est la plus chere, la plus recherchée & la plus estimée.

La Manne de Perse, suivant M. de Tournefort, est l'extravasation de la seve d'une espece de Genêt qu'il nomme *Alhagi Maurorum. Rauvolf. & Cor. Inst.* Il a trouvé cette plante en abondance dans l'isle de Syra, le long de la mer. Voyez le Voyage du Levant, *in*-8°. *Tome II*, *p.* 4.

Cette Manne que M. de Tournefort paroît estimer moins que celle de Calabre, a la même vertu, c'est-à-dire qu'elle purge doucement.

La Meleze fournit aussi une sorte de Manne. Voyez LARIX.

Le bois de toutes les especes de Frênes est très-ferme &

liant, tant qu'il conſerve un peu de ſa ſeve. C'eſt pour cela que l'on en fait un grand uſage pour le charronage. Les meilleurs brancards de Berline ſont de ce bois. Comme les jeunes Frênes s'élevent fort droits, on les dreſſe à la plaine, & l'on en forme les perches que l'on emploie ordinairement pour faire ces ſupports que l'on place le long des murs des eſcaliers, & que l'on nomme Écuyers ; on en fait encore de petites échelles legeres, des hampes d'eſponton, enfin des manches pour différens outils, &c.

Les Tourneurs font avec ce bois pluſieurs ſortes d'ouvrages. On le débite auſſi en planches ; & quelquefois on en fait des pieces decharpente ; mais il eſt ſujet à être piqué par les vers.

Les Frênes produiſent le long de leur tronc des tumeurs ligneuſes ou des exoſtoſes, dont le bois eſt aſſez beau, mais difficile à travailler.

La ſeconde écorce des branches du Frêne, ainſi que le fruit de cet arbre, ſont regardés en Médecine comme très-apéritifs.

Tome I. Pl. 101.

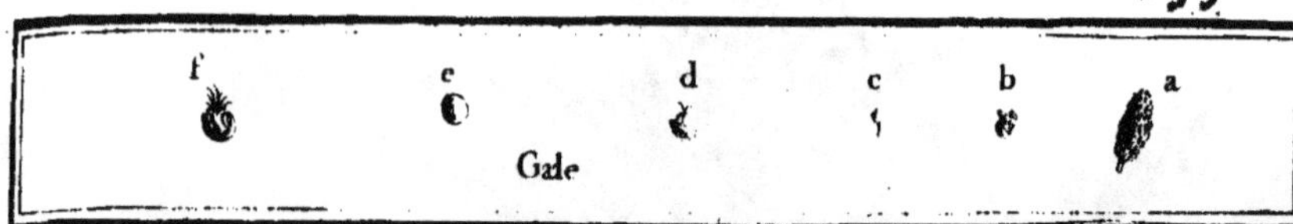

GALE, TOURNEF. *MYRICA*, LINN. PIMENT-ROYAL.

DESCRIPTION.

LE Piment-Royal doit être distingué en individus mâles & individus femelles. Ceux-ci portent des fruits, les autres des fleurs fécondantes.

Les fleurs mâles (*a*) sont grouppées sur une petite branche qui est roide, ou sur un poinçon ; ainsi elles forment par leur assemblage une espece d'épi composé d'écailles pointues (*b*) & creusées en cuilleron, sous lesquelles se trouvent quatre étamines (*c*).

Les fleurs femelles (*df*) ont assez le port des mâles, & sont grouppées de même ; mais au lieu d'étamines on trouve sous les écailles un pistil composé d'un embryon qui est de figure ovoïde, surmonté de deux styles. Cet embryon devient une capsule (*e*) qui ne contient qu'une semence. La plupart de ces petites baies sont relevées de bosses.

Les feuilles, qui sont ordinairement allongées, sont posées alternativement sur les branches. Celles de quelques especes sont échancrées.

Les fruits des especes, n°. 2 & 3, qui fournissent la cire dont nous parlerons, sont rassemblés par bouquets, & attachés à des queues ; les arbres en sont extrêmement chargés.

ESPECES.

1. *GALE frutex odoratus Septentrionalium Eleagnus cordo Chamaeleagnus Dodonai.* J. B. *Mas & femina. RHUS Myrti folia Belgica.* C. B. P.
PIMENT-ROYAL, qui est un arbuste odorant, individu mâle & femelle. Il en vient en Canada, en France & en Portugal.

2. *GALE Myrtus Brabanticæ similis Caroliniensis baccata fructu racemoso sessili Monopireno.* Pluk. *Mas & femina.*
Grand PIMENT-ROYAL qui porte ses baies disposées en grappes, ou L'ARBRE DE CIRE de la Louysiane. CANDELBERY des Anglois, le mâle & la femelle.

3. *GALE, quæ Myrtus Brabanticæ similis Caroliniensis humilior foliis latioribus & magis serratis.* Catesb. *Mas & femina.*
PIMENT-ROYAL nain à feuilles larges & profondément dentelées; ou L'ARBRE DE CIRE nain de Caroline & d'Acadie, le mâle & la femelle. Et en Canada sur la frontiere de l'Acadie, LAURIER SAUVAGE.

GALE Mariana Asplenii folio Pet. Mus. ou *Myrti Brabanticæ affinis Americana foliorum laciniis Asplenii modo divisis, julifera simul & fructum ferens,* Pluk. *MYRICA foliis oblongis alternatim sinuatis.* Hort. Cliff. & Linn. Voyez *LIQUIDEMBAR foliis oblongis,*

Cette plante porte, sur les mêmes pieds, des fleurs mâles & des fleurs femelles; au lieu que les *Gale* ont des individus mâles & des individus femelles,

De plus cet arbrisseau a des stipules à la naissance des feuilles que les *Gale* n'ont point. Il paroît que M. Linneus n'a pas connu cette plante, puisqu'il la désigne encore sous le nom de *Liquidembar,*

Nous supprimons plusieurs especes de *Gale* qu'on ne peut élever en pleine terre. Tels sont les *Gale* à feuilles de Chêne du Cap, &c.

CULTURE.

Toutes les especes de Piment-Royal, comprises dans ce dénombrement, sont des arbrisseaux aquatiques.

L'espece, n°. 1, se plaît dans les marais.

L'Arbre de Cire, n°. 2, nous est venu des graines qu'on nous a envoyées de la Louysiane; & le n°. 3 nous est parvenu de la Caroline par l'Angleterre. On assure que dans le pays ces arbres se multiplient aisément de drageons enracinés.

Je crois qu'il y a de ces especes de *Gale* qui viennent vers le haut du fleuve de Quebec; mais je n'ai pas encore pû en avoir des semences qui aient levé.

Quand on parviendra à avoir de bonnes graines des especes n°. 2 & 3, on fera bien de les semer dans des terrines ou dans des caisses ; car les jeunes arbres craignent nos grands hyvers : ainsi il faut les renfermer dans les orangeries jusqu'à ce que les tiges soient un peu grosses. On pourra alors les mettre en pleine terre dans un lieu humide, avec la précaution de les couvrir d'un peu de litiere ; & quand ils y auront passé quelques années, il y aura lieu d'espérer qu'ils y subsisteront ; car nous en avons vu en Angleterre & à Trianon, qui étoient chargés de fleurs & de fruits. On nous assure que l'espece de Canada est la même que celle qui nous vient de la Louysiane ; ce qui n'est pas surprenant, car il y a des especes de plantes qu'on trouve dans les pays chauds & dans la partie froide de la Zone tempérée ; par exemple l'Epine blanche & le Piment-Royal, n°. 1, qu'on trouve en Espagne, en Portugal & en Suede. D'ailleurs je crois que beaucoup de plantes se naturalisent dans le pays où on les cultive ; de sorte que je pense que les Ciriers qui proviendroient de graines élevées dans ce pays, seroient moins tendres à la gelée que ceux qui viennent des semences qu'on envoie de la Louysiane. Ce qui me confirme dans ce sentiment, c'est que, suivant les Voyageurs, on trouve les Ciriers à l'ombre des autres arbres, & que l'on en voit qui sont exposés au soleil, d'autres dans les lieux aquatiques, d'autres dans les terrains secs, enfin que l'on en trouve indifféremment dans les pays chauds, ainsi que dans les pays froids.

USAGES.

Les *Gale*, n°. 2 & 3, produisent des baies qui sont couvertes d'une espece de cire, ou plutôt d'une sorte de résine qui a quelque rapport avec la cire.

Les habitans de la Louysiane en ramassent les fruits ou especes de baies ; ils les font bouillir dans l'eau, & ils en retirent les graines & les queues avec des écumoires ; alors la cire résineuse qui revêt les capsules se fond, & comme elle est plus legere que l'eau, elle surnage, & se fige : par ce moyen ils obtiennent une espece de cire qui est verte, & dont on peut faire des bougies.

Depuis quelque temps les habitans ont trouvé le moyen de

retirer cette cire aſſez blanche ou jaunâtre. Pour cela ils mettent les baies dans des chaudieres, & ils verſent deſſus de l'eau bouillante qu'ils reçoivent dans des baquets, après avoir laiſſé diſſoudre la cire pendant quelques minutes. Quand l'eau eſt refroidie, on trouve deſſus une cire réſineuſe qui eſt jaunâtre.

Comme ce premier procédé n'épuiſe pas entierement la réſine de ces graines, on les fait enſuite bouillir dans l'eau : cette derniere réſine qui ſurnage eſt plus verte que ſi l'on n'avoit pas retiré en premier lieu la réſine jaunâtre.

La cire réſineuſe qu'on retire du *Gale* eſt ſeche. Elle ſe réduit aiſément entre les doigts en poudre graſſe. Pour lui donner plus de corps, j'y ai mêlé un peu de cire ordinaire, ou une petite portion de ſuif, & j'en ai fait faire des bougies qui prenoient un peu de blancheur ſur le pré, beaucoup moins à la vérité que la cire : mais ces bougies ont l'agrément de répandre une odeur agréable, & les égoutures de cette cire ſont plus faciles à emporter de deſſus les étoffes que celles du ſuif.

L'eau qui a ſervi à retirer la cire eſt fort aſtringente : elle arrête les diarrhées ; & l'on prétend qu'en faiſant fondre du ſuif dans cette eau, il acquerre preſqu'autant de conſiſtance que la cire.

Quand on a enlevé la cire de deſſus les baies, on apperçoit à la ſurface des baies une couche d'une matiere qui a la couleur de la laque ; l'eau chaude ne la diſſout point ; l'eſprit de vin en tire une teinture ; & quelques-uns croient qu'elle pourroit être de quelque utilité pour les arts.

Cet arbriſſeau eſt encore trop rare en France, pour qu'on ait pû en reconnoître d'autres uſages que ceux que l'on a appris des habitans de la Louyſiane.

GENISTA;

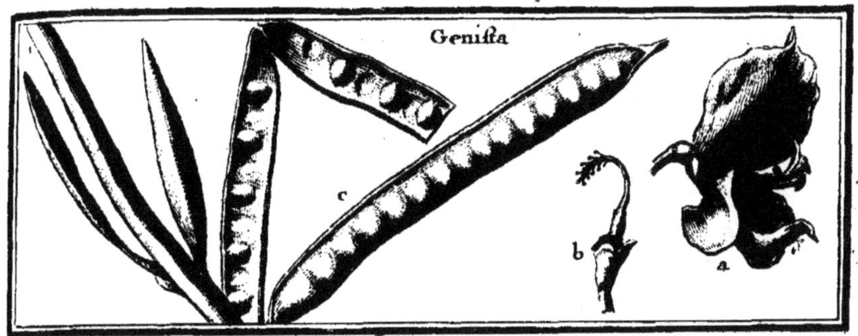

GENISTA, TOURNEF. *SPARTIUM*, LINN.
GENEST.

DESCRIPTION.

LES fleurs (*a*) du Genêt sont légumineuses. Le calyce est d'une seule piece ; on trouve dans l'intérieur de la fleur dix étamines réunies par le bas, & un pistil (*b*) qui devient une silique assez longue & applatie, dans laquelle sont plusieurs semences qui ont la forme d'un Rein (*c*).

Les branches du Genêt sont fort vertes, & peu garnies de feuilles qui sont posées alternativement.

ESPECES.

1. *GENISTA juncea.* J. B.
GENEST qui a les branches comme le Jonc ; ou GENEST d'Espagne.

2. *GENISTA Hispanica pumila odoratissima.* Inst.
Petit GENEST d'Espagne très-odorant.

3. *GENISTA humilior Pannonica.* Inst.
Petit GENEST de Hongrie.

4. *GENISTA Lusitanica parvo flore luteo.* Inst.
GENEST de Portugal à petites fleurs jaunes.

5. *GENISTA juncea flore multiplici.*
GENEST à branches de Jonc & à fleurs doubles.

6. *GENISTA ramosa foliis Hyperici.* C. B. P.
GENEST branchu à feuilles de Mille-pertuis.

7. *GENISTA radiata, sive stellaris.* J. B.
GENEST étoilé.

8. *GENISTA, sive Spartium purgans.* J. B.
GENEST purgatif odorant.

Les trois especes suivantes ont les siliques & les fleurs du Genêt; mais comme elles sont épineuses, elles seroient, suivant M. de Tournefort, des *Genista Spartium*.

9. *GENISTA spinosa montis Ventosi.*
GENEST épineux du mont Ventou.

10. *GENISTA spinosa minor Germanica.*
Petit GENEST épineux d'Allemagne.

11. *GENISTA spinosa minor Anglica.*
Petit GENEST épineux d'Angleterre.

CULTURE.

Tous les Genêts s'élevent aisément de semences, & ils peuvent se greffer les uns sur les autres par approche & en écusson : c'est la seule façon de multiplier le Genêt à fleurs doubles, qui ne porte point de graines. Quelques especes reprennent difficilement quand on les transplante.

Au reste ces arbustes ne sont point délicats sur la nature du terrain ; ils viennent fort bien par-tout.

USAGES.

Tous les Genêts sont très-propres à décorer les bosquets printaniers. Le Genêt purgatif fleurit dans le mois de Mai ; les autres au commencement de Juin. Ils forment alors des buissons très-agréables ; mais on doit cultiver par préférence les Genêts d'Eſpagne, n°. 2, qui répandent une odeur admirable. Le Genêt à fleur double eſt recherché, quoique ſa fleur ne ſoit pas fort belle. Le petit Genêt purgatif répand auſſi une très-bonne odeur.

Les fleurs de toutes les ſortes de Genêt peuvent, ainſi que la Geneſtrolle, fournir une teinture jaune.

On confit au vinaigre les boutons de Genêt; & on les emploie dans les ſauces comme les Câpres; mais ces boutons ſont ordinairement durs, & n'ont point le goût relevé de la Câpre.

En Médecine on regarde le Genêt comme fort apéritif; & le ſel lixiviel de cette plante a quelquefois produit de grands effets dans l'hydropiſie.

En faiſant brûler ſur une aſſiette de jeunes branches de Genêt verd, on en tire une huile noirâtre fort cauſtique : on l'emploie contre les dartres.

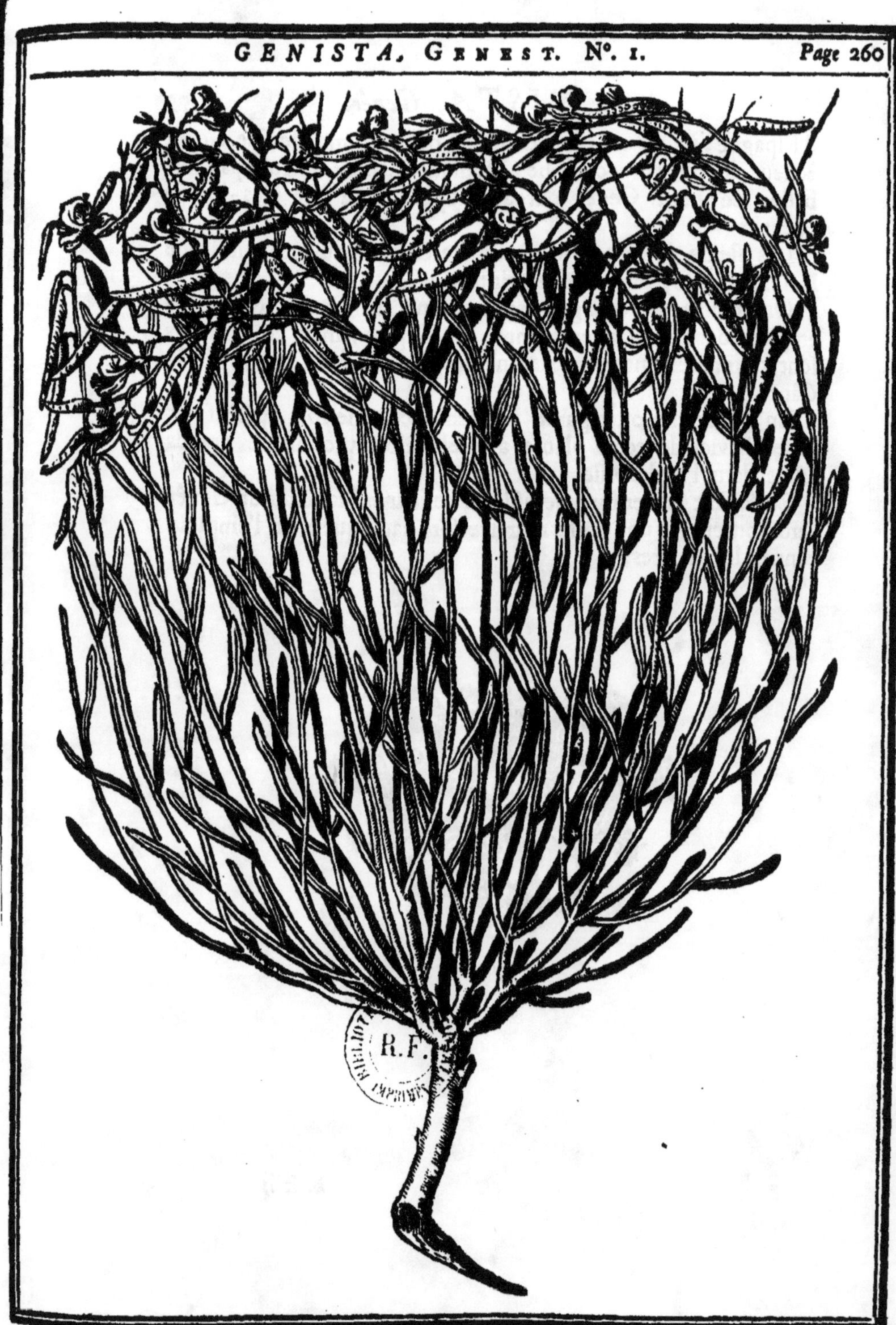

Tome I. Pl. 103.

GENISTA SPARTIUM, TOURNEF. *ULEX*, LINN. GENEST EPINEUX, JONC MARIN, AJONC, *ou* LANDES en Bretagne, & BRUSQUE en Provence.

DESCRIPTION.

M. de Tournefort ne diſtingue le *Geniſta* du *Geniſta Spartium*, que parce que celui-ci eſt fort épineux. On pourroit établir cette différence ſur la forme de la fleur, comme le fait M. Linneus. Car le calyce du *Geniſta* eſt d'une piece qui a la forme d'un tuyau diviſé en deux levres principales; & le calyce du *Geniſta Spartium* paroît être formé de deux feuilles. Le pavillon (*vexillum*) des *Geniſta* eſt grand, preſque rond, relevé; il ſe termine par une pointe, & les bords ſont renverſés en arriere; au lieu qu'au *Geniſta Spartium* il eſt ovale, couché ſur les aîles qu'il enveloppe, & plié en forme de gouttiere. Les aîles (*alæ*) du *Geniſta* ſont arrondies, échancrées en arriere, au lieu qu'au *Geniſta Spartium* elles ſont ovales & pointues. Enfin la nacelle (*carina*), qui eſt d'une piece, le piſtil & les étamines, ſont plus recourbées dans le *Geniſta* que dans le *Geniſta Spartium*.

Un caractere diſtinctif encore plus marqué, eſt que la ſilique du *Geniſta* eſt longue & contient beaucoup de ſemences, au lieu que celle du *Geniſta Spartium* eſt beaucoup plus courte & plus renflée, & qu'elle ne contient qu'un petit nombre de ſemences; de plus cette ſilique eſt entierement recouverte par le calyce qui eſt aſſez grand, & qui reſte ſur la plante juſqu'à la parfaite maturité des ſemences. Au reſte il eſt beaucoup plus aiſé de diſtinguer le *Geniſta Spartium* du *Geniſta*, que du *Spartium*.

Les tiges des Genêts épineux ſont garnies de petites feuilles ovales, & de longues épines vertes très-pointues, d'où il en part d'autres plus petites qui ſont encore garnies de plus petites épines. Ces feuilles & ces épines ſont attachées alternativement ſur les branches.

ESPECES.

1. *GENISTA SPARTIUM ſpinoſum majus ſecundum hirſutum.* C. B. P. Grand GENEST ÉPINEUX velu, ou grand JONC MARIN.

2. *GENISTA SPARTIUM ſpinoſum majus, tenuius & glabrum.* H. R. P. Grand GENEST ÉPINEUX qui n'a point de poils.

3. *GENISTA SPARTIUM majus aculeis brevioribus & longioribus.* Inſt. Grand GENEST ÉPINEUX qui a des épines fort longues & d'autres fort courtes. JONC MARIN, AJONC, LANDE, BRUSQUE, ſuivant les différens pays.

4. *GENISTA SPARTIUM ſpinoſum minus.* C. B. P. Petit GENEST ÉPINEUX.

5. *GENISTA SPARTIUM minus ſaxatile, aculeis horridum.* Inſt. Petit GENEST TRÈS-ÉPINEUX qui vient ſur les rochers.

CULTURE.

Les Genêts épineux ſe multiplient très-aiſément de ſemences. En Normandie, en Bretagne, dans une partie du Poitou, on ſeme des champs d'Ajonc, n°. 5, comme on ſeme du ſain-foin; mais ils ne viennent bien grands que dans les bonnes terres. J'en ai ſemé dans des ſables gras où ils ſont venus très-gros; mais ils n'ont fait que languir dans les bonnes terres à froment de la Beauce.

On les ſeme ordinairement avec de l'avoine ou du bled de Mars; & quand on a fait la récolte de ces grains, le champ ſe trouve rempli de Genêts épineux.

On prétend que cet arbrisseau n'épuise point la terre, & que le froment vient très-bien dans les champs qui ont produit du Genêt épineux.

Dans les pays de boccage cette plante se seme d'elle-même, & remplit toutes les Landes.

USAGES.

Comme le Genêt épineux forme des buissons toujours verds, on peut en mettre dans les bosquets d'hyver. Ils sont fort agréables dans les mois de Mai & de Juin, quand ils sont chargés de leurs fleurs qui sont d'un jaune très-vif : on peut donc les employer pour décorer les bosquets du printemps. Ils seront aussi très-bien placés dans les bosquets d'automne ; car souvent ils produisent encore des fleurs dans cette saison.

Les épines de cet arbrisseau étant très-fortes, on le seme sur les berges des fossés pour tenir lieu de haie.

Dans les pays où le Genêt épineux vient naturellement, on y a recours pour nourrir le bétail, quand les autres fourrages sont rares. Pour cela on coupe les jeunes pousses de Genêt épineux ; on les pille avec des maillets sur des billots ou pelotons de bois ; & quand les épines sont rompues, les bœufs & les chevaux se nourrissent très-bien de cette plante.

Dans les Provinces où le bois est rare, on seme du Genêt épineux dans les meilleures terres, & l'on en fait des fagots qui servent à chauffer les fours, à faire de la chaux ; & en Provence, à carener les bâtimens de mer.

En Bretagne on fait des tas d'Ajonc & de gazon, formés par des couches alternatives de l'un & de l'autre. Ces tas s'échauffent, le Jonc marin pourrit, & le tout fait un bon fumier.

GENISTA SPARTIUM, GENEST ÉPINEUX. N°. 1. Page 264

Tome I. Pl. 104.

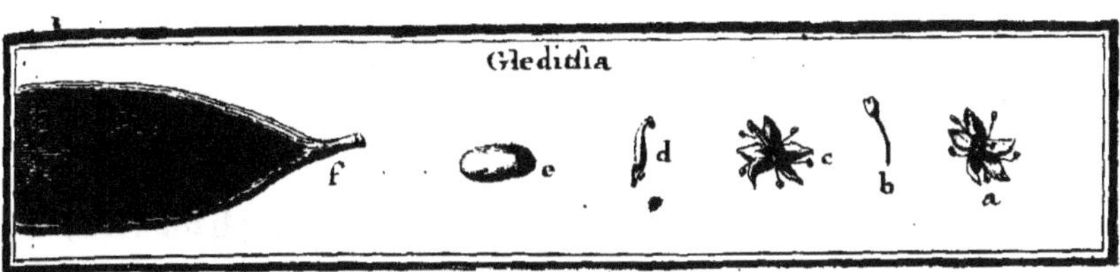

GLEDITSIA, Linn. FÉVIER.

DESCRIPTION.

Il y a des Féviers mâles & d'autres femelles. Néanmoins on trouve très-fréquemment quelques fleurs mâles ſur les individus femelles, & quelques fleurs hermaphrodites (*c*) ſur les individus mâles.

Les fleurs mâles (*a*) ont un calyce propre diviſé en quatre parties qui ſont creuſées en cuilleron, quatre pétales étroits, ſix ou plus ſouvent, huit étamines (*b*) : ces fleurs qui ſont attachées à un filet, forment des chatons en épi.

Les fleurs femelles different des mâles, en ce que les pétales ſont plus grands, & qu'elles ont un piſtil aſſez long (*d*), dont la baſe, qui eſt large, produit une grande ſilique un peu charnue (*f*), dans laquelle on trouve des ſemences (*e*) ovales : ces fleurs ſont attachées à un filet comme les mâles ; mais les chatons ſont plus gros.

Les feuilles des *Gleditſia* ſont formées d'un filet principal, d'où il en part d'autres latéraux qui ſont rangés à peu près deux à deux, leſquels ſont chargés d'environ ſeize folioles un peu dentelées par les bords, & preſque ovales, terminées en pointe, & rangées alternativement ſur ces filets qui ſont terminés par une ſeule foliole ; étant ainſi doublement compoſées, elles reſſemblent aſſez à celles du Bonduc. Mais ſouvent les feuilles ſont ſimplement compoſées, comme celles de l'Acacia, & elles n'ont qu'un ſeul filet chargé de folioles.

Les feuilles ſont toujours placées alternativement ſur les branches.

On remarque encore aux feuilles doublement composées, qu'il part immédiatement de la grosse nervure une ou deux paires de grandes folioles.

Ces feuilles, comme toutes celles qui sont empanées, se replient vers le soir les unes sur les autres; & elles s'ouvrent lorsque le jour paroît. Dans l'automne elles se replient aussi; mais c'est pour ne plus s'ouvrir.

L'espece n°. 2 n'a point d'épines; mais celle du n°. 1 en a de très-fortes; elles sortent des branches un peu au-dessus de l'aisselle des feuilles: elles acquierent quelquefois trois à quatre pouces de longueur, & produisent souvent sur les côtés des épines moins grandes. Toutes ces épines sont dures, très-pointues & très-fermement attachées aux branches, & même au tronc.

ESPECES.

1. *GLEDITSIA spinosa Linn. mas & femina*, ou *ACACIA Americana Abrua foliis Triachantos, sive ad alas foliorum spina triplici donata.* Pluk. Mant.

   FÉVIER d'Amerique à feuilles d'Acacia, qui a trois épines aux aisselles des feuilles.

2. *GLEDITSIA inermis mas & femina*, ou *ACACIA Javanica, non spinosa, foliis maximis splendentibus.* Pluk.

   FÉVIER sans épines.

Les *Gleditsia* ayant des fleurs mâles & des fleurs femelles, sont très-différents des *Acacia* & des *Pseudo-Acacia*. De plus, les *Pseudo-Acacia* portent des fleurs légumineuses; l'*Acacia* des tuyaux d'une piece divisés en cinq, & le *Gleditsia* des fleurs polypétales disposées en rose.

CULTURE.

On éleve les Féviers des semences qu'on nous envoie de Canada & de la Louysiane dans de grandes siliques. Cet arbre qui devient assez grand, n'est pas délicat: nous en avons planté dans quelques massifs de bois où ils réussissent fort bien.

Dans la planche & dans la vignette, on a été obligé de

deſſiner la ſilique plus petite qu'elle n'eſt par ſa nature: la branche de la planche a été deſſinée au printemps, lorſque les fleurs n'étoient encore qu'en boutons.

USAGES.

Le Févier a un feuillage très-agréable qui a une petite odeur gracieuſe, auſſi-bien que ſa fleur qui n'a pas beaucoup d'éclat, & qui paroît dans le mois de Mai ou de Juin. La beauté de ſa feuille peut engager à en mettre dans les boſquets du printemps; mais ces arbres feront très-bien dans les boſquets d'été. Ils ont, comme le faux Acacia, le défaut de s'éclater par le vent, quand deux branches auſſi vigoureuſes l'une que l'autre forment un fourchet.

Si les eſpeces qui ont de grandes épines devenoient communes, on pourroit, en les étêtant, les employer pour former de bonnes haies; car leurs épines ſont très-fortes, & ces arbres produiſent beaucoup de branches.

M. Aimen, Médecin de Bordeaux, & bon Botaniſte, m'a aſſuré en avoir déja vu des haies auprès de Bordeaux.

Le bois du Févier paroît dur & fendant; c'eſt tout ce que je puis dire d'un arbre qui eſt encore rare en France.

Nous avons un Févier qui nous eſt, je crois, venu de la Louyſiane. Ses folioles ſont petites & ſerrées ſur les branches comme celles de l'Acacia. Ses épines ſont comme celles du n°. 1, mais plus rouges & plus petites. Il craint plus le froid que les autres; & il n'y a point d'hyver qu'il ne perde quelqu'une de ſes branches.

Nous en avons un, n°. 2, qui n'a point d'épines, & que nous croyons être l'*Acacia Javanica* de Pluknet. Néanmoins ſes feuilles ne ſont ni plus grandes ni plus brillantes que celles du n°. 1.

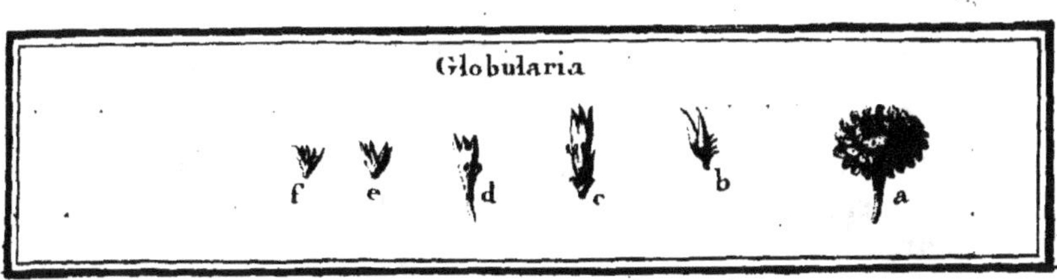

GLOBULARIA, TOURNEF. *ALIPUM*, MAGN.

GLOBULAIRE.

DESCRIPTION.

LA fleur (*a*) de la Globulaire a un calyce commun composé de petites feuilles étroites (*b*), disposées en écailles. Dans le calyce sont renfermées un grand nombre de petites fleurs (*c d*) qui ont chacune leur calyce propre formé de plusieurs petites feuilles, & un pétale figuré en tuyau, qui se termine par plusieurs découpures irrégulieres.

On trouve dans l'intérieur environ quatre étamines terminées par de petits sommets noirâtres. Au milieu (*e f*) est un pistil formé d'un style qui se termine en pointe, & d'un embryon qui devient une semence fine, laquelle est recouverte par le calyce, dont les bords, quand ils sont desséchés, paroissent des poils.

Dans l'espece dont nous parlerons, chaque branche est terminée par une fleur qui a environ un pouce de diametre, & qui est d'un beau violet.

Les feuilles qui sont rangées sans ordre sur les branches, ressemblent aux feuilles du Myrte : néanmoins leur figure varie; il y en a qui se terminent par une pointe, & d'autres par trois.

Ce petit arbuste s'éleve à la hauteur d'un pied & demi, ou deux pieds.

ESPECE.

GLOBULARIA fruticosa Myrti, folio tridentato. Inst. Ou *ALIPUM Monspelianum, sive frutex terribilis.* J. B.

GLOBULAIRE en arbuste à feuilles de Myrte qui a ordinairement trois pointes.

CULTURE.

Cette Globulaire croît en grande abondance auprès de Montpellier sur les montagnes arides. Nous l'élevons assez aisément en pot; mais on a peine à la faire subsister en pleine terre.

USAGES.

Cette Globulaire est très-agréable dans le temps de sa fleur: on n'est point encore parvenu à la naturaliser dans nos jardins.

Elle est extrêmement purgative par haut & par bas, ce qui lui a fait donner le nom de *Frutex terribilis*.

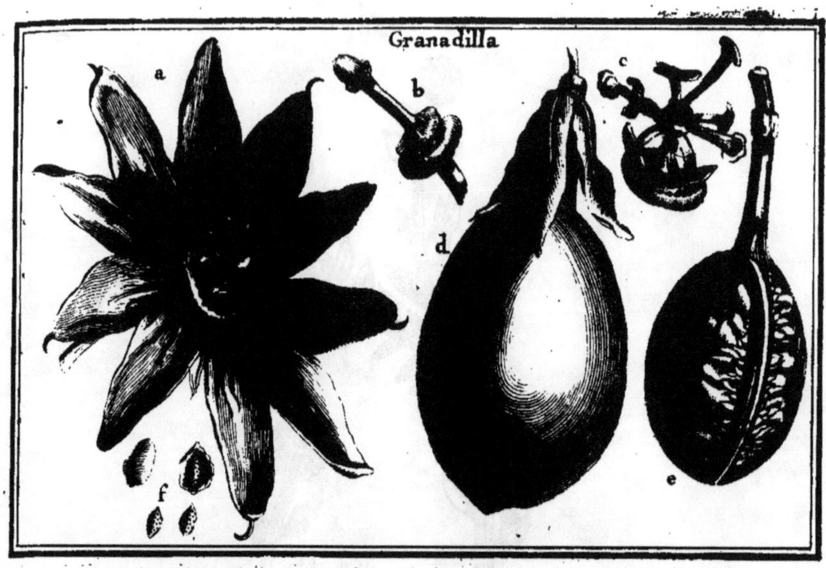

GRANADILLA, TOURNEF. *PASSI FLORA*, LINN.

FLEUR DE LA PASSION.

DESCRIPTION.

LA Fleur de la Paſſion (*a*) eſt compoſée d'un calyce fort ouvert, diviſé en cinq, d'un pareil nombre de pétales, & d'un piſtil qui reſſemble à une colonne (*b*). Chaque diviſion du calyce eſt terminée par un petit crochet; & les pétales ſont auſſi grands que les diviſions du calyce. La baſe du piſtil eſt garnie d'une triple couronne de filets (*nectarium*) : elle porte à ſon ſommet (*c*) cinq étamines & un embryon ſurmonté de trois ſtyles qui ſont ſemblables à des clous. L'embryon devient un fruit charnu & coriace (*d*), de la figure d'un petit Concombre, rempli d'un mucilage (*e*) tranſparent, liquide & aſſez agréable au goût, ſur lequel ſont attachées pluſieurs ſemences (*f*) qui ſont chacune enveloppées d'une membrane.

Les feuilles des Fleurs de la Paſſion ſont ordinairement découpées très-profondément, ou formées de longues digitations. Elles ſont poſées alternativement ſur les branches qui ſont flexibles.

ESPECES.

1. *GRANADILLA pentaphyllos flore cæruleo magno.* Boerh. Ind. Alt. ou *GRANADILLA polyphyllos fructu ovato.* Inſt.
   FLEUR DE LA PASSION à grande fleur bleue & à cinq feuilles.

2. *GRANADILLA pentaphyllos anguſti folio, flore albo.* Boerh.
   FLEUR DE LA PASSION à fleur blanche & à cinq feuilles étroites.

3. *GRANADILLA pentaphyllos anguſtioribus foliis, flore minore purpuraſcente.* M. C.
   FLEUR DE LA PASSION à petites feuilles purpurines, & à cinq feuilles étroites.

Nous ſupprimons pluſieurs eſpeces qui ne peuvent ſupporter nos hyvers.

CULTURE.

On peut élever les différentes eſpeces de Fleurs de la Paſſion avec les ſemences qu'on tire d'Italie ou d'Eſpagne; car ſes fruits ne mûriſſent guere dans nos provinces. Mais elles ſe multiplient aiſément par des drageons enracinés, qui ſe trouvent auprès des gros pieds. On peut auſſi en faire des marcottes.

La Fleur de la Paſſion, n°. 1, qui mérite particulierement d'être cultivée, produit une tige aſſez groſſe. Néanmoins comme c'eſt une plante ſarmenteuſe il faut l'élever en eſpaliers, où elle ſupportera les hyvers ſi l'on a ſoin de la couvrir avec de la litiere.

J'en ai vu à Paris dans la cour de M. de Juſſieu, un très-beau pied qui y a ſupporté, ſans être couvert, l'hyver de 1753: (on ſait qu'il a été aſſez rude;) mais les tiges ont péri dans l'hyver de 1754: on fera donc bien de la défendre des grands froids, ſans quoi l'on courroit riſque de la perdre.

USAGES.

Les différentes especes de Fleurs de la Passion sont propres à garnir des tonnelles & des terrasses. Mais l'espece, n°. 1, mérite singulierement d'être cultivée à cause de ses belles & grandes fleurs qui sont d'une forme des plus singulieres. Les n°. 2 & 3 en sont des variétés.

Dans la nouvelle Espagne où le fruit de cet arbuste parvient à maturité, les Espagnols & les Indiens l'ouvrent comme l'on fait les œufs pour y succer le suc aigrelet qu'il contient, & qu'ils trouvent délicieux. A la Martinique on appelle ce fruit *Pomme de Liane.*

Tome I. Pl. 107.

GREWIA, Linn.

DESCRIPTION.

Le calyce (*b*) de la fleur (*a*) du Grewia eſt compoſé de cinq grandes feuilles pointues, fermes, ſolides, fort évaſées & colorées au dedans.

Les pétales ſont au nombre de cinq, de même forme que les feuilles du calyce; mais leur extrêmité inférieure qui eſt recourbée, forme une cavité qui entoure la baſe du piſtil : on trouve ordinairement dans cette cavité une ſubſtance mielleuſe.

Le diſque de la fleur eſt occupé par un grand nombre d'étamines (*d*) aſſez longues, qui prennent naiſſance du deſſous de l'embryon; elles ſont terminées par des ſommets arrondis.

Le piſtil (*c*) eſt formé d'un petit cylindre qui eſt ſurmonté d'un corps à cinq angles, du deſſus duquel les étamines prennent leur origine; & au milieu de ces étamines eſt un embryon arrondi, ſurmonté d'un ſtyle menu, qui eſt terminé par un ſtigmate ordinairement diviſé en quatre.

L'embryon devient une baie anguleuſe (*f*), ou plutôt quatre baies réunies par leur baſe, dans chacune deſquelles on trouve un noyau (*e*) qui eſt diviſé en deux, & qui contient deux amandes.

Les fleurs qui ſont aſſez grandes & d'un beau violet, ſont parſemées çà & là ſur l'extrêmité des branches.

Les feuilles sont ovales, terminées par une pointe obtuse; finement dentelées par les bords, & posées alternativement sur les branches. Sur le dessous de ces feuilles on apperçoit trois nervures principales; les deux latérales s'étendent presque jusqu'à l'extrêmité de la feuille.

ESPECE.

GREWIA corollis acutis. Linn. Hort. Cliff.
GREWIA dont les pétales sont pointus.

CULTURE.

Le Grewia se multiplie par marcottes; c'est tout ce que je puis dire d'un arbrisseau qui est encore fort rare ici.

USAGES.

Cet arbrisseau qui devient assez grand, est fort joli au commencement de Juin, temps où il est en fleur; ainsi il peut servir à la décoration des bosquets d'été.

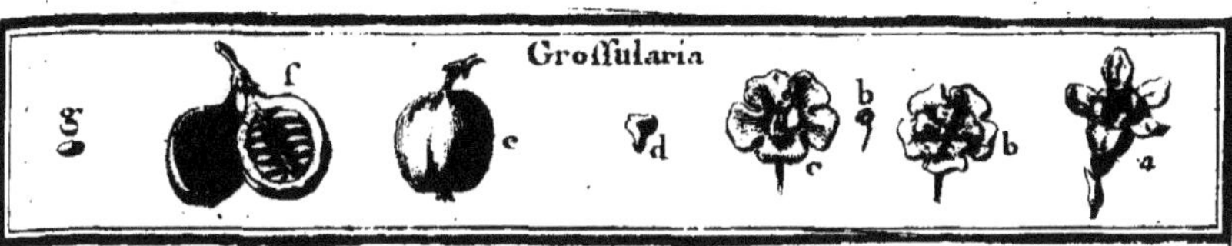

GROSSULARIA, TOURNEF. *RIBES*, LINN. GROSEILLIER.

DESCRIPTION.

Les fleurs (*ab*) des Groſeilliers ſont compoſées d'un calyce (*c*) diviſé en cinq, d'un pareil nombre de petits pétales (*d*), & autant d'étamines. Le piſtil eſt formé d'un embryon arrondi, & d'un ou deux ſtyles. L'embryon devient une baie ronde ſucculente (*e*), garnie d'un ombilic. On trouve dans l'intérieur (*f*) pluſieurs ſemences arrondies, un peu comprimées (*g*). Toutes les eſpeces de Groſeilliers peuvent ſe rapporter à deux genres aſſez différents l'un de l'autre.

Les uns qui ſont épineux, ont les feuilles arrondies, aſſez petites & découpées preſque comme celles de l'Epine blanche : ces Groſeilliers portent leurs fruits un à un. Les épines partent une, deux ou trois du talon qui ſupporte les feuilles.

Les autres n'ont point d'épines ; ils portent leurs fruits en grappes. Leurs feuilles ſont grandes & figurées comme celles de la Vigne, ou plutôt comme celles de l'*Opulus*. Elles ſont échancrées, dentelées par les bords, & ſupportées par de longues queues. Les feuilles de tous les Groſeilliers ſont poſées alternativement ſur les branches, & les boutons ſont pointus.

Ce que nous venons de dire des Groſeilliers épineux & ſans épines n'eſt cependant pas ſans exception. Car à la Galiſſoniere près de Nantes, on en a cultivé un qui étoit à grappes, dont le fruit étoit rouge, & qui avoit des épines : il venoit de Canada. M. Miller fait mention d'un Groſeillier à un ſeul grain, qui n'a point d'épines.

Si l'on vouloit diſtinguer les eſpeces des Groſeilliers par leurs fruits diſperſés un à un ou raſſemblés en grappe, on trouveroit encore des exceptions; car quelquefois les Groſeilliers épineux portent deux, trois & quatre grains raſſemblés en forme de petites grappes; ainſi il ne faut pas prendre trop rigoureuſement la diſtinction des deux claſſes auxquelles nous allons rapporter les diverſes eſpeces.

ESPECES.

GROSEILLIERS A UN SEUL GRAIN.

1. *GROSSULARIA ſimplici acino, vel ſpinoſa ſilveſtris.* C. B. Pin. GROSEILLIER ſauvage, épineux.
2. *GROSSULARIA ſpinoſa ſativa.* C. B. Pin. GROSEILLIER épineux, cultivé.
3. *GROSSULARIA ſpinoſa ſativa altera foliis latioribus.* C. B. Pin. GROSEILLIER épineux cultivé à feuilles larges.
4. *GROSSULARIA ſpinoſa ſativa foliis ex luteo variegatis.* M. C. GROSEILLIER épineux à feuilles panachées.
5. *GROSSULARIA ſpinoſa ſativa foliis flaveſcentibus.* M. C. GROSEILLIER épineux à feuilles jaunâtres.
6. *GROSSULARIA, ſive uva criſpa alba, maxima, rotunda.* H. Edim. GROSEILLIER épineux à gros fruit blanc.
7. *GROSSULARIA maxima, ſubflava, oblonga.* H. Edimb. GROSEILLIER épineux à fruit long jaunâtre.
8. *GROSSULARIA fructu rotundo maximo vireſcente.* M. C. GROSEILLIER à gros fruit rond verdâtre.
9. *GROSSULARIA Virginiana fructu ſpinoſo.* GROSEILLIER de Virginie à fruit épineux.
10. *GROSSULARIA ſimplici acino cæruleo ſpinoſa.* C. B. Pin. GROSEILLIER épineux à fruit bleu.
11. *GROSSULARIA ſimplici acino cæruleo foliis latioribus.* GROSEILLIER à un ſeul grain violet & à feuilles larges.
12. *GROSSULARIA ſimplici acino cæruleo, non ſpinoſa.* C. B. P. GROSEILLIER à un ſeul grain violet & ſans épines.

GROSEILLIERS A GRAPPES.

13. *GROSSULARIA multiplici acino, sive non spinosa, hortensis, rubra, sive* RIBES *officinarum.* C. B. P.
GROSEILLIER à grappes rouges des Jardins.

14. *GROSSULARIA hortensis majore fructu rubro.* C. B. P.
GROSEILLIER à grappes & à gros grains rouges.

15. *GROSSULARIA hortensis majore fructu carneo.*
GROSEILLIER à grappes & à gros fruit couleur de chair.

16. *GROSSULARIA vulgaris fructu dulci.* C. B. P.
GROSEILLIER à grappes & à fruit doux.

17. *GROSSULARIA vulgaris foliis ex luteo variegatis.* M. C.
GROSEILLIER à grappes & à feuilles panachées de jaune.

18. *GROSSULARIA vulgaris foliis ex albo variegatis.* M. C.
GROSEILLIER à grappes & à feuilles panachées de blanc.

19. *GROSSULARIA hortensis majore fructu albo.* H. R. P.
GROSEILLIER à grappes & à gros fruit blanc.

20. *GROSSULARIA hortensis fructu margaritis simili.* C. B. P.
GROSEILLIER à grappes & à fruit semblable à des perles, ou Groseilles perlées.

21. *GROSSULARIA fructu albo, foliis ex albo variegatis.* M. C.
GROSEILLIER à fruit blanc & à feuilles panachées de blanc.

22. *GROSSULARIA non spinosa fructu nigro majore.* C. B. P.
GROSEILLIER à grappes & à gros fruit noir. CASSIS.

23. *GROSSULARIA Americana fructu nigro.*
GROSEILLIER d'Amérique à fruit noir.

Il ne faut pas s'étonner de cette longue liste: la plupart de ces especes ne sont que des variétés, entre lesquelles même plusieurs different peu les unes des autres.

CULTURE.

Les Groseilliers sont des arbrisseaux très-aisés à cultiver. Ils viennent mieux dans la bonne terre que dans la médiocre; mais il faut qu'elle soit bien mauvaise pour qu'ils y périssent.

On pourroit les élever de graines; mais ce moyen est long, & il ne convient d'y avoir recours que quand on se propose d'obtenir des especes ou plutôt des variétés nouvelles. Si, par exemple, on semoit les pepins d'un Groseillier blanc à fruit perlé, qui auroit été planté entre plusieurs Cassis ou Groseilliers noirs à grappes, on pourroit avoir des Groseilliers métis qui auroient du parfum & une couleur singuliere. Mais quand on ne se propose pas d'avoir des especes nouvelles, le plus expéditif est de planter des drageons enracinés qui se trouvent ordinairement au pied des forts Groseilliers; s'il ne s'en trouve point, on fait des marcottes ou des boutures. Cet arbrisseau reprend de toutes ces façons.

USAGES.

Lorsque la Groseille épineuse est verte, on l'emploie dans les cuisines comme le verjus; il s'en faut cependant beaucoup qu'elle ait un goût aussi agréable. Elle a toujours quelque chose d'herbacé qui ne se remarque point dans le verjus.

On trouve dans l'intérieur de la fleur de cette espece, un ou plutôt deux pistils joints ensemble qu'on sépare facilement.

Lorsque ce fruit est mûr, il n'est pas mauvais à manger, sur-tout l'espece n°. 10, dont le fruit est violet. Sa chair est moins molasse, & son goût approche de celui du Raisin.

Il est rare que dans les haies & dans les broussailles on ne trouve pas quelques pieds de Groseilliers épineux; on pourra en transplanter dans les remises: cet arbuste y conviendra d'autant mieux qu'il a l'avantage de n'être point mangé par les lapins.

Le fruit du Groseillier à grappes est plus estimé que celui de l'épineux. Il a un goût aigrelet qui est agréable quand il est corrigé par le sucre. On en fait des eaux rafraîchissantes, de très-bonnes compotes, des confitures, des gelées, des sirops.

On peut manger des Groseilles fraîches jusqu'à la fin d'Octobre, si l'on a soin de couvrir les Groseilliers avec de la paille aussi-tôt que leur fruit est rouge, pour empêcher qu'il ne soit desséché par le soleil, & pour le défendre des oiseaux.

En

En Médecine on fait plus d'uſage de la Groſeille à grappe qu'on nomme *Ribes*, que de l'épineuſe à laquelle on conſerve le nom de *Groſſularia*. Toutes les deux ſont aſtringentes, rafraîchiſſantes, fortifiantes; elles éteignent l'effervefcence de la bile; elles temperent les ardeurs du ſang; elles arrêtent les cours de ventre & les crachemens de ſang.

On attribue de très-grandes vertus à l'eſpece n°. 10. On prétend que ſon fruit, qui a une odeur peu agréable, eſt purgatif. On a ordonné l'infuſion de ſes feuilles pour toutes ſortes de maux; mais il y a beaucoup à en rabattre : c'eſt un remede de mode dont on commence à ne plus parler. Dans l'intérieur de ſa fleur on ne trouve qu'un piſtil.

Nous en cultivons de deux eſpeces, l'une qui vient plus grande que l'autre; elle porte de plus gros fruits & de plus grandes feuilles.

Le n°. 23 porte de très-belles grappes de fleurs; les pétales ſont plus longs que ceux des autres eſpeces. On n'y trouve qu'un piſtil.

Tome I. Pl. 109.

GROSSULARIA, GROSEILLIER. N°. 13. Page 282*

Tome I. Pl. 110.

Guaiacana.

GUAIACANA, Tournef. *Diospyros*. Linn. PLAQUEMINIER *ou* PIAQUEMINIER.

DESCRIPTION.

LA fleur (*a* ou *e*) du Plaqueminier est formée d'un calyce plus ou moins grand divisé en quatre parties qui sont plus grandes que le pétale, & d'un pétale (*b* ou *e*) en forme de cloche plus ou moins allongée (*df*). Il est divisé en quatre, quelquefois si profondément qu'il paroît formé de quatre pétales assez grands. Le pétale tombe quand le fruit noue. On trouve dans l'intérieur huit petites étamines (*g*) attachées au pétale ; elles ont des péditules très-courts & des sommets allongés, & ne débordent point le pétale : on y voit encore un pistil formé d'un embryon arrondi & de quatre styles qui se réunissent en un. L'embryon devient un fruit succulent (*i*) qui reste entouré du calyce, & dans lequel se trouvent (*h*) quelques semences ovales & pointues (*k*). Les feuilles qui sont ovales, entieres & un peu velues, sont posées alternativement sur les branches.

Les fleurs sortent une à une des aisselles des feuilles, & paroissent dans le mois de Juin.

Ces arbres deviennent grands, & ont un beau feuillage.

Dans la vignette, la fleur (*a*) est de l'espece n°. 1, de même que le fruit (*i*). La fleur (*c*) est celle du n.° 3, & le fruit de cette espece est représenté dans la seconde planche.

ESPECES.

1. *GUAIACANA*. J. B.
Plaqueminier à petit fruit.

2. *GUAIACANA angustiore folio.* Inst.
PLAQUEMINIER à feuilles étroites & à petit fruit.

3. *GUAIACANA, sive PISHAMIN Virginianum.* Park.
PLAQUEMINIER de Virginie nommé PISHAMIN, ou PLAQUEMINIER de la Louysiane, à gros fruit.

CULTURE.

Les Plaqueminiers s'élevent de semences. Celui désigné n°. 1, produit, quand il est un peu gros, des rejets enracinés.

Quoique ces arbres supportent bien nos hyvers, nous avons la précaution, quand ils sont jeunes, de mettre vers la fin de l'automne, un peu de litiere sur les racines.

USAGES.

Ces arbres fleurissent vers le milieu de Juin. Leur fleur n'est pas d'un grand éclat, mais leurs feuilles sont belles, & l'on fera bien d'en mettre dans les bosquets d'été; ils deviennent fort grands.

La décoction des feuilles passe pour astringente; & l'on dit que leur bois est dur & d'un bon usage. Les nôtres sont trop jeunes pour que nous puissions parler d'après nos observations.

A la Louysiane on mange le fruit quand il est mol, comme des Nefles. On se sert de la pulpe pour faire des especes de galettes fort minces qui ont un goût assez agréable, & qui arrêtent les diarrhées.

Pour faire ces galettes, on écrase les fruits dans des tamis fort clairs qui séparent la chair de la peau & des pepins: la chair étant ainsi réduite en bouillie épaisse ou en pâte, on en fait des pains longs d'un pied & demi, larges d'un pied, & épais d'un doigt, que l'on met sécher au soleil ou au feu sur un gril. Ces galettes ont meilleur goût quand on les a séchées au soleil.

Les fruits des Piaqueminiers de la Louysiane sont gros comme des œufs. Un Normand qui alla s'établir dans ce pays, parvint à faire un bon cidre de ce fruit.

Tome I. Pl. III.

GUALTERIA, LINN.

DESCRIPTION.

LA fleur (*a*) du Gualteria eſt compoſée de deux calyces qui ſubſiſtent juſqu'à la maturité du fruit.

Le calyce extérieur eſt formé de deux petites feuilles obtuſes, creuſées en cuilleron.

Le calyce intérieur eſt d'une ſeule piece, figuré en cloche, dont les bords ſont diviſés profondément en cinq.

Cette fleur n'a qu'un pétale (*b*) qui a la forme d'un grelot, & dont les bords ſont découpés aſſez profondément en cinq parties renverſées en dehors.

Les étamines (*d*), au nombre de dix, prennent leur origine du fond de la fleur, vers la baſe du pétale (*c*) : elles ſont plus courtes que le pétale, & terminées par des ſommets allongés qui ſe diviſent en deux, ſuivant la longueur : elles forment deux eſpeces de cornes.

Le piſtil (*efg*), qui occupe le centre de la fleur, eſt formé d'un embryon arrondi, un peu applati par le haut & ſurmonté d'un ſtyle qui eſt terminé par un ſtigmate obtus : il s'éleve un peu au-deſſus des bords du pétale.

L'embryon eſt entouré à ſa baſe de dix petits corps pointus, (*nectarium*) qui ſont poſés entre chaque étamine, tout auprès de leur attache (*d*).

L'embryon devient une capſule arrondie, un peu comprimée par le haut : elle a cinq côtes peu ſenſibles, & eſt diviſée intérieurement en cinq loges remplies de ſemences anguleuſes.

Dans le temps de la maturité, cette capſule eſt renfermée dans le calyce intérieur qui devient charnu, & forme une eſpece de baie arrondie, ouverte par le haut.

Ce petit arbuſte qui a preſque le port de la Pervenche, a de même ſes feuilles preſque ovales, fermes, luiſantes & très-légérement dentelées par les bords: elles ſont placées de même que les fruits à l'extrêmité des petites branches: aſſez ſouvent elles ſont violettes par-deſſous.

ESPECE.

GUALTERIA. Linn.

CULTURE.

Cet arbuſte croît en Canada dans les terres ſeches & arides, légeres & ſabloneuſes. Il ſe multiplie par la ſemence & par des drageons enracinés.

USAGES.

La racine de cet arbuſte eſt recommandée en infuſion pour arrêter les diarrhées.

En Canada & à l'Iſle-Royale, on prend cette infuſion comme le Thé: elle eſt agréable, & elle fortifie l'eſtomac.

HAMAMELIS, Gronov. & Linn.

DESCRIPTION.

LA fleur (*a*) de l'Hamamelis a deux calyces.

Le calyce extérieur eſt composé de trois feuilles, dont une eſt beaucoup plus grande que les autres. La grande feuille ſe termine en pointe; les autres ſont obtuſes.

Le calyce intérieur eſt d'une piece profondément découpée en quatre parties ovales qui ſont légérement velues ſur leurs bords.

Ce calyce porte quatre pétales fort longs, très-étroits & repliés en différens ſens. Il y a à l'extrêmité de chaque pétale, près de leur inſertion au calyce, une cavité qui eſt couverte par une écaille ou onglet (*nectarium*); & c'eſt entre cet onglet & le pétale qu'on découvre les ſommets des étamines; elles ſont courtes & au nombre de quatre: ces ſommets s'ouvrent de la baſe à la pointe.

Le piſtil eſt formé par deux embryons ovales & velus, & deux ſtyles qui ſont ſurmontés de ſtigmates obtus.

Les embryons deviennent une capſule (*b*) à deux loges qui s'ouvrent par l'extrêmité ſupérieure; chaque loge contient une ſemence ovale, oblongue, liſſe & droite (*c*).

L'Hamamelis forme un arbriſſeau de médiocre grandeur; ſes feuilles ſont grandes, ovales, unies, d'un verd qui tire un peu ſur le jaune, dentelées aſſez profondément par les bords; ainſi elles reſſemblent aſſez à celle du Noiſettier: elles ſont poſées alternativement ſur les branches.

Comme les fleurs ſont raſſemblées par bouquets, leurs pétales qui sont longs & jaunes, ressemblent à des houppes d'une forme singuliere qui n'est pas desagréable.

ESPECE.

HAMAMELIS. Gronov.

CULTURE.

Cet arbrisseau, qui nous vient de la Virginie & de la Louysiane, est encore rare : néanmoins on le multiplie aisément par les marcottes, & il ne paroît pas délicat.

USAGE.

Comme l'Hamamelis fleurit dans l'automne, il doit servir à la décoration des bosquets de cette saison.

HEDERA,

HEDERA, TOURNEF. & LINN. LIERRE.

DESCRIPTION.

LA fleur (*a*) du Lierre couronne l'embryon. Les parties qui la composent sont, un petit calyce divisé en cinq, un pareil nombre de pétales qui représentent une étoile, & cinq étamines avec un pistil (*c*) formé d'un embryon arrondi qui supporte la fleur, & d'un style. L'embryon, qui d'abord est godronné en dessus, devient ensuite une baie ronde (*d*), dans laquelle on trouve cinq semences (*e*) rondes d'un côté ; les deux autres faces qui forment un coin, sont applaties (*f*).

Les fleurs sont rassemblées en bouquets qui ont la forme d'une ombelle.

Les feuilles du Lierre, qui sont à l'extrêmité des branches, sont à peu près ovales ; les autres sont presque triangulaires, & en général la forme des feuilles varie beaucoup ; mais elles sont toujours fermes, luisantes, posées alternativement sur les branches qui sont sarmenteuses & garnies d'une quantité de petites griffes qui les attachent sur tout ce qu'elles touchent. On croiroit volontiers que ce seroit des racines qui tirent une substance des mortiers des murailles & de l'écorce des arbres où ces griffes s'attachent ; mais il est aisé de s'assurer du contraire ; car lorsqu'on coupe la tige d'un Lierre, tout le pied meurt & se desseche. Il pourroit cependant arriver que dans un vieux mur construit avec de la terre, la tige eût jetté quelques vraies racines. On apperçoit quelquefois des stipules, des feuilles avortées à la naissance des vraies feuilles, qui sont portées par de longues queues.

ESPECES.

1. *HEDERA arborea.* C. B. P.
   LIERRE qui s'attache au tronc des arbres.

2. *HEDERA communis minor foliis ex albo variegatis.* M. C.
   Petit LIERRE ordinaire dont les feuilles sont panachées de blanc.

3. *HEDERA communis minor foliis ex luteo variegatis.*
   Petit LIERRE ordinaire dont les feuilles sont panachées de jaune.

4. *HEDERA Poëtica.* C. B. P.
   LIERRE des Poëtes, ou à fruit jaune.

Ce qu'on appelle LIERRES DE CANADA sont des *Menispermum.*

CULTURE.

Le Lierre, n°. 1, peut s'élever de semences & de marcottes, & l'on greffe dessus les especes panachées. Elles reprennent fort aisément par approche ; souvent sur les troncs d'arbres, les branches de Lierre se greffent les unes sur les autres, & elles forment ainsi une espece de réseau qui enveloppe le tronc.

USAGES.

Comme les Lierres panachés ou autres ne quittent point leurs feuilles l'hyver, il convient d'en mettre des buissons dans les bosquets de cette saison ; car quoique ce soit une plante sarmenteuse, on peut, en tondant les branches au ciseau, en former des buissons, comme on en fait avec le Chevre-feuille.

Les Lierres sont très-propres à couvrir des murailles, où ils s'attachent d'eux-mêmes, sans qu'on soit obligé de les espalier : on peut aussi en faire des portiques qui font un bel effet sur-tout l'hyver : on en peut voir de cette façon à Paris dans le Cloître des Peres Capucins du Marais.

Les feuilles du Lierre passent pour être détersives & vulneraires. On emploie leur décoction contre la teigne & contre la gale, & l'on prétend qu'elle noircit les cheveux.

Dans les Indes, en Italie, en Provence, en Languedoc,

on fait des incisions au tronc des plus gros Lierres ; il en découle un suc clair qui s'épaissit en peu de temps ; c'est ce qu'on appelle *Gomme de Lierre*. Elle doit être d'un jaune rougeâtre, transparente, d'une odeur forte, d'un goût âcre & aromatique : elle entre dans quelques onguents comme résolutive : on prétend qu'elle est un bon dépilatoire.

Lorsqu'on a de gros troncs de Lierre, on les travaille sur le tour pour en faire des vases.

Ce bois est tendre, filandreux, poreux, & difficile à travailler. On lui attribue de grandes vertus ; mais ce sont des fables.

HEDERA, Lierre. N°. 1. Page 292

Tome I. Pl. 115.

Tome I. Pl. 116.

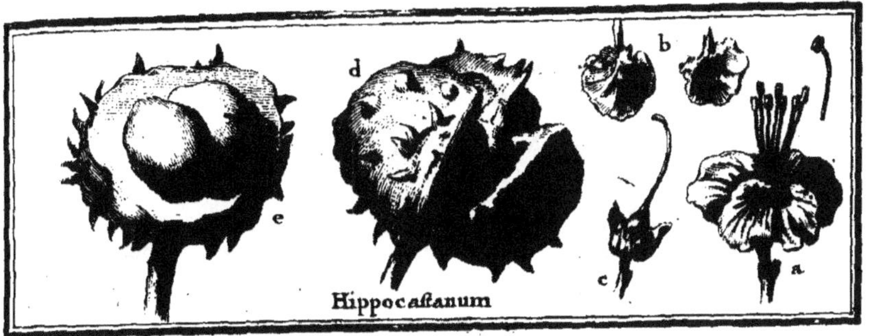

HIPPOCASTANUM, TOURNEF. *ESCULUS*, LINN.
MARONNIER d'Inde.

DESCRIPTION.

LE Maronnier d'Inde porte une très-belle fleur; ou plutôt l'aſſemblage de ſes fleurs diſpoſées en pyramide ſur une branche commune, fait un très-bel effet.

Chaque fleur (*a*) eſt formée d'un calyce (*c*) diviſé en cinq, de cinq pétales (*b*) diſpoſés en roſe, de ſept étamines, & d'un piſtil (*c*) compoſé d'un embryon arrondi & d'un ſtyle long. Cet embryon devient un fruit charnu & épineux (*d*), qui contient une ou deux ſemences (*e*) aſſez ſemblables à la châtaigne.

Les feuilles ſont compoſées de cinq ou ſept grandes folioles qui ſont attachées en forme de main au bout d'une ſeule queue.

Les folioles ſont relevées en deſſous de nervures aſſez ſaillantes, & creuſées en deſſus de ſillons: elles ſont plus étroites du côté où elles s'attachent à la queue: leurs bords portent de grandes dentelures, entre leſquelles on en apperçoit de plus fines qui ont été omiſes dans la figure. Les boutons ſont fort gros, & couverts d'une gomme très-gluante.

Les feuilles ſont oppoſées deux à deux ſur les branches.

ESPECES.

1. *HIPPOCASTANUM vulgare.* Inſt.
MARONNIER D'INDE ordinaire.

2. *HIPPOCASTANUM folio ex luteo variegato.* M. C.
MARONNIER D'INDE à feuilles panachées de jaune.

3. *HIPPOCASTANUM foliis ex albo variegatis.* M. C.
MARONNIER D'INDE à feuilles panachées de blanc.

Nous renvoyons le MARONNIER D'INDE à fleurs rouges, au *PAVIA*.

CULTURE.

Le Maronnier d'Inde ordinaire s'éleve fort aiſément de ſemences. Il leve de lui-même en grande quantité ſous les gros arbres.

Il eſt bon de le tranſplanter en pepiniere pour lui couper le pivot quand il eſt fort jeune; car alors il pouſſe des racines latérales, & reprend fort aiſément.

Cet arbre aime les terrains un peu humides; & il conſerve plus long-temps ſa verdure quand il eſt à couvert du grand ſoleil.

Il paſſe pour certain que cet arbre a été apporté du Levant en 1615, par un Curieux de Paris, nommé Bachelier.

Cet arbre s'eſt prodigieuſement multiplié depuis dans les parcs; mais on n'en trouve point dans les forêts : nous en avons planté dans des maſſifs de bois où ils ont péri. Néanmoins il réuſſit très-bien en quinconces dans une terre fraîche & ſans être cultivé.

Nous ſavons que cet arbre ſe trouve vers les Ilinois; car on en apporta des fruits à M. le Marquis de la Galiſſoniere, lorſqu'il étoit Gouverneur du Canada.

USAGES.

Le Maronnier d'Inde eſt un fort grand arbre qui fait l'agrément des Jardins pendant le mois de Mai. Il eſt alors garni de belles & grandes feuilles qui ſont d'un très-beau verd, & chargé de belles pyramides de fleurs blanches lavées de rouge: ſa tête prend naturellement une très-belle forme.

On a été persuadé pendant long-temps qu'on l'endommageoit beaucoup en coupant ses branches; mais on est revenu de cette erreur. On l'élague & on le tond au croissant. C'est ainsi qu'on a formé ces belles allées qu'on ne peut s'empêcher d'admirer dans les Jardins du Château des Thuilleries & du Palais Royal.

Mais cet arbre n'est agréable qu'au printemps; les chaleurs du mois de Juin jaunissent ses feuilles, dont une partie tombe avec les fruits dès le mois de Juillet. Les hannetons, qui aiment singulierement ses feuilles, le dépouillent aussi quelquefois avant la fin de Mai; il y a encore une chenille à grands poils qu'on nomme *la chenille du Maronnier*, qui dévore presque tous les ans toutes ses feuilles dans les mois de Juin & de Juillet. Ces inconvéniens font qu'on n'en plante plus guere dans les Jardins; on fera cependant très-bien d'en mettre dans les bosquets du printemps; car alors il n'a aucun des défauts qui le font bannir des bosquets d'été & d'automne.

Son bois est tendre, mollasse, filandreux; il pourrit très-promptement quand on l'expose à la pluie: ainsi il n'est bon qu'à faire des tablettes pour les lieux secs. On s'en sert aussi pour les sculptures communes, parce que le blanc dont on les couvre avant de les dorer, en cache les défauts.

M. le Président Bon de Montpellier, est parvenu à faire perdre aux Marons leur amertume, & à en faire une pâtée qui pourroit servir à nourrir & engraisser de la volaille.

Pour cet effet il faisoit une forte lessive de chaux & de cendre ordinaire, en passant de l'eau sur ce mêlange, comme on fait quand on coule la lessive. Il mettoit tremper ses Marons dans cette lessive après les avoir dépouillés de leur écorce. Il les lavoit ensuite dans de l'eau fraîche. Enfin il les faisoit cuire pour en faire une pâtée qui étoit douce, & dont la volaille s'accommodoit bien. Le seul inconvénient est que les cendres sont ordinairement fort cheres, & que leur prix joint aux frais de la manipulation, rendent cette mangeaille d'un prix assez considérable. Quoique ce fruit soit amer quand on ne lui a donné aucune préparation, j'ai vu des vaches qui en mangeoient. M. de Reaumur m'a dit que les poulles en mangent aussi; mais que cette nourriture les maigrit, & fait qu'elles cessent de pondre.

On assure que l'eau de chaux suffit pour faire perdre aux Marons une grande partie de leur amertume, en les y jettant coupés par morceaux: si cela est, on pourroit en faire une mangeaille pour les cochons.

On peut faire de très-bel amidon avec les Marons d'Inde; pour cela il faut les rapper, & laver la *fécule* ou farine dans beaucoup d'eau. Elle devient ainsi fort blanche, & perd son amertume. Mais si l'on vouloit faire cette opération en grand, il faudroit se placer près d'un ruisseau qui pût fournir l'eau nécessaire, & qui pût faire jouer des machines propres à broyer promptement les Marons.

Comme les Marons d'Inde ne coûtent que la peine de les ramasser, M. Languet, Curé de S. Sulpice, s'en servoit à chauffer les poëles dans la maison de l'Enfant Jesus.

L'amertume de ce fruit a engagé quelques Médecins à en donner, au lieu de Quinquina, dans les fievres intermittentes; & l'on assure que ç'a été avec succès. Les Maréchaux prétendent que cette poudre est bonne pour la pousse des chevaux.

Quoique les fleurs & les fruits ne se trouvent pas dans le même temps sur les arbres, on les a néanmoins représentés dans la planche sur une même branche: mais il est bon d'avertir que la grappe de cette figure n'est pas assez chargée de fleurs.

HYDRANGEA,

Tome I. Pl. 117.

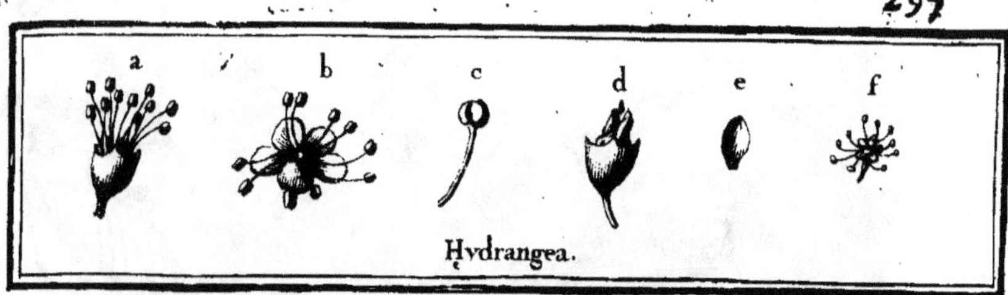

Hydrangea.

HYDRANGEA, Gron. & Linn.

DESCRIPTION.

La fleur (*f*) de l'Hydrangea eſt compoſée d'un petit calyce qui eſt d'une ſeule piece diviſée en cinq (*a d*) : d'entre les découpures du calyce partent cinq pétales arrondis & creuſés en cuilleron (*b e*).

De l'intérieur du calyce s'élevent dix étamines dont les pédicules ſont aſſez longs ; les ſommets ſont formés de deux corps arrondis qui ſont diviſés par une rainure ſuivant leur longueur (*a b c*).

Le piſtil eſt formé d'un embryon arrondi qui fait partie du calyce, & de deux ſtyles courts, aſſez gros, dont l'extrêmité eſt tronquée (*d*).

L'embryon ou la baſe du calyce devient une capſule arrondie, terminée par deux becs ou cornes, qui ſont formés par les ſtyles: elle eſt ſtriée & couronnée par les échancrures du calyce; elle eſt intérieurement diviſée en deux loges par une cloiſon. Cette capſule s'ouvre par ſon extrêmité près des cornes qui la terminent. Elle contient grand nombre de ſemences menues, pointues & anguleuſes.

Les fleurs (*f*) qui ſont fort petites, ſont raſſemblées en eſpece d'ombelle branchue, ou en grappe qui s'épanouit en paraſol.

Les feuilles de cet arbriſſeau ſont d'un verd tendre, grandes, ovales, terminées en pointe, dentelées par les bords, oppoſées ſur les branches, peu épaiſſes, relevées en deſſous d'arêtes ſaillantes, creuſées en deſſus de gouttieres aſſez profondes, & relevées de petites boſſes comme les feuilles de l'Ortie.

Cet arbuste fleurit à la fin de Juillet.

ESPECE.

HYDRANGEA foliis oppositis, floribus in cymam digestis. L. S. P.
HYDRANGEA à feuilles opposées & dont les fleurs sont rassemblées en maniere de parasol.

CULTURE.

Cet arbrisseau n'est point délicat : il pousse autour de lui quantité de drageons enracinés qui servent à le multiplier.

USAGE.

L'Hydrangea peut servir à la décoration des bosquets d'été : ce n'est pas que sa fleur soit fort brillante ; mais c'est qu'il y a peu d'arbres qui, comme celui-ci, soient en fleur dans cette saison.

HYDRANGEA. N°. 1.

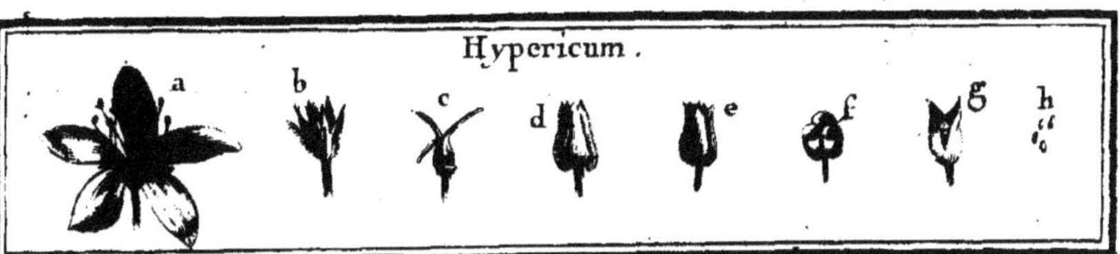

HYPERICUM, Tournef. & Linn.

MILLE-PERTUIS.

DESCRIPTION.

Le calyce (*b*) du Mille-pertuis eſt diviſé en cinq parties ovales creuſées en cuilleron. Il ſubſiſte juſqu'à la maturité du fruit.

La fleur (*a*) eſt formée de cinq pétales ovales, oblongs, obtus, diſpoſés en roſe.

On apperçoit dans le diſque grand nombre d'étamines qui ſe réuniſſent par le bas à cinq corps diſtincts, au milieu deſquels eſt le piſtil (*c*) qui eſt composé d'un embryon arrondi ou oblong, ſurmonté de deux, trois ou cinq ſtyles (*de*).

L'embryon devient une capſule qui a autant de loges qu'il y avoit de ſtyles (*fg*); on trouve dans l'intérieur de cette capſule un nombre de graines aſſez menues & oblongues (*h*).

Nous avons ſuivi M. Linneus en joignant à l'*Hypericum*, l'*Aſcyrum* & l'*Androſæmum* de M. de Tournefort. Il nous a paru que dans un Traité d'Arbres & d'Arbuſtes, on devoit réunir ces trois ſortes de plantes qui ſe reſſemblent beaucoup. Mais ſi l'on vouloit, comme M. de Tournefort, en faire trois genres, on pourroit établir leur différence ſur ce que les pétales de l'*Androſæmum* ſont preſque ronds, & ne ſont pas plus grands que les échancrures du calyce. L'embryon n'eſt ſurmonté que de deux ſtigmates. Le fruit eſt aſſez court, arrondi, ayant à l'extérieur la figure de trois côtes de Melon réunies. Il forme une ſeule capſule dans laquelle on apperçoit trois placentas chargés de ſemences ovales. Ce fruit eſt ſucculent.

Les pétales de l'*Hypericum* & de l'*Ascyrum* sont beaucoup plus grands que les divisions du calyce.

L'embryon de l'*Hypericum* est surmonté de trois styles : celui de l'*Ascyrum* en a cinq. Le fruit de l'un & de l'autre se termine en pointe. Celui de l'*Hypericum* est divisé en trois loges : on en trouve cinq dans celui de l'*Ascyrum*. Les semences de l'un & de l'autre sont plus allongées que celles de l'*Androsæmum*.

Les feuilles de ces trois plantes sont longues, pointues ; plus larges du côté de leur insertion que par-tout ailleurs, opposées sur les tiges & sans queues. Si on les oppose à la lumiere, elles paroissent percées de petits trous. Celles de l'*Androsæmum* deviennent d'un fort beau rouge dans l'automne. Voyez *Androsæmum* & *Ascyrum*.

ESPECES.

1\. *HYPERICUM fœtidum frutescens.* Inst.
MILLE-PERTUIS en arbrisseau, qui a une odeur desagréable.

2\. *HYPERICUM flore pentagino foliis ovato, oblongis, glabris-integerrimis.* Linn. Hort. Cliff. ou *ASCYRUM magno flore.* C. B.
MILLE-PERTUIS à grandes fleurs, dont le fruit est divisé en cinq loges.

3\. *HYPERICUM floribus triginis, fructu baccato, foliis ovatis pedunculo longioribus.* Linn. Hort. Cliff. ou *ANDROSOEMUM maximum frutescens.* C. B.
MILLE-PERTUIS en arbrisseau, dont le fruit est obtus & charnu, ou TOUTE-SAINE.

4\. *HYPERICUM floribus pentaginis, foliis & ramis verrucosis.* Linn. Hort. Cliff. ou *ASCYRUM Balearicum foliis crispis, sive Myrto-Cistus Pinnœi.* Clus. Hist.
MILLE-PERTUIS de Majorque toujours verd, à feuilles crêpues.

Nous supprimons plusieurs especes qui ne sont point des arbustes, puisqu'elles perdent leurs tiges les hyvers.

CULTURE.

Ces différentes especes de Mille-pertuis se multiplient aisément de semences & de drageons enracinés.

USAGES.

Ces petits arbuſtes produiſent de jolies fleurs jaunes dans les mois de Juin & de Juillet : ainſi on peut les employer pour la décoration des boſquets d'été.

On emploie les Mille-pertuis, l'Aſcyrum & la Toute-ſaine, comme de bons vulnéraires & comme apéritifs.

HYPERICUM, MILLE-PERTUIS. N°. 1. *Page* 302

Tome I. Pl. 119.

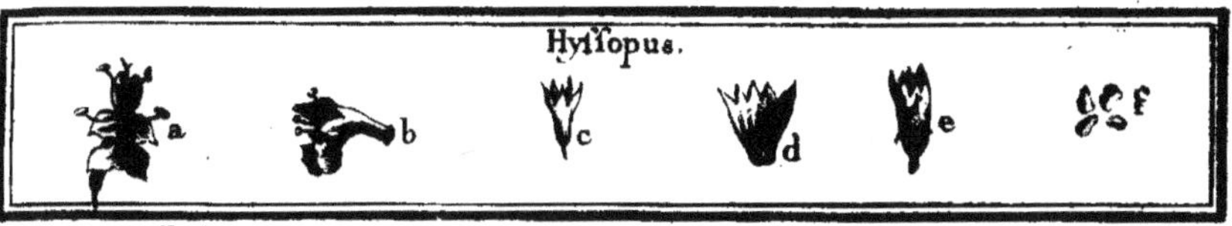

HYSSOPUS, TOURNEF. & LINN. HYSOPE.

DESCRIPTION.

Le calyce (*c*) de la fleur (*a*) de l'Hyſope eſt un cornet d'une ſeule piece, qui eſt diviſé à ſon extrêmité en cinq parties pointues. Il ſort de ce calyce un pétale (*b*) figuré en gueule. La levre ſupérieure eſt de moyenne grandeur, plate, ouverte, relevée & échancrée dans ſon milieu : la levre inférieure eſt diviſée en trois ; la diviſion du milieu, plus grande que les autres, eſt creuſée en cuilleron, & ſubdiviſée en deux parties qui ſe terminent en pointe.

On apperçoit dans l'intérieur de la fleur quatre étamines, dont deux, plus courtes que les deux autres, ſe replient dans la levre ſupérieure, & les deux autres accompagnent la levre inférieure ; elles ſont chargées de ſommets.

Le piſtil (*d*) eſt compoſé d'un embryon qui eſt diviſé en quatre, & d'un ſtyle qui ſe recourbe dans la levre ſupérieure, & qui eſt terminé par un ſtigmate fourchu.

De l'embryon ſe forment quatre ſemences (*f*) qui ont pour enveloppe le calyce de la fleur (*e*).

L'Hyſope eſt un petit arbuſte qui pouſſe pluſieurs tiges à la hauteur d'un pied & demi ; elles ſont revêtues de bas en haut de feuilles longues, étroites, non dentelées, rangées par étage le long des tiges qui ſont terminées par des épis de fleurs.

Toutes les parties de cette plante ont une odeur aſſez agréable.

ESPECES.

1. *HYSSOPUS officinarum cærulea ſeu ſpicata.* C. B. P.
   HYSOPE des Droguiſtes à fleurs bleues diſpoſées en épi.

2. *HYSSOPUS vulgaris alba.* C. B. P.
   HYSOPE ordinaire à fleur blanche.

3. *HYSSOPUS rubro flore.* C. B. P.
   HYSOPE à fleur rouge.

4. *HYSSOPUS humilior Myrti folio.* C. B. P.
   Petite HYSOPE à feuille de Myrthe.

CULTURE.

Cet arbuſte n'eſt point délicat ; il vient dans toute ſorte de terre, & il ſe multiplie aiſément par des drageons enracinés qui ſe trouvent auprès des gros pieds.

USAGES.

Cette plante eſt aſſez jolie dans le temps de ſa fleur.
On l'emploie intérieurement comme inciſive & apéritive; on l'ordonne pour l'aſthme & les autres maladies de la poitrine. On l'applique extérieurement comme déterſive, vulnéraire & fortifiante.

JASMINOIDES;

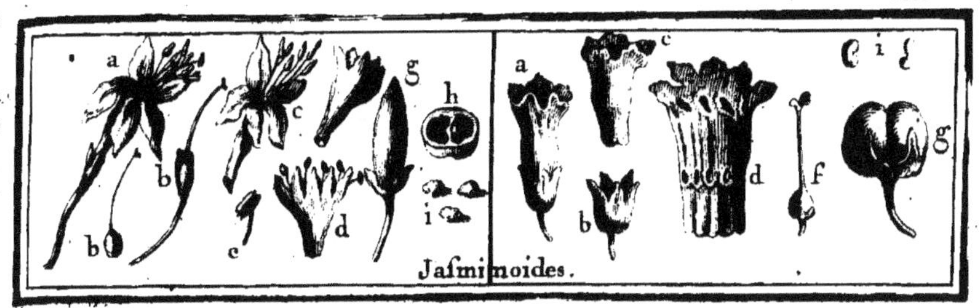

JASMINOIDES, TOURNEF. LYCIUM, LINN.

DESCRIPTION.

LE calyce (*b*) des fleurs (*a*) des Jasminoïdes est divisé en cinq pieces qui ne sont pas pointues comme au Jasmin. Le pétale (*c*) forme un tuyau dont l'extrêmité est aussi divisée en cinq parties qui, se renversant en dehors, forment un disque qui représente une étoile. On trouve dans l'intérieur un pareil nombre d'étamines (*d*) dont les sommets (*e*) sont deux capsules en forme d'Olive, & un pistil (*bf*) qui est composé d'un embryon arrondi & d'un style obtus. Cet embryon devient une baie (*g*) qui renferme (*h*) plusieurs semences (*i*) figurées comme un rein.

Les fruits de l'espece n°. 2 sont petits, mais d'un très-beau rouge : ceux du n°. 3 sont beaucoup plus gros, & d'une couleur des plus éclatantes.

Les feuilles sont d'un verd blanchâtre, épaisses, non dentelées, unies, ovales, plus ou moins allongées; elles sont posées alternativement sur les branches. Il y a quelques especes sur lesquelles on trouve des épines qui partent des aisselles des feuilles, qui s'allongent quelquefois de trois ou quatre pouces, & qui produisent d'autres feuilles çà & là. L'écorce extérieure des Jasminoïdes est blanchâtre.

On a représenté sur le côté gauche de la vignette, le détail de la fleur & du fruit du Jasminoïdes de la Chine, n°. 3, qui differe des autres principalement par le calyce, qui n'est divisé qu'en deux,

ESPECES.

1. *JASMINOIDES, sive* RHAMNUS *spinis oblongis, flore candicante.* C. B. P.
   JASMINOIDES qui a de longues épines & la fleur blanchâtre.

2. *JASMINOIDES Africanum aculeatum, Rhamni aculeati folio & facie.* Act. Acad. P. *LYCIUM foliis linearibus.* Hort. Cliff.
   JASMINOIDES d'Afrique qui a de grandes épines & des fleurs purpurines.

3. *JASMINOIDES Sinense Halimi folio & facie.* Act. Acad. R. Par.
   JASMINOIDES de la Chine qui a les feuilles comme le Pourpier de mer.

4. *JASMINOIDES Sinense Halimi folio longiore & angustiore.*
   JASMINOIDES de la Chine qui a des feuilles comme le Pourpier de mer, mais plus longues & plus étroites.

5. *JASMINOIDES spinosum foliis rotundioribus, floribus subceruleis Lilac spirantibus.*
   JASMINOIDES du Pérou à feuilles rondes & à fleurs rouges qui sentent le Lila.

6. *JASMINOIDES, sive* HEDIUNDA *Jasmineo flore fœtida.* CESTRUM, Linn.
   JASMINOIDES du Pérou, qu'on a appellé HEDIUNDA, à fleur de Jasmin, & qui sent mauvais.

CULTURE.

Le Jasminoïdes peut s'élever de semences ; mais il se multiplie aisément par marcottes.

Cet arbrisseau craint un peu le froid ; c'est pourquoi on fera bien de le tenir en espalier, ou de le couvrir l'hyver avec un peu de litiere : au reste il n'est point du tout délicat sur la nature du terrein.

USAGES.

Cet arbrisseau est assez joli à cause de ses feuilles argentées. Il pousse de grandes baguettes menues & pliantes ; & on peut le tondre au ciſeau pour lui donner une forme plus agréable.

Ses fleurs qui paroiſſent au commencement de Juin, ſont aſſez jolies. Les deux premieres eſpeces en produiſent encore quelquefois l'automne : celui de Chine eſt dans cette ſaiſon chargé de petits fruits, rouges comme du corail. Comme ces arbriſſeaux conſervent leurs feuilles juſqu'aux gelées, on peut les mettre dans les boſquets d'été & d'automne. On peut auſſi en former de jolies paliſſades. En Provence on trouve communément l'eſpece n°. 1 dans les haies.

Les deux eſpeces, n°. *5* & *6*, cultivées au Jardin du Roi, ſont venues des ſemences qui y avoient été envoyées du Pérou par M. Joſeph de Juſſieu.

On a repréſenté dans la planche l'eſpece du n°. *2*, & celle du n°. *3*.

JASMINOIDES. N°. 1. Page 308

Tome I. Pl. 120.

JASMINUM, Tournef. & Linn. JASMIN.

DESCRIPTION.

Le calyce (*e*) de la fleur (*ab*) du Jasmin est divisé en cinq parties fort pointues; il ne tombe point. Le pétale (*c*) qui est en forme de tuyau, est aussi divisé en cinq pieces ovales, terminées en pointe & recourbées en dessous. On trouve dans l'intérieur deux étamines chargées de sommets fort longs, & un pistil (*d*) qui est composé d'un embryon arrondi & d'un style. L'embryon devient une baie (*fh*) dans laquelle on trouve deux semences ovales (*g*), oblongues, plates d'un côté, convexes de l'autre.

Les feuilles du Jasmin sont de figures très-différentes sur les différentes especes; mais presque toujours opposées sur les branches, & le plus souvent composées de folioles qui sont rangées par paires & attachées à un filet commun terminé par une seule.

ESPECES.

1. *JASMINUM vulgatius flore albo.* C. B. P.
   Jasmin ordinaire à fleur blanche.

2. *JASMINUM, sive Gelseminum luteum.* J. B.
   Petit Jasmin jaune.

3. *JASMINUM luteum vulgò dictum bacciferum.* C. B. P.
   Jasmin jaune des bois.

Nous supprimons plusieurs belles especes de Jasmin, parce qu'elles ne peuvent être élevées qu'en serre.

Ce qu'on appelle Jasmin de Virginie, est un *Bignonia.*

CULTURE.

Les Jasmins se multiplient aisément de marcottes, de drageons enracinés qu'on trouve auprès des gros pieds, & même de bouture. On peut aussi multiplier les especes rares en les greffant sur les Jasmins communs. C'est ainsi que les Génois nous fournissent beaucoup de Jasmins d'Espagne jaunes & blancs, des Jasmins d'Arabie & des Azors : ils les greffent en fente.

Les trois especes que nous avons nommées supportent nos hyvers, & ne sont point délicates sur la nature du terrein ; le n°. 3 se trouve même dans les bois.

USAGES.

Le Jasmin blanc, n°. 1, est un arbrisseau sarmenteux qui peut servir à garnir des tonnelles, des terrasses. On en fait aussi, en le tondant au ciseau, de jolis buissons. Il porte dans le mois de Juin des bouquets de fleurs blanches, qui sont fort jolis, & qui répandent une odeur très-agréable.

Ces fleurs ne fournissent point d'eau odorante par la distillation ; ainsi ce qu'on appelle *essence de Jasmin* qu'on nous apporte d'Italie, est une huile tirée par expression, & aromatisée par les fleurs du Jasmin.

Voici comment on la fait. On imbibe des morceaux de coton avec de l'huile de Ben, qui a la propriété de ne point rancir. On arrange sur des tamis de crin une couche de fleurs de Jasmin, une couche de petits morceaux de coton imbibés d'huile, une couche de fleurs, puis une couche de coton, jusqu'à ce que le tamis soit plein, & on le couvre bien. Vingt-quatre heures après on ôte les fleurs & les morceaux de coton pour les remettre dans le même état avec de nouvelles fleurs ; & on répete cette opération jusqu'à ce que les cotons sentent le Jasmin comme la fleur même. Alors on les passe à la presse pour en retirer l'huile qui est fort aromatique ; & elle conſerve aſſez long-temps cette odeur, pourvu que les flacons ſoient bien bouchés.

On fait prendre auſſi au ſucre une petite odeur de Jaſmin, en mêlant de même des couches de ſucre en poudre & de fleurs de Jaſmin. On met les tamis ſur des vaſes dans une cave, & on les couvre avec des linges mouillés: alors l'humidité de la cave fait couler le ſucre en ſirop qui a contracté une agréable odeur de Jaſmin.

L'eſprit-de-vin n'acquerroit pas l'odeur des fleurs du Jaſmin par la diſtillation; mais on peut lui donner cette odeur par un tour de main fort ſimple. Pour cela, il n'y a qu'à verſer de l'eſprit-de-vin ſur de l'huile de Ben aromatiſée, comme nous l'avons dit, & ſecouer la bouteille où l'on a fait le mêlange. Auſſi-tôt l'odeur du Jaſmin abandonne entiérement l'huile graſſe, & paſſe dans l'eſprit-de-vin qui, ſur le champ, ſe charge d'une forte odeur de Jaſmin; mais elle ſe diſſipe facilement; & quelque ſoin qu'on prenne de boucher les flacons, l'eſprit-de-vin perd peu à peu tout ſon aromat.

Les fleurs du Jaſmin, n°. 2 & 3, n'ont point d'odeur. Ces eſpeces forment de jolis buiſſons qu'on peut mettre dans les boſquets d'été; & comme celle du n°. 3 ne quitte point ſes feuilles, on peut la mettre dans les boſquets d'automne & d'hyver.

En Médecine on ordonne les fleurs du Jaſmin, n°. 1, pour faciliter l'expectoration. On prétend que les feuilles appliquées en cataplaſmes, amoliſſent les tumeurs ſquirreuſes.

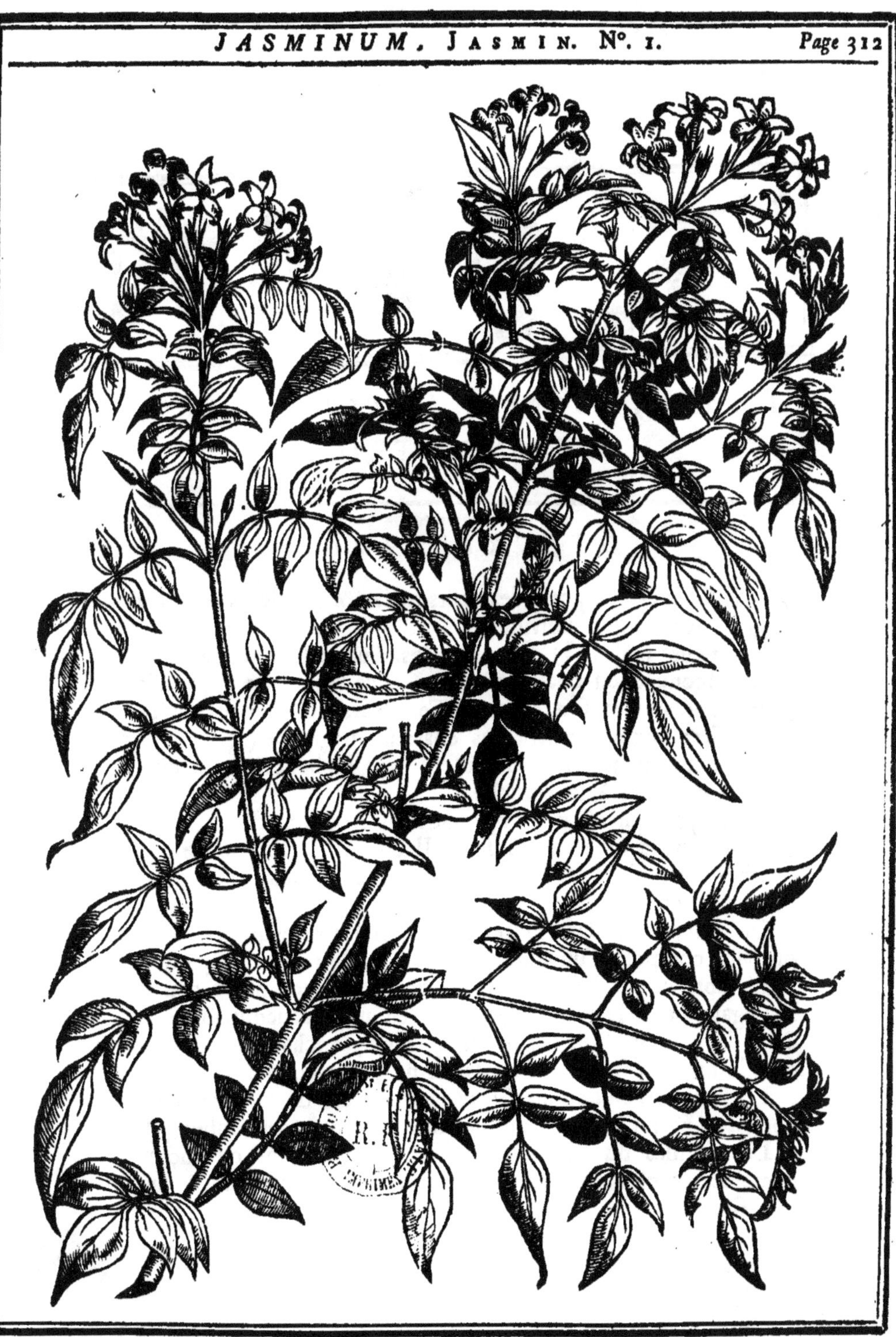
JASMINUM, JASMIN. N°. 1.
Page 312

Tome I. Pl. 122.

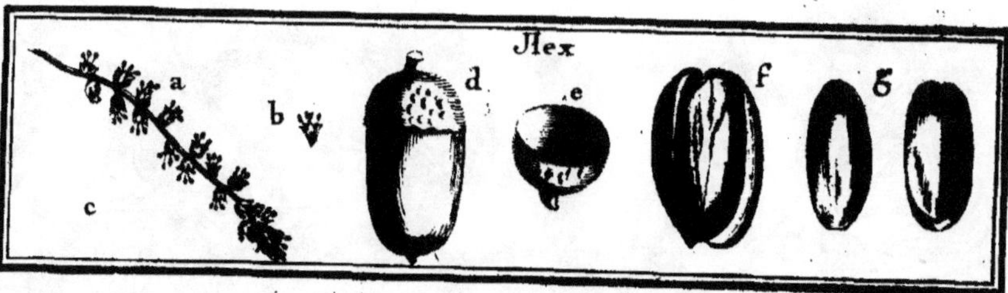

ILEX, TOURNEF. *QUERCUS*, LINN.

CHESNE-VERD.

DESCRIPTION.

LE Chêne-verd porte des fleurs mâles & des fleurs femelles sur les mêmes individus.

Les fleurs mâles (*b*) sont formées d'un calyce d'une seule piece découpée en quatre ou cinq, dans lequel on apperçoit plusieurs étamines fort courtes. Ces fleurs qui sont attachées sur un filet souple forment des chatons en grappe (*a*).

Les fleurs femelles (*c*) paroissent dans le bouton immédiatement attachées à la branche.

Le calyce qui est peu apparent dans le temps de la fleur, devient dans la suite très-sensible. Il est d'une seule piece hémisphérique, plus ou moins raboteux en dessus, charnu en dedans & coriacé.

On n'apperçoit dans l'intérieur ni pétales ni étamines, mais un pistil composé d'un embryon ovale & de plusieurs styles.

L'embryon est d'abord couvert par le calyce : peu à peu il se dégage par le haut du calyce qui s'est aussi beaucoup étendu ; & il devient un fruit (*d*) figuré en olive, enchâssé par le bas dans le calyce (*e*) qui a alors la forme d'une coupe.

Le fruit, qu'on nomme *Gland*, est couvert d'une enveloppe coriacée (*f*) qui contient une amande divisée en deux lobes (*g*).

Les feuilles du Chêne-verd sont fermes, plus ou moins dentelées & piquantes par les bords, d'un verd foncé & un peu terne, la plupart un peu velues & blanchâtres par-dessous; toutes sont posées alternativement sur les branches.

Quelque méthode que l'on suive, nous croyons, ainsi que M. Linneus le pense, que le Chêne-verd (*Ilex*) & le Liege (*Suber*) sont de vrais Chênes (*Quercus*). Pour conserver des noms qui sont connus de tout le monde, nous avons parlé des *Ilex* & des *Suber* dans des articles séparés du *Quercus*; mais on ne peut distinguer les Chênes-verds des Chênes ordinaires, que par la forme des feuilles qui ressemblent assez à celles du Houx, & qui ne tombent point l'hyver: & le Liege est un véritable Chêne-verd, dont l'écorce est épaisse & souple.

Il faut donc regarder ces trois genres comme un seul, quoique nous ayons conservé la distinction que nous avons trouvé établie.

Il est bon cependant d'être prévenu que les *Ilex* de M. Linneus sont des *Aquifolium*.

ESPECES.

1. *ILEX oblongo serrato folio.* C. B. P.
CHESNE-VERD à feuilles oblongues & dentelées.

2. *ILEX folio angusto non serrato.* C. B. P.
CHESNE-VERD à feuilles étroites & non dentelées.

3. *ILEX folio rotundiore molli modicéque sinuato; SMILAX Theophrasti.* C. B. P.
CHESNE-VERD à feuilles rondes, qui n'a que peu d'épines, qui sont molles.

4. *ILEX folio Agrifolii.* Bot. Monsp.
CHESNE-VERD à feuilles de Houx.

5. *ILEX folio utrinque lanato Monspeliaca.* H. R. Par.
CHESNE-VERD dont les feuilles sont velues dessus & dessous.

6. *ILEX aculeata cocciglandifera.* C. B. P.
Petit CHESNE-VERD à feuilles très-piquantes, & qui porte le Kermès. On l'appelle en Provence simplement KERMÈS.

7. *ILEX media cocciglandifera Ilici planè suppar, folio Aquifolii.* Adv.
Petit CHESNE-VERD à feuilles de Houx, & semblable à celui qui porte le Kermès.

8. *ILEX, folio non serrato in summitate quasi triangulo Quercus...* Catesb.
CHESNE-VERD dont les feuilles ne sont point dentelées.

CULTURE.

On trouve des Chênes-verds dans des pays assez chauds ; & les petits qui produisent le Kermès, croissent par-tout sur les montagnes d'Espagne, d'Italie, du Languedoc & de la Provence. M. de Tournefort dit avoir vu des Chênes-verds très-grands dans l'isle de Candie au pied des montagnes couvertes de neige : l'on en trouve aussi dans des pays assez froids & sur des montagnes où ils sont exposés au Nord. Dans nos climats ils se plaisent beaucoup à cette exposition. Néanmoins les jeunes Chênes-verds supportent difficilement nos grands hyvers : celui de 1754 les a beaucoup fatigués ; ils ont perdu plusieurs jeunes branches & toutes leurs feuilles.

Les Chênes-verds peuvent reprendre de marcottes ; mais la meilleure maniere de les multiplier, est d'en semer les Glands. On peut aussi greffer les especes rares sur celles qui sont plus communes. On fera bien de tirer les Glands des pays froids plutôt que des climats chauds : les arbres qui en viendront seront plus en état de supporter nos hyvers.

Il faut prendre, pour élever les Chênes-verds, les mêmes précautions que pour les Chênes ordinaires : ainsi voyez à cet égard l'article *QUERCUS*.

Comme les Chênes-verds s'élevent ordinairement de semences, il s'en trouve une prodigieuse quantité de variétés que nous n'avons pas cru devoir faire entrer dans notre Catalogue.

USAGES.

Toutes les especes de Chêne-verd conservent leurs feuilles pendant l'hyver ; ainsi il convient d'en mettre dans les bosquets de cette saison. Ils croissent lentement ; mais à la fin ils parviennent à former d'assez gros arbres : j'en ai vu des madriers qui avoient treize à quatorze pouces de largeur, sur dix à douze pieds de longueur ; & comme ce bois est d'un excellent usage, on feroit bien d'en semer des bois entiers.

Le bois de Chêne-verd est lourd, très-dur, extrêmement fort, & il pourrit difficilement. On prétend que sa seve est âcre, & qu'il fait rouiller les clous & les chevilles de fer qu'on y enfonce. Mais il y a apparence que cela lui eſt commun avec tous les Chênes dont le bois eſt fort dur, tels que ſont ceux des pays chauds.

On ſe ſert du bois de Chêne-verd dans la Marine pour faire des eſſieux de poulies; & on le préfere à tout autre dans les endroits qui doivent éprouver beaucoup de frottement.

On en fait auſſi des leviers ou épars pour l'Artillerie; & comme il a beaucoup de reſſort, on le préfere à tout autre bois pour les manches de mail.

Enfin il y a des Chênes-verds dont le Gland eſt doux & peut ſe manger comme les Châtaignes. Dans les années de diſette leur fruit pourroit ſervir pour la nourriture des hommes comme pour celle des animaux.

L'écorce & les feuilles du Chêne-verd ſervent dans quelques Provinces à tanner les cuirs.

Le Chêne-verd eſt commun à la Louyſiane vers le bord de la mer: auprès de l'iſle Barataria, entre la mer & les lacs, on en voit une liſiere d'un quart de lieue de largeur.

Les eſpeces, *6* & 7, ſont des arbriſſeaux qui ne ſont propres qu'à faire de petits buiſſons fort jolis; leurs feuilles ſont très-petites, très-luiſantes & d'un très-beau verd.

Les Glands du n°. *6* ſont fort gros, & leur cupule eſt couverte extérieurement de petites écailles terminées par des pointes rouges qui ſont un joli effet.

Il y a en Provence, en Languedoc, en Eſpagne & en Portugal, certains inſectes qu'on peut comparer aux punaiſes des Orangers. Ces inſectes s'attachent aux petites branches du petit Chêne-verd n°. *6*; & comme ils trouvent en cet endroit tout ce qui eſt néceſſaire pour leur nourriture, ils reſtent toute leur vie à l'endroit où ils ſe ſont attachés; ils y groſſiſſent & forment une petite boule d'un beau rouge, groſſe comme un pois, qui reſſemble plutôt à ces productions qu'on nomme des gales qu'à un inſecte: c'eſt pour cela que M. de Reaumur les a nommés *Gale-inſectes.*

Quand la Gale-inſecte eſt parvenue à ſa groſſeur, & pour ainſi dire à ſa maturité, elle devient d'un très-beau rouge qui eſt couvert d'une eſpece de fleur blanche comme les Prunes. Alors les Payſans la détachent de l'arbre pour la vendre fraîche aux Apothicaires, qui en tirent le suc pour faire le sirop de Kermès, ou bien ils la font sécher après l'avoir tenue quelque temps dans du vinaigre pour faire périr les vers qui, venant à éclorre, ne manqueroient pas d'altérer la graine d'écarlate ou le Kermès qu'on nomme aussi *Coccus infectoria.*

Quand les Teinturiers ont developpé la couleur du Kermès par la dissolution d'étain, ils en font d'aussi belle écarlate qu'avec la cochenille.

On emploie en Médecine cette poudre & le sirop pour fortifier l'estomac & réparer les forces abattues.

Nous avons, depuis plusieurs années, plusieurs Kermès qui se plaisent beaucoup dans notre bosquet d'arbres verds; mais il ne s'est jamais trouvé sur eux une seule Gale-insecte: il est vrai que nous n'avons pas essayé de faire venir cet insecte de Provence. Peut-être que notre climat seroit trop froid pour qu'il pût réussir dans nos jardins.

On trouve sur les montagnes de Provence le Chêne-verd, n.° 7, mêlé avec le n°. *6*; & quoique ces deux arbrisseaux se ressemblent de telle sorte qu'on a peine à les distinguer, jamais on ne trouve la Gale-insecte sur le n°. 7.

Tome I. Pl. 123.

Tome I. Pl. 124.

ILEX, CHESNE-VERD. N°. 6. Page 318**

Tome I. Pl. 125.

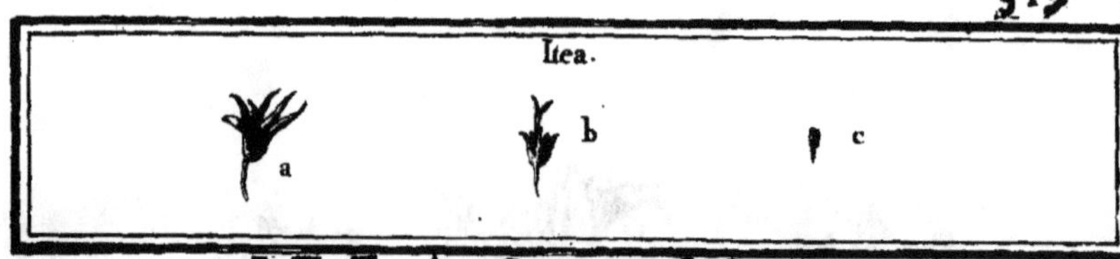

ITEA, Gron. & Linn.

DESCRIPTION.

Le calyce de la fleur (*a*) de l'Itea eſt petit, d'une ſeule piece, diviſé en cinq.

Le pétale eſt auſſi diviſé en cinq parties étroites, longues, pointues, & qui font un diſque ouvert.

On trouve dans l'intérieur cinq étamines aſſez longues, terminées par des ſommets en olive (*c*).

Le piſtil (*b*) eſt composé d'un embryon ovale qui eſt ſurmonté d'un ſtyle aſſez gros qui ne tombe point. Le ſtigmate eſt obtus.

L'embryon devient une capſule fort longue, terminée par le ſtyle. Elle eſt diviſée & s'ouvre en deux : elle contient beaucoup de ſemences menues. Les feuilles de l'Itea ſont ovales, finement dentelées & poſées alternativement ſur les branches. La partie la plus large de ces feuilles eſt du côté du pédicule qui eſt aſſez court ; l'autre extrêmité eſt fort en pointe, le deſſus eſt creuſé de ſillons peu profonds, & le deſſous relevé d'arêtes peu ſaillantes.

ESPECE.

ITEA. Gronov.

CULTURE.

L'Itea n'exige aucune culture particuliere : il ſe multiplie aiſément par marcottes.

USAGES.

Cet arbriſſeau eſt encore trop rare en France pour que nous puiſſions rien dire de ſes uſages ; il croît en Canada & à la Louyſiane.

JUNIPERUS, TOURNEF. & LINN. GENEVRIER.

DESCRIPTION.

LES Genevriers portent ſur différents individus des fleurs mâles & des fleurs femelles.

Les fleurs mâles (*ab*) étant raſſemblées ſur un filet, forment toutes enſemble un petit chaton conique & écailleux; chaque fleur contient trois étamines (*cd*) qui s'apperçoivent mieux dans le fleuron qui termine le chaton.

Les fleurs femelles ſont formées d'un calyce diviſé en trois, de trois pétales dures & piquantes, & d'un piſtil qui eſt compoſé d'un embryon arrondi & de trois ſtyles.

L'embryon qui fait partie du calyce, devient une baie ronde (*e*), charnue, couronnée par trois petites pointes.

On trouve dans cette baie trois ſemences dures (*g*), voûtées d'un côté & applaties ſur les autres faces (*fh*).

Les feuilles du Genevrier ſont étroites, applaties, pointues, piquantes, rangées aſſez près l'une de l'autre ſur les branches, & oppoſées deux à deux, trois à trois, ou quatre à quatre; elles ne tombent point pendant l'hyver. Les jeunes branches ſont auſſi oppoſées ſur les groſſes.

Comme il n'y a point de différence aſſez marquée entre les *Juniperus*, les *Cedrus* & les *Sabina*, pour en faire trois genres ſéparés, M. Linneus a compris les Cedres & les Sabines dans le genre des Genevriers. Néanmoins nous avons conſervé la diſtinction que nous avons trouvé établie.

ESPECES.

1. *JUNIPERUS vulgaris fruticoſa.* C. B. P.

GENEVRIER ordinaire & qui forme un arbriſſeau.

2. *JUNIPERUS vulgaris arbor.* C. B. P.
GENEVRIER ordinaire qui forme un arbre.

3. *JUNIPERUS minor montana folio latiore fructuque longiore.* C. B. P.
Petit GENEVRIER de montagne qui a les feuilles larges & le fruit allongé.

4. *JUNIPERUS major baccâ cæruleâ.* C. B. P.
Grand GENEVRIER à fruit bleu.

5. *JUNIPERUS major baccâ rufescente.* C. B. P.
Grand GENEVRIER à fruit rougeâtre, ou CADE.

6. *JUNIPERUS Virginiana, foliis inferioribus Juniperinis superioribus Sabinam vel Cupressum referentibus.* Boerh. Ind. Alt.
GENEVRIER dont les premieres feuilles ressemblent à celles du Genievre, & les autres à celles de la Sabine ou du Cyprès, ou CEDRE ROUGE de Virginie.

7. *JUNIPERUS Bermudiana.* H. L.
GENIEVRE, ou CEDRE de Bermude.

8. *JUNIPERUS Virginiana,* H. L. *folio ubique juniperino.* Boerh.
GENEVRIER, ou CEDRE de Virginie.

9. *JUNIPERUS Cretica ligno odoratissimo.* Cor. Inst.
GENEVRIER de Crete dont le bois est très-odorant.

10. *JUNIPERUS latifolia, arborea, Cerasi fructu.* Cor. Inst.
GENEVRIER à feuilles larges qui s'éleve en arbre, & dont le fruit est comme une Cerise.

11. *JUNIPERUS Orientalis vulgari similis, magno fructu nigro.* Cor. Inst.
GENEVRIER du Levant dont le fruit est gros & noir.

Comme M. Linneus n'a fait qu'un genre des Genevriers & des Cedres, voyez pour la suite des Genevriers. Linn. au mot *CEDRUS.*

CULTURE.

Quelques especes de Genevriers reprennent de bouture ; mais toutes peuvent s'élever de semences. La semence ne leve quelquefois que la seconde année.

Les especes, n°. 1, 2 & 3, viennent dans les plus mauvais terreins où aucun arbre ne peut subsister, & je suis parvenu à en garnir des côtes où à peine on trouvoit des Chiendents.

Il n'a fallu pour cela que semer des baies de Genievre comme on seme le grain, & remuer legérement la superficie de la terre pour enterrer un peu la semence. Il est vrai que ce procédé qui ne coûte presque rien, est fort long; car ces petits Genevriers sont long-temps à prendre le dessus de l'herbe. Pour jouir plutôt, nous avons fait arracher en motte dans les bois de petits Genevriers qui étoient levés d'eux-mêmes; & nous les avons fait planter dans le mois de Mars. Il ne nous en a presque pas péri, & les Genevriers sont venus assez bien sans qu'on leur ait donné aucun labour.

USAGES.

Tous les Genevriers peuvent être mis dans les bosquets d'hyver. Les especes communes sont d'une grande ressource pour garnir les côteaux des mauvaises terres, & pour former des garennes. Les merles & les grives se nourrissent de leur fruit; mais alors leur chair n'est pas si agréable que quand ces animaux se sont engraissés de Raisin.

Les Genevriers ordinaires ne forment point de grands arbres, sur-tout quand ils sont plantés dans de mauvais terreins. Ils poussent à droite & à gauche de longues branches menues d'où pendent encore d'autres branches plus menues qui sont chargées de feuilles; ainsi cet arbre a un port fort bizarre. Néanmoins une côte plantée en Genevriers est bien préférable à ce qu'elle seroit si elle étoit toute nue; ainsi on peut regarder les Genevriers comme très-précieux pour garnir les terreins les plus mauvais. Quand ces arbres sont plantés en bonne terre, ils deviennent plus gros. J'en ai vu des buches qui avoient sept à huit pouces de diametre sur dix à douze pieds de longueur.

Ce bois est fort tendre & léger. Il est gris quand il est fraîchement coupé; mais lorsqu'il est fort sec, il est d'un rouge clair assez agréable, & il répand une très-bonne odeur. En un mot c'est un bois de Cedre dont les Ebénistes font quantité de jolis ouvrages. Il est vrai qu'il y a des especes de Cedres ou de Genevriers qui ont leur bois un peu plus solide que d'autres.

Quand on brûle dans les appartemens un peu de bois de

Genievre, ils sont parfumés d'une odeur plus gracieuse que quand on en brûle la semence.

Il s'amasse souvent auprès des nœuds, & entre le bois & l'écorce, une résine fort claire & de bonne odeur.

On prétend qu'en Afrique on fait des incisions pour retirer cette résine qu'on appelle *le Vernis* ou *le Sandaraque des Arabes.*

Toutes les especes de Cedre & de Genievre ne donnent pas cette résine également belle. Il faut la choisir en larmes claires, luisantes, diaphanes, blanches & nettes.

On prétend qu'elle est résolutive, & on la fait entrer dans quelques onguents: mais un de ses principaux usages est de servir à faire les vernis blancs. Pour cela on fait dissoudre cette résine dans l'esprit-de-vin très-rectifié. Ce vernis est très-blanc & brillant; mais il est fort tendre, il s'égratigne aisément. Pour lui donner plus de corps, on y mêle de la laque & une très-petite quantité de gomme élemi: alors le vernis est plus solide; mais il a perdu une partie de sa blancheur.

Le sandaraque sert aussi à vernir les papiers sur lesquels les Maîtres à écrire font leurs exemples, ou pour empêcher qu'un endroit qu'on a gratté ne boive quand on passe la plume dessus. Pour cet effet on se contente de réduire le sandaraque en poudre fine, & on en frotte le papier avec une patte de lievre.

On dit que l'espece n°. 5, qui croît en Languedoc, fournit ce qu'on appelle *le Baume de Cade* dont se servent les Maréchaux.

L'espece, n°. 6, qui est le Cedre rouge de Virginie forme un bel & grand arbre qui soutient bien ses branches, & qui est d'un beau verd. On ne doit pas négliger d'en mettre dans les bosquets d'hyver.

Une grande propriété du bois de tous les Cedres & de tous les Genievres, est d'être presque incorruptible. On en fait de très-bons échalats; & si on en avoit de gros, on pourroit en faire des palissades qui dureroient fort long-temps.

En Médecine on fait usage de toutes les parties du Genievre: son bois passe pour diurétique & sudorifique. On en ordonne l'infusion dans les maladies de la vessie.

Les baies sont stomachiques; quelques-uns les avalent avant le repas pour faciliter la digestion: ou bien ils en prennent l'infusion comme du Thé. On en fait aussi un extrait & des ratafias dont on fait usage pour faciliter la digestion. Quelques-uns remplissent un petit baril avec partie égale de baies de Genievre & de Pruneaux, & ils prétendent que l'eau qu'on retire de cette espece de rapé soulage les Asthmatiques.

Les baies de Genievre entrent dans les parfums qu'on emploie pour purifier l'air.

Enfin dans les pays remplis de forêts, lorsque le vin est rare, les habitans, en versant de l'eau sur un rapé de baies de Genievres, se font une boisson qu'on trouve agréable lorsqu'on y est accoutumé. Je crois que cette liqueur seroit beaucoup meilleure si l'on y ajoutoit de la melasse, & si l'on la traitoit comme nous avons dit qu'on faisoit à l'égard de l'Epinette en Canada. Voyez *Abies*.

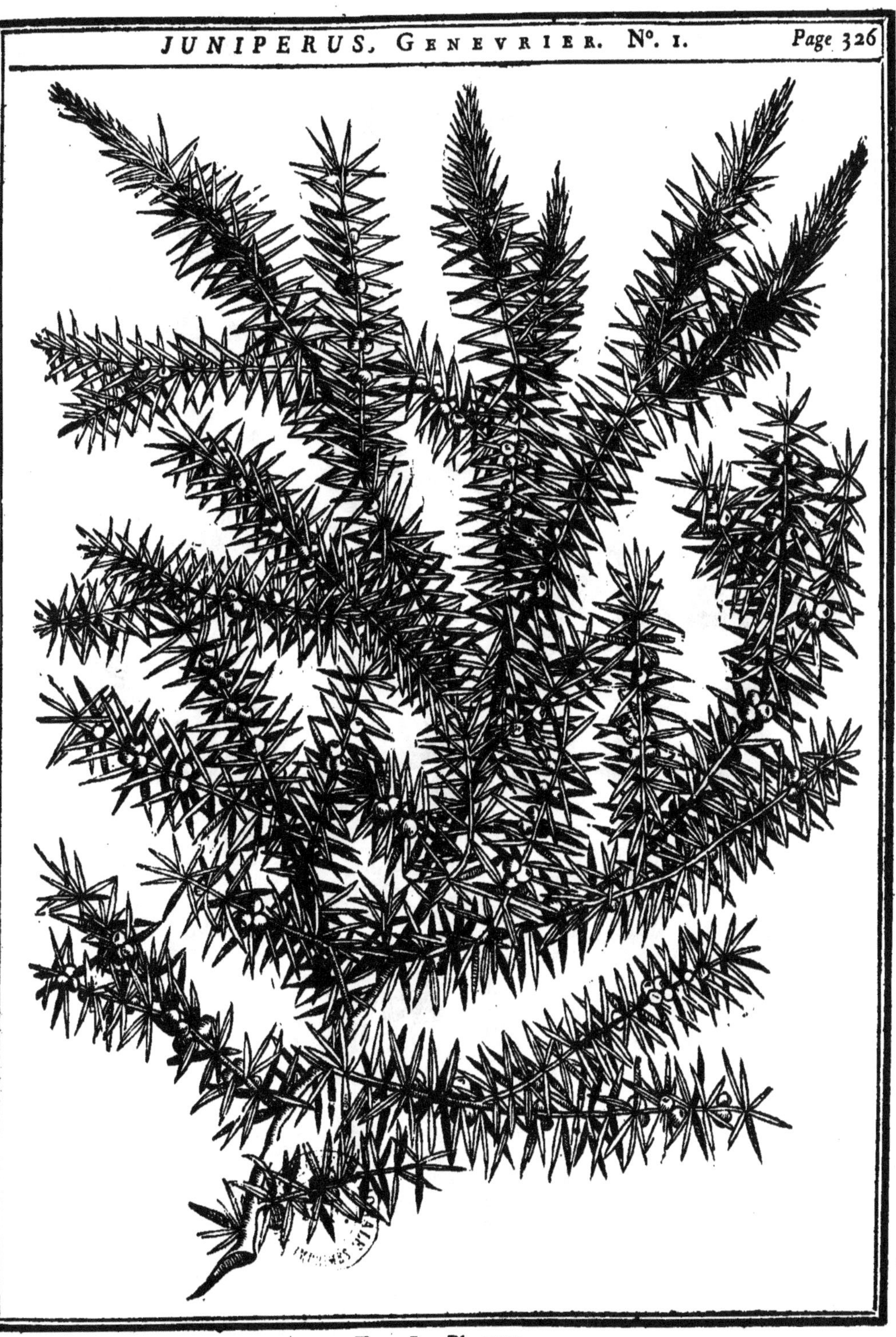

JUNIPERUS, GENEVRIER. N°. 1. Page 326

Tome I. Pl. 127.

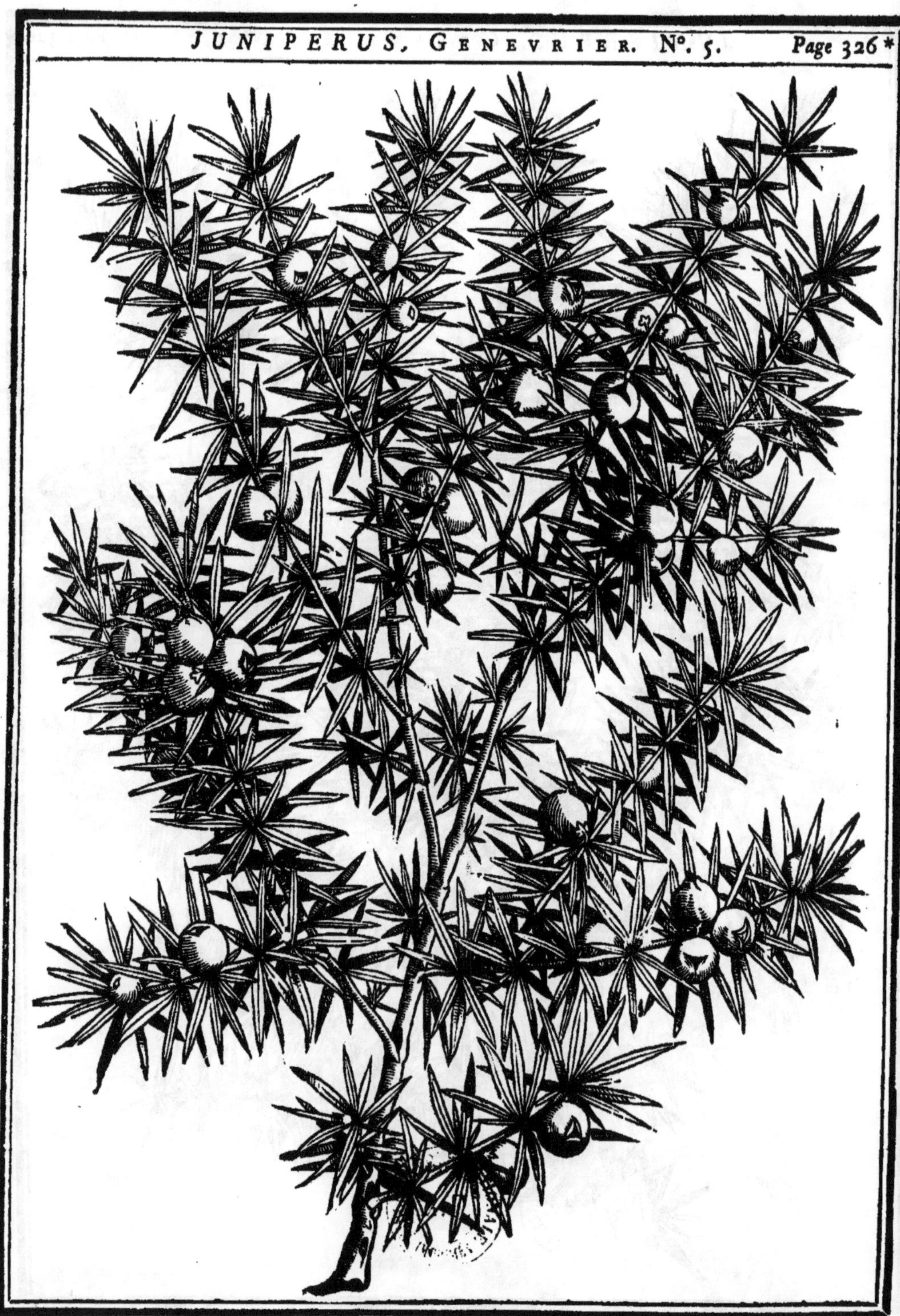

Tome I. Pl. 128.

KALMIA, LINN.

DESCRIPTION.

LE calyce (*b*) de la fleur du Kalmia eſt petit, diviſé en cinq parties; les ſegments ſont ovales & terminés en pointe.

Le pétale (*a*) eſt unique, figuré en tuyau qui s'évaſe en forme de ſoucoupe un peu profonde; les bords ſont découpés en cinq parties, ou comme godronnés. Au deſſous du pavillon de l'entonnoir, on apperçoit dix eſpeces de mamelons formés par des cavités qui ſont à la partie ſupérieure du pavillon.

Dans l'intérieur on voit dix étamines aſſez courtes, qui ſont divergentes, & qui ſe replient ſur le pavillon pour placer leurs ſommets dans les cavités dont on vient de parler.

Le piſtil eſt compoſé d'un embryon arrondi & d'un ſtyle long & menu qui eſt terminé par un ſtigmate obtus.

L'embryon devient une capſule (*c*) ronde, applatie; elle eſt diviſée en cinq loges, & s'ouvre en cinq parties: ces loges renferment de menues ſemences.

Le *Kalmia* differe ſi peu du *Chamærhododendros* que nous avons cru qu'on pouvoit, ſans inconvénient, le comprendre dans ce genre. Ainſi voyez CHAMÆRHODODENDROS.

KALMIA. Page 328

Tome I. Pl, 129.

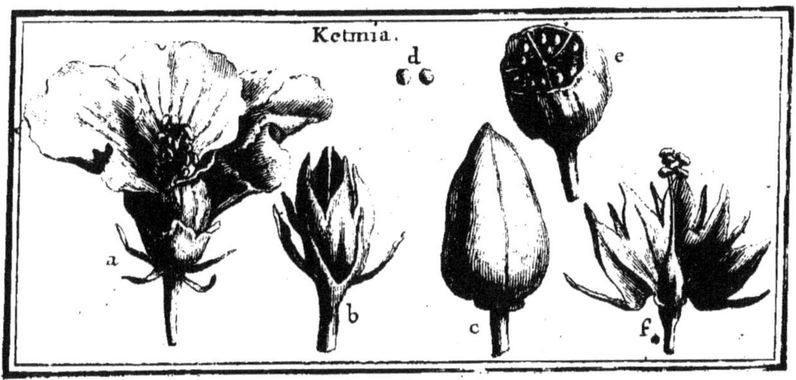

KETMIA, TOURNEF. HIBISCUS, LINN.

ALTHEA FRUTEX des Jardiniers.

DESCRIPTION.

LA fleur (*a*) de cette plante eſt compoſée de deux calyces (*b*) qui ſubſiſtent juſqu'à la maturité du fruit.

Le calyce extérieur eſt formé au moins par huit feuilles qui ſont fort étroites. Le calyce intérieur eſt d'une ſeule piece découpée en cinq parties.

Ces calyces ſupportent cinq grands pétales diſpoſés en roſe.

On apperçoit dans l'intérieur de la fleur grand nombre d'étamines réunies enſemble par leur baſe, & ſurmontées de ſommets qui ont la forme d'un rein. Au milieu d'un tuyau formé par les étamines, on découvre le piſtil (*f*) compoſé d'un embryon arrondi & d'un ſtyle qui ſe diviſe en cinq.

Cet embryon devient un fruit ovale (*c*), diviſé en cinq loges (*e*), dans leſquelles on trouve un nombre de ſemences (*d*) qui reſſemblent à un rein.

Les feuilles qui ſont aſſez grandes ſont découpées profondément, terminées en pointe, & poſées alternativement ſur les branches.

ESPECES.

1. *KETMIA Syrorum quibusdam.* C. B. P.
KETMIA à fleur rouge, ou ALTHEA FRUTEX des Jardiniers.

2. *KETMIA Syrorum, flore purpuro-violaceo.* Inst.
KETMIA à fleur violette tirant sur le pourpre.

3. *KETMIA Syrorum flore albo.* Boerh. Ind.
KETMIA à fleur blanche.

4. *KETMIA Syrorum foliis ex albo eleganter variegatis.* M. C.
KETMIA à feuilles panachées de blanc.

5. *KETMIA Syrorum foliis ex luteo variegatis.*
KETMIA à feuilles panachées de jaune.

6. *KETMIA Syrorum flore variegato.*
KETMIA à fleurs panachées.

Nous supprimons les especes qui ne sont point des arbrisseaux de pleine terre.

CULTURE.

Le Ketmia se multiplie très-facilement par les semences; on peut aussi en faire des marcottes & même des boutures qui poussent aisément des racines.

Cet arbrisseau se plaît dans les terres substantieuses; lorsque le terrein est trop sec, l'arbuste se charge de mousse & ne fait que languir.

USAGES.

Le Ketmia est un arbrisseau d'une forme très-jolie. Ses grandes fleurs qui sont violettes, rouges ou blanches, font un fort bel effet: elles s'épanouissent en grand nombre dans le mois de Septembre; ainsi cet arbrisseau doit être mis dans les bosquets d'automne.

Il est employé en Médecine comme un bon émollient, ainsi que les autres plantes malvacées.

Peut-être qu'en continuant de le multiplier par semences, on parviendra à en avoir à fleurs doubles; ce qui formeroit des fleurs d'une grande beauté.

Tome I. Pl. 130.

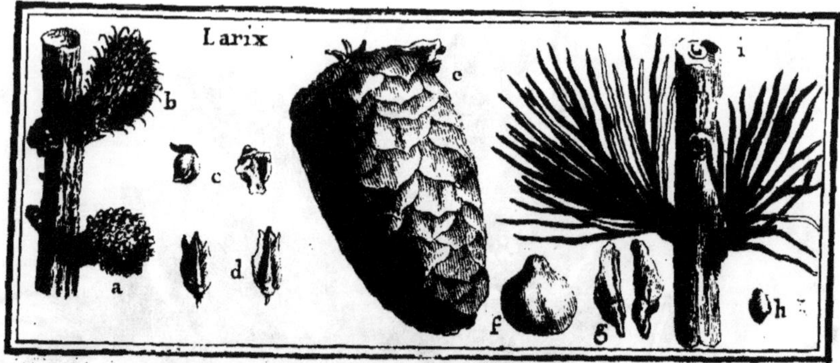

LARIX, Tournef. *Abies*, Linn. MELESE.

DESCRIPTION.

LE Mélese produit des fleurs mâles & des fleurs femelles. Les fleurs mâles étant attachées à un filet commun, forment de petits chatons écailleux (*a*).

Sous les écailles (*c*) on trouve des étamines surmontées de sommets allongés qui sont partagés par une rainure.

Les fleurs femelles (*b*) qui paroissent à d'autres endroits du même arbre, se montrent sous la forme d'une petite pomme de Pin ovale, longuette & écailleuse, d'une belle couleur pourpre-violette.

Les écailles couvrent de petits embryons (*d*) surmontés d'un style. Le fruit grossit & devient un cône écailleux (*e*). On trouve sous ses écailles (*f*) les semences (*h*) qui sont aîlées ou garnies d'une membrane (*g*) mince & transparente.

Jusqu'ici l'on voit que les Méleses ne different point des Sapins, & qu'on pourroit, à l'exemple de M. Linneus, réunir ces deux genres; mais si l'on veut les distinguer, comme le fait M. de Tournefort, il faut avoir recours aux feuilles qui, dans les Méleses, sortent en grand nombre & par houppes (*i*), d'une espece de tubercule.

Les feuilles des Méleses sont filamenteuses. L'espec, n°. 1, quitte ses feuilles ; mais elles sont au printemps la plus belle verdure qu'on puisse desirer : elles sont molles & non piquantes.

Cet arbre devient fort grand & répand ses branches de côté & d'autre ; elles sont flexibles & panchées vers la terre.

Le Cedre du Liban, n°. 2, étend beaucoup ses branches ; mais ses feuilles, qui ne tombent point, sont d'un verd terne.

ESPECES.

1. *LARIX folio deciduo conifera.* J. B.
   MÉLESE qui quitte ses feuilles l'hyver. ÉPINETTE rouge de Canada.

2. *LARIX Orientalis fructu rotundiore obtuso.* Inst.
   MÉLESE du Levant à gros fruit rond & obtus, ou CEDRE du Liban.

3. *LARIX Canadensis longissimo folio Sarraceni.* Inst. Voyez *PINUS foliis quinis.*

CULTURE.

Dans le Dauphiné, & en général dans les Alpes de France, de Savoie, des Grisons, de Stirie & de Carinthie, même sur le mont Apennin, il y a de grandes forêts de Méleses, n°. 1, où les arbres se multiplient d'eux-mêmes par les semences qui tombent à terre.

On prétend même que les arbres deviennent plus beaux quand ils se trouvent sur de vieilles souches pourries ; & que les cônes mis tout entiers en terre, à deux ou trois pouces de profondeur, réussissent mieux que les semences seules.

La végétation se fait toujours lentement dans les terreins froids & couverts de neige ; c'est pourquoi les Méleses qui se trouvent dans cette situation, n'ont à l'âge de cinquante ans guere que huit pouces de diametre auprès de la souche.

Si la forêt est exposée au Nord en bon terrein, & que la neige y séjourne long-temps, les Méleses, qui n'ont que trois pieds de circonférence par le bas, s'élevent droit à quatre-vingts pieds de hauteur ; après quoi ils grossissent & ne s'élevent plus : ensuite ils tombent en retour, & sechent à la cime. Si on les coupe alors, le cœur eſt plus rouge que le reſte: & ſi on les laiſſe ſur pied, leur bois s'altere; il devient ſemblable au Liege qui amortit le tranchant de la coignée, & il ceſſe d'être réſineux.

Les Méleſes donnent quelquefois des rejettons de leurs racines; mais on eſtime mieux ceux qui viennent de ſemences.

Si l'on veut élever des Méleſes dans nos Provinces, il faut cueillir les cônes vers le commencement de Mars, les expoſer au ſoleil & à la roſée dans des caiſſes, les remuer, les agiter & les ſecouer de temps en temps; les écailles s'ouvrent, les graines en ſortent & ſe trouvent au fond de la caiſſe.

Comme cette graine eſt fine, il ne faut pas la mettre avant en terre, elle y périroit : j'avoue que dans quelques tentatives que nous avons faites pour avoir des ſemis conſidérables de Méleſes, nous n'avons pas réuſſi; ce que nous attribuons à ce que le ſoleil brûle les jeunes plantes lorſqu'elles ſortent de terre; en effet ſi on les ſeme dans des terrines, tout périt ſi on les laiſſe expoſées à l'ardeur du ſoleil.

Nous avons réuſſi à élever les Méleſes en les ſemant dans des terrines que nous enterrions dans des couches: nous les couvrions ſoigneuſement avec des paillaſſons lorſque le ſoleil étoit un peu ardent, & nous les découvrions la nuit, & lorſque le ciel étoit couvert.

Il faut préſerver de la gelée les jeunes plantes, ſoit en renfermant les terrines dans une ſerre, ſoit en les couvrant ſur les couches. Dans la troiſieme année, vers le mois de Mars, on tranſporte les jeunes Méleſes en pleine terre, faiſant en ſorte qu'il reſte un peu de terre à leurs racines, & on les défend du ſoleil juſqu'à ce qu'ils aient pouſſé: alors les Meleſes n'exigent plus de ſoin particulier; ils ſe gouvernent comme les autres arbres; & même, quand on les tranſplante, ils reprennent plus aiſément que les Pins & les Sapins.

Les Méleſes ſe plaiſent dans les pays froids, ſur le revers des montagnes du côté du Nord; ce qui prouve combien il eſt néceſſaire de les préſerver de la grande ardeur du ſoleil.

La culture du Cedre du Liban, n°. 2, eſt la même que celle des Méleſes, n°. 1.

USAGES.

Le Cedre du Liban devient un arbre d'une grosseur prodigieuse; il étend ses branches horizontalement à plus de quatre toises de son tronc, & il forme par son feuillage une ombre si épaisse, qu'en plein jour on a peine à lire une lettre sous les branches d'un grand Cedre.

Je n'en connois que de jeunes en France; mais j'en ai vu quatre fort gros aux angles d'une piece d'eau dans le Jardin de Chelsea près Londres.

Comme cet arbre ne quitte point ses feuilles, on doit le mettre dans les bosquets d'hyver.

Le bois de cet arbre passe pour être d'un bon service; mais il est encore trop rare en Europe pour que nous puissions parler d'après nos propres observations. Des voyageurs m'ont assuré qu'il répand un suc résineux qui est d'une odeur très-agréable.

Le Mélese, n°. 1, est un arbre très-beau & très-grand, qui ressemble à un Pin par ses feuilles étroites & filamenteuses; mais comme il les quitte l'automne, il ne convient point dans les bosquets d'hyver.

On peut, à cause de la beauté de sa verdure, le mettre dans les bosquets du mois de Mai; d'ailleurs à la fin de ce mois, ses cônes qui sont d'une belle couleur pourpre, font presque un aussi bel effet que des fleurs.

A l'égard du bois de Mélese qu'on nomme *Mesle* dans quelques endroits, on le distingue en Mélese rouge & Mélese blanc. Sont-ce deux especes d'arbres? ou la couleur rouge que prennent quelques Méleses, vient-elle d'une maladie qui affecte ces arbres comme les Piceas, ainsi que nous l'avons remarqué dans l'article de l'*Abies*? Nous n'oserions le décider; tout ce que nous pouvons dire sur cela, c'est que nous avons vu en Provence du bois de Mélese qui étoit rouge, & d'autre qui étoit blanc. Le rouge est plus estimé: il m'a semblé plus résineux; si cela est, la couleur rouge de ce bois n'est pas un indice de maladie comme au Sapin.

M. Brunet de Briançon, qui a bien voulu répondre aux

queftions que nous lui avons faites à ce fujet, nous affure qu'il n'y a qu'une efpece de Mélefe, & que la différente couleur du bois dépend de l'âge de l'arbre, comme nous l'avons dit plus haut.

En général le bois de Mélefe eft bon : les Menuifiers le préferent au Pin & au Sapin ; on en fait de bonne charpente ; & dans la conftruction des petits bâtimens de mer, on l'emploie pour les dernieres allonges & pour les bordages des ponts.

Les réponfes de M. Brunet de Briançon & de M. le Clerc, Chirurgien dans le Comté de Neufchatel, me mettent en état d'expliquer affez exactement les ufages qu'on fait des Mélefes dans le Briançonnois & le Valais.

Dans ces pays où les Mélefes font fi abondans qu'on n'y trouve prefque pas d'autres arbres, on apperçoit pendant la belle faifon une prodigieufe quantité de baquets aux pieds de ces arbres où tombe la réfine des Mélefes, qui coule par de petites gouttieres de bois ajuftées à des trous de tariere qu'on a faits aux troncs des Mélefes environ à deux pieds au deffus du niveau de la terre, & ces petits baquets fe rempliffent en fort peu de temps.

Les arbres trop jeunes ou trop vieux ne donnent que peu de térébenthine ; ainfi on ne s'attache qu'à ceux qui font dans leur plus grande vigueur.

Quoiqu'il fuinte quelques gouttes de térébenthine de l'écorce dans la faifon où la feve eft la plus abondante, il paroît que ce fuc eft répandu dans le corps ligneux, puifqu'en coupant par tronçons l'arbre le plus fain, on trouve dans l'intérieur du bois à cinq ou fix pouces du cœur & à huit ou dix pouces de l'écorce, des dépôts de cette réfine liquide, qui ont quelquefois un pouce d'épaiffeur, trois ou quatre pouces de largeur & autant de hauteur. Dans un tronc de quarante pieds de longueur, on trouve quelquefois jufqu'à fix de ces principaux réfervoirs, & quantité de petits. Si on les entame avec la coignée, la térébenthine en coule abondamment ; & les Scieurs de long redoutent beaucoup ces réfervoirs qui empêchent la fcie de couler.

M. Brunet m'a envoyé, avec des branches de Mélefe, un petit pot qui contenoit environ deux onces de très-belle térébenthine qui avoit été tirée d'un Mélese de dix-huit pouces de diametre, qu'on avoit coupé, & où cette liqueur se trouvoit renfermée dans une espece de cavité ovale située à six pouces de l'écorce & à trois pouces du cœur, à la hauteur de quatre pieds au dessus des racines.

Les Méleses jeunes & vigoureux n'ont presque jamais les réservoirs dont nous venons de parler : ces dépôts ne se forment que dans le tronc des gros arbres qui commencent à entrer en retour ; & ils sont situés à six ou huit pieds de terre entre les couches ligneuses, ordinairement plus près de l'axe de l'arbre que de l'écorce ; plus les cavités sont près du centre, plus elles sont grandes & remplies de térébenthine.

Une preuve encore que ce bois est extrêmement gras & résineux, c'est que dans le pays on bâtit des maisons ou cabanes en posant de plat, les unes sur les autres, des pieces de bois quarrées qui ont un pied de face. Dans les encoignures, & vis-à-vis les refends, les poutres sont entaillées à mi-bois pour former les liaisons.

Ces maisons sont blanches quand elles sont nouvellement bâties ; mais au bout de deux ou trois ans elles deviennent noires comme du charbon, & toutes les jointures sont fermées par la résine que la chaleur du soleil a attirée hors des pores du bois. Cette résine qui durcit à l'air, forme un vernis luisant & poli, qui est fort propre.

Ce vernis rend ces maisons impénétrables à l'eau & au vent ; mais aussi très-combustibles ; c'est ce qui a obligé les Magistrats d'ordonner, par un réglement de Police, qu'elles seroient bâties à une certaine distance les unes des autres.

Aux environs de Briançon, où il ne paroît pas qu'on fasse de commerce de la térébenthine que produit le Mélese, les Paysans qui en ramassent pour leur usage, font avec la coignée, au pied de ces arbres, des entailles de six pouces de profondeur, & ils ramassent la térébenthine qui coule sur le plan horizontal de la plaie.

Mais dans la vallée de Saint Martin, près celle de Luzerne, pays de Vaudois, les Paysans se servent de tarieres qui ont jusqu'à un pouce de diametre, & ils percent les Méleses vigoureux en différens endrotis, commençant à trois ou quatre

pieds

pieds de terre, & remontant jusqu'à dix ou douze. Ils choisissent l'exposition du midi & les nœuds des branches rompues, où ils voient suinter de la térébenthine; & ils ont soin que le trou soit un peu en pente, & qu'il ne pénetre pas jusqu'au centre de l'arbre.

A ces trous ils ajustent des gouttieres faites de bois de Mélese, qui ont un pouce & demi de grosseur sur quinze à vingt de longueur; une des extrêmités de ces gouttieres se termine en forme de cheville dont le centre est percé d'un trou qui peut avoir six à huit lignes de diametre : on foure cette extrêmité dans les trous faits aux Méleses, & la térébenthine coule par l'ouverture du bout de cette gouttiere, d'où elle se répand dans des auges de bois préparées pour la recevoir.

Les soirs & les matins, depuis la fin de Mai jusqu'à la fin de Septembre, chaque Paysan visite ses auges, & ramasse la térébenthine dans des sceaux ou baquets de bois pour la transporter à la maison.

Ils bouchent avec des chevilles les trous qui n'ont point donné de liqueur & ceux qui cessent d'en fournir; & ils ne les rouvrent que douze ou quinze jours après Alors ces trous fournissent ordinairement beaucoup plus de résine que les autres, & ils en donnent toujours de plus en plus, jusqu'à ce que le froid resserre le bois & arrête tout écoulement.

Un Mélese bien vigoureux peut fournir tous les ans sept à huit livres de térébenthine pendant quarante ou cinquante ans.

S'il s'est mêlé quelques feuilles ou autres immondices dans les auges, on passe la térébenthine dans des tamis de crin fort grossiers; & l'on en remplit des outres, qu'on porte à Briançon, ou à Lyon, pour la vendre aux Marchands.

Cette térébenthine reste toujours coulante & de la consistance d'un sirop bien cuit.

La résine ou la térébenthine de Mélese, qui coule dans les baquets, se met quelquefois dans de grandes cucurbites de cuivre : on y ajoute de l'eau; & par la distillation, on retire avec l'eau une huile essentielle qui n'est pas cependant si estimée que celle qu'on retire de la térébenthine du Sapin, quoiqu'on l'emploie aux mêmes usages.

On trouve au fond de la cucurbite, après la distillation, une résine épaisse ou une espece de colophone grasse qu'on emploie comme celle du Pin, & avec laquelle on peut faire du brai gras, comme nous le dirons dans la suite. Voyez *PINUS*.

Les Méleses qui ont fourni beaucoup de résine par les moyens que nous venons de détailler, ne sont pas estimées pour les bâtimens civils; on ne les emploie guere qu'à brûler, ou pour faire du charbon, qui est même plus léger & moins bon que celui qu'on fait avec les arbres qui n'ont point fourni de résine.

Ordinairement on n'abat, pour employer dans les ouvrages de charpente & pour rescier en planches, que les Méleses jeunes & vigoureux; parce qu'outre que leur bois est plus sain, on n'y trouve point les cavités dont nous avons parlé. Mais si l'on est obligé d'employer des arbres qui entrent en retour, alors quand l'arbre est abattu, on voit, à l'inspection des souches, s'il y a dans la piece de grandes ou de petites cavités: si les cavités sont petites, on sait qu'elles se fermeront à mesure que l'arbre se desséchera; mais si elles sont grandes, on retranche le gros bout qui ne sert qu'à brûler, & l'on équarrit le reste, car il est rare qu'on trouve les cavités ont il s'agit au dessus de huit pieds de terre.

Je crois qu'on pourroit retirer des Méleses du godron fort gras, en suivant les procédés que nous décrirons au mot *PINUS*.

La térébenthine du Mélese (*resina larigna*) qui est, je crois, celle qu'on appelle à Paris *la térébenthine de Venise*, quoiqu'elle ne vienne point de cet endroit, doit être nette, claire, transparente, de consistance de sirop épais, d'un goût amer & d'une odeur forte, & assez desagréable. On l'emploie comme celle du Sapin, appellée *térébenthine claire*, pour les maladies des reins & de la vessie, & pour déterger les ulceres intérieurs; mais elle est plus âcre, & elle est irritante. Elle entre dans la composition de beaucoup d'emplâtres & dans celle de plusieurs vernis.

De toutes les térébenthines que nous ne tirons point de l'Etranger, la plus douce est celle qu'on nous apporte de l'Amérique septentrionale, & qu'on nomme *le Baume blanc de Canada*: après elle est la térébenthine claire du Sapin, puis celle du Larix ; & la plus âcre est celle qu'on retire des Pins.

Quand les Paysans des environs de Briançon ont mal aux reins, ou lorsque quelque effort ou une chûte leur fait sentir des douleurs internes, ils prennent une cuillerée, & quelquefois même deux, de cette térébenthine dans un bouillon.

L'écorce des jeunes Méleses sert, ainsi que celle du Chêne, à tanner les cuirs. Les fruits & les feuilles du Mélese sont astringents.

Les Méleses des Alpes portent vers la fin de Mai & dans le mois de Juin, après que les feuilles sont développées, & dans le fort de la seve, de petits grains blancs de la grosseur des semences de Coriandre, aussi faciles à écraser que des particules de crême fouettée, un peu gluantes, & d'un goût fade comme la Manne de Calabre. Les jeunes Méleses en sont tous blancs avant qu'ils aient été frappées du soleil, qui dissipe bientôt tous les grains qu'on n'a pas ramassés. Les Pâtres qui se plaisent à succer ces grains, en sont purgés. C'est-là *la Manne de Briançon* dont les anciens Historiens du Dauphiné ont fait une merveille, & qu'on connoît sous le nom de *Manna Laricea*. Quand il s'éleve un vent froid pendant la nuit, & que le ciel est couvert, on ne trouve point de Manne sur les arbres ; mais plus la rosée est forte, plus les arbres sont chargés de Manne le matin ; elle se trouve aussi plus abondante sur les arbres jeunes & vigoureux ; les vieux n'en ont que sur les branches nouvelles qui partent du tronc ou des grosses branches. Cette Manne cependant ne fait point un objet de commerce.

M. le Marquis de la Galissoniere, Gouverneur du Canada, m'a rapporté de ce pays une résine seche & concrete, qui vient d'un Larix : elle a cela de singulier, que quand on la brûle, elle répand une odeur fort agréable de Benjoin ou de Stirax.

Tome I. Pl. 131.

Page 340*

LARIX, MÉLESE. N°. 2.

Tome I. Pl. 132.

LAVANDULA, Tournef. & Linn. LAVANDE.

DESCRIPTION.

LA Lavande porte des fleurs (*a*) labiées, dont le calyce (*c*) est court, renflé, finement dentelé par les bords, & d'une forme presque ovale.

Le pétale (*b*) est divisé en deux levres principales, la supérieure est relevée, arrondie & échancrée dans son milieu; l'inférieure est divisée en trois parties qui sont presque égales & arrondies.

On trouve dans l'intérieur du pétale quatre petites étamines terminées par de petits sommets; il y en a deux qui sont plus courtes que les deux autres.

Le pistil (*e*) est formé d'un embryon qui est divisé en quatre parties, & surmonté d'un style menu qui se termine par un stigmate obtus, & qui n'excede pas le pétale.

De l'embryon se forment quatre semences (*g*) presque ovales, qui n'ont pour enveloppes que le calyce (*f*), au fond duquel elles se trouvent.

La Lavande est une sorte d'arbuste qui pousse des verges dures, ligneuses, quarrées à la hauteur de deux ou trois pieds; elles sont chargées dans toute leur longueur de feuilles longues, étroites, blanchâtres, & sont terminées par des épis de fleurs; toutes les parties de la plante ont une odeur aromatique & agréable.

Comme les parties de la fructification des *Stæchas* sont semblables à celles des Lavandes, M. de Tournefort n'établit la différence de ces deux genres que sur ce que les fleurs des Lavandes viennent par épis, & celles des *Stæchas* en forme de tête. Mais cette circonstance ne nous paroissant pas suffisante pour établir deux genres, nous comprenons les *Stæchas* avec les Lavandes, comme l'a fait M. Linneus.

ESPECES.

1. *LAVANDULA latifolia.* C. B. P.
LAVANDE à feuilles larges. On l'appelle aussi ASPIC.

2. *LAVANDULA angustifolia.* C. B. P.
LAVANDE à feuilles étroites.

3. *LAVANDULA Indicæ latifolia subcinerea spicâ, breviori.* H. R. P.
LAVANDE des Indes à feuilles larges de couleur cendrée, & dont les épis des fleurs sont courts.

4. *LAVANDULA Hispanica tomentosa.* Inst.
LAVANDE d'Espagne à feuilles couvertes de duvet blanc.

5. *LAVANDULA latifolia flore albo.*
LAVANDE à larges feuilles & à fleurs blanches.

6. *LAVANDULA foliis crenatis.* Inst.
LAVANDE à feuilles dentelées.

7. *LAVANDULA foliis pinnato-dentatis.* Linn. Hort. Cliff. *STÆCHAS folio serrato.* C. B. P.
LAVANDE à feuilles dentelées, & dont les fleurs sont rassemblées en forme de tête.

8. *LAVANDULA foliis lancedato-linearibus, spicâ comosâ.* Linn. Hort. Cliff. *STÆCHAS purpurea.* C. B. P.
LAVANDE à feuilles étroites, & dont les fleurs purpurines sont rassemblées en forme de tête.

CULTURE.

La Lavande n'est point délicate; elle vient par-tout, & elle se multiplie par des drageons enracinés qui se trouvent auprès des gros pieds. Il est bon de transplanter les gros pieds tous les trois ou quatre ans pour les planter plus avant en terre.

USAGES.

Cette plante est fort belle dans le mois de Juin, quand elle eſt chargée de ſes épis de fleurs bleues ou blanches; elle répand une odeur très-agréable. On diſtille ſes fleurs avec le vin & l'eau-de-vie pour faire *l'eſprit de Lavande* qu'on emploie pour parfumer l'eau dont on ſe lave.

Ses fleurs rendent beaucoup d'huile eſſentielle de bonne odeur. Le bois & les feuilles ſans les fleurs en rendent auſſi, mais en moindre quantité & d'une odeur moins gracieuſe. Pour avoir de l'eſprit de Lavande très-agréable, il faut mêler de l'huile eſſentielle très-rectifiée & nouvellement diſtillée, avec de bon eſprit-de-vin, & y ajoûter, ſi l'on veut, une très-petite quantité de ſtirax ou de benjoin.

L'huile eſſentielle qu'on retire de l'eſpece n°. 1, ſe nomme *Huile de Spique*, ou communément *d'Aſpic*; elle eſt d'une odeur pénétrante, fort inflammable. On la recommande pour tuer les vers: les Peintres en émail en font uſage.

Cette plante paſſe pour réſolutive, céphalique, antihyſtérique.

LAURO-CERASUS,

LAURO-CERASUS, Tournef. *Padus*, Linn. Gen. Plant. *Prunus*, Linn. Spect. Plant.

LAURIER-CERISE.

DESCRIPTION.

LA fleur (*a*) des Lauriers-Cerises est formée d'un calyce (*b*) qui est d'une seule piece, figurée en cloche ouverte dont les bords sont divisés en cinq ; ce calyce porte cinq pétales arrondis, disposés en rose. On apperçoit dans l'intérieur vingt ou trente étamines surmontées de sommets arrondis ; elles prennent leur origine du calyce : le milieu de la fleur est occupé par un pistil (*c*), qui est formé d'un embryon arrondi & d'un style terminé par un stigmate obtus. L'embryon devient une baie ovale (*d*), presque ronde, charnue, dans laquelle on trouve un noyau fragile, ovale (*ef*), terminé un peu en pointe, & sillonné.

Les feuilles des Lauriers-Cerises sont simples, entieres, ovales, oblongues, plus épaisses & plus luisantes que celles de l'Oranger, & posées alternativement sur les branches ; elles ont à leurs bords de petites dentelures qui sont éloignées les unes des autres.

M. Linneus, dans ses *Genera plant.* a fait un genre particulier des *Padus*, dans lequel il a compris les Lauriers-Cerises & plusieurs especes de Cerisiers qu'on trouve au mot *Cerasus.* Mais dans ses *Spec. plant.* il a réuni aux Pruniers les *Armeniaca*, les *Cerasus*, les *Padus*, & par conséquent les *Lauro-Cerasus*.

ESPECES.

1. *LAURO-CERASUS.* Cluf. Hift.
LAURIER-CERISE ordinaire.

2. *LAURO-CERASUS foliis ex luteo variegatis.* M. C.
LAURIER-CERISE ordinaire à feuilles panachées de jaune.

3. *LAURO-CERASUS foliis ex albo variegatis.* M. C.
LAURIER-CERISE ordinaire à feuilles panachées de blanc.

4. *LAURO-CERASUS Lufitanica minor.* Inft.
Petit LAURIER-CERISE de Portugal, ou AZARERO des Portugais.

5. *LAURO-CERASUS Americana amygdali odore.*
LAURIER-CERISE de la Louyfiane, dit LAURIER AMANDÉ.

CULTURE.

Les efpeces, n°. 1, 2 & 3, fupportent affez bien nos hyvers; elles ne gelent jamais dans les Provinces maritimes; & fi dans l'intérieur du Royaume des gelées très-fortes font périr leurs branches, les racines fubfiftent, & elles produifent de nouveaux jets.

L'efpece n°. 4 eft plus délicate: néanmoins elle fupporte les hyvers ordinaires, lorfqu'elle eft en bonne expofition.

Le n°. 5 a fupporté, en pleine terre, l'hyver de 1754 dans les Jardins de M. le Duc d'Ayen.

On peut multiplier les Lauriers-Cerifes par les femences & les marcottes; & on greffe, fi l'on veut, les efpeces panachées, 2 & 3, & même l'*Azarero*, n°. 4, fur le n°. 1.

On a greffé avec fuccès le Laurier-Cerife fur le Cerifier; mais les arbres ne durent pas. Il y en a dans les Jardins de la Galiffoniere, près de Nantes, qui ont deux ans, & qui fe portent bien. On y a auffi greffé, mais fans fuccès, les Cerifiers fur les Lauriers-Cerifes: on s'étoit propofé d'avoir ainfi des Cerifiers nains.

USAGES.

Les especes, n°. 1, 2 & 3, portent de grandes & belles feuilles qui ne tombent point l'hyver; ainsi ces arbres doivent être mis dans les bosquets de cette saison. On peut aussi en garnir des terrasses: & je crois avoir remarqué qu'ils geloient moins à l'exposition du Nord qu'à celle du Levant.

Cet arbre se charge dans le mois de Mai de belles fleurs en pyramides; & quoiqu'elles ne soient pas d'un beau blanc, elles peuvent servir à décorer les bosquets du printemps.

Dans les pays maritimes où le Laurier-Cerise ne gele jamais, on peut en faire des taillis qui fourniront d'excellens cercles ou cerceaux pour les barils.

Les fleurs & les feuilles du Laurier-Cerise ont une odeur d'Amande amere qui est assez agréable; on s'en sert dans les cuisines pour donner le goût d'Amande aux soupes au lait & aux crêmes. On en retire par la distillation avec l'eau-de-vie, une liqueur qui est assez gracieuse, & que l'on prétend être bonne pour l'estomac; mais il ne faut pas la charger trop de cet aromat: car en distillant plusieurs fois de l'eau sur les feuilles de Laurier-Cerise, on en retire une liqueur qui est un violent poison pour les hommes & pour les animaux.

J'ai fait sur ce poison diverses expériences. Une cuillerée suffit pour tuer sur le champ un gros chien. La dissection la plus exacte ne me fit appercevoir aucune inflammation; mais lorsque nous ouvrîmes l'estomac, il en sortit une odeur d'Amande amere très-exaltée, qui pensa nous suffoquer. Ainsi je crois que cette vapeur agit sur les nerfs; car si nous nous étions obstinés à respirer l'odeur qui s'exhaloit de l'estomac, nous serions tombés évanouis, & peut-être aurions-nous aussi été suffoqués. Malgré les fâcheux effets que produit cette eau qu'on a distillée sur les feuilles de Laurier-Cerise, elle peut être un bon stomachique, étant prise à petite dose; car si l'on en fait avaler tous les jours deux ou trois gouttes à un chien, son appétit augmente & il engraisse.

L'*Azarero*, n°. 4, est un arbrisseau très-agréable pour sa feuille & sa fleur; mais il craint le froid, & l'on aura de la peine à l'élever, même en espalier.

LAURO-CERASUS, LAURIER-CERISE. N°. 1. *Page* 348

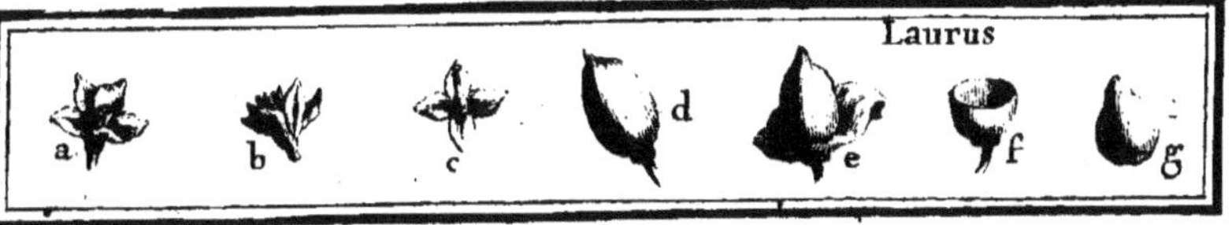

LAURUS, TOURNEF. & LINN. LAURIER.

DESCRIPTION.

LA fleur (*a*) du Laurier n'a point de calyce, mais quatre ou cinq pétales ovales (*b*), creusés en cuilleron, & terminés en pointe; ou plutôt un pétale divisé jusqu'à la base en quatre, cinq ou six parties.

On découvre dans l'intérieur (*c*) neuf étamines rangées trois à trois sur trois lignes concentriques, qui ont pour centre celui de la fleur, où est un pistil composé d'un embryon ovale qui est surmonté d'un style terminé par un stigmate obtus.

L'embryon devient une baie (*d*) ovale terminée en pointe, & couverte en partie (*ef*) par le pétale qui tient lieu de calyce.

On trouve dans l'intérieur un noyau ovale (*g*).

Outre les parties dont on vient de parler, on découvre auprès de l'embryon trois tubercules colorées que M. Linneus nomme *nectarium*, & deux petits corps arrondis qui sont attachés par de courts pédicules à la base des trois étamines, qui occupent le second rang. Enfin on trouve quelquefois des fleurs mâles qui ne donnent point de fruit; & dans les Lauriers ordinaires, n°. 2, il y a des individus mâles & des individus femelles.

Les Lauriers ne se dépouillent point l'hyver; leurs feuilles sont entieres, simples, d'un beau verd, luisantes, fermes & posées alternativement sur les branches.

Le verd des feuilles des Lauriers-jambons est foncé & obscur. Les feuilles de la plupart sont comme froncées par leurs bords.

ESPECES.

1. *LAURUS latifolia Dioscoridis.* C. B.
   LAURIER à feuilles larges.
   Tous les Lauriers ordinaires se nomment aussi LAURIER-JAMBON.

2. *LAURUS vulgaris.* C. B. P.
   LAURIER ordinaire, ou LAURIER-FRANC.

3. *LAURUS vulgaris flore pleno.* H. R. Monsp.
   LAURIER ordinaire à fleur double.

4. *LAURUS vulgaris folio undulato.* H. R. Par.
   LAURIER ordinaire à feuille ondée.

5. *LAURUS tenuifolia mas.* Tabern. Icon.
   LAURIER à feuille étroite.

6. *LAURUS foliis enerviis, ovatis, utrinque acutis, integris, annuis.* Linn. Hort. Cliff. ou *ARBOR Virginiana, Pishaminis folio baccata, Benzoinum redolens.* Pluk.
   LAURIER dont les feuilles sont entieres, ovales & sans nervures, qui sent le Benjoin.

7. *LAURUS foliis integris & trilobis.* Linn. Hort. Cliff. *CORNUS,* Pluk. *SASSAFRAS,* C. B. P.
   LAURIER-SASSAFRAS dont les feuilles sont découpées par trois grandes dentelures.

8. *LAURUS foliis lanceolatis, transverse venosis, calycibus fructus baccatis.* Linn. Hort. Cliff.
   LAURIER dont les feuilles se terminent en pointe.

CULTURE.

Toutes les especes de Lauriers craignent les grands hyvers; néanmoins nous en avons qui, exposés au midi le long d'un mur, ont vingt ou vingt-cinq pieds de hauteur; & il y en a dans le bosquet d'hyver qui y subsistent depuis huit ou dix ans sans avoir été couverts en aucune maniere. Mais on fera bien de ne risquer les especes 6 & 7 en pleine terre, que quand les pieds seront un peu forts; & il sera bon, sur-tout dans les premieres années, de mettre un peu de litiere sur les racines.

Au reste ces arbres peuvent se multiplier par les semences & par les marcottes, & l'on peut les greffer les uns sur les autres.

Ils réussissent mieux dans les terreins secs que dans les terreins humides.

USAGES.

Comme toutes les especes de Lauriers conservent leurs feuilles pendant l'hyver, on pourra les mettre dans les bosquets de cette saison, sur-tout dans les pays maritimes.

Le bois des especes n°. 1, 2, 3, 4 & 5, est pliant & fort, quoique tendre; ainsi dans les Provinces maritimes où ces arbres ne gelent jamais, on pourra en faire de très-bons cerceaux pour les petits barils.

Les feuilles de ces Lauriers qu'on nomme *Laurier-jambon*, entrent comme assaisonnement dans plusieurs mets.

On tire des baies de ce Laurier une huile qui est très-résolutive. Pour cela on pile dans un grand mortier des baies de Laurier fraîchement cueillies & bien mûres; on les met dans une grande chaudiere avec de l'eau, de sorte qu'elles en soient recouvertes d'environ un pied : on fait bouillir cette eau à petit feu pendant dix heures; ensuite la liqueur étant bouillante, on verse le tout dans des sacs de toile forte & un peu claire; on met le marc à la presse pour mêler ce qui en découle avec la liqueur qui a passé en premier lieu; & quand la liqueur est refroidie, on trouve l'huile de Laurier qui s'est figée à la superficie de l'eau. On peut, en faisant bouillir le marc dans la même eau, en retirer encore un peu d'huile; mais celle-ci est inférieure à la premiere.

On apporte des pays chauds des baies de Laurier seches; il faut les choisir récentes, bien nourries, point vermoulues, ni séparées de leur écorce, de couleur noirâtre : on les employoit autrefois pour les teintures; mais on a maintenant des drogues plus communes qui fournissent de plus belles couleurs.

On sait que le Benjoin qui nous vient de Siam, de Sumatra & des côtes de Java, est une gomme-résine qui découle d'un arbre, comme le Sandaraque coule du Genievre. Nous avons dans nos cabinets des morceaux de cet arbre, dans lesquels on apperçoit des veines de Benjoin qui ont une odeur très-agréable. On trouve dans les boutiques deux especes de Benjoin : l'un en larme, qui est le plus parfait ; l'autre en masse, qu'on peut substituer au premier quand il est bien conditionné : l'un & l'autre doit avoir une odeur aromatique & agréable, avec des taches blanches qui ressemblent à des Amandes rompues, ce qui le fait appeller *Benzoinum amygdaloides.* Si on le tient sur le feu dans une cucurbite de grais couverte d'un cornet de papier fort, il se sublime en fleurs argentées qu'on emploie dans les parfums, & en Médecine pour les maladies du poumon, ainsi que dans la Chirurgie pour résister à la gangrene. On prétend qu'elles enlevent les taches de rousseur.

Un Voyageur m'écrit : 1°. Qu'on recueille le Benjoin de deux manieres, ou par les incisions qu'on fait à l'arbre, ou en prenant celui qui en découle naturellement. 2°. Qu'il y en a de deux especes : l'un en fleurs noirâtres ; c'est le meilleur ; il découle des jeunes arbres : l'autre, qu'on nomme *Amygdaloides*, & qui plaît à la vûe ; mais il est moins bon. 3°. Qu'on sophistique le Benjoin en mêlant ces deux especes ensemble.

Le Laurier n°. 6, dont nous parlons dans cet article, n'est pas l'arbre qui fournit le Benjoin ; mais il en a l'odeur. Cet arbre qui nous vient de Virginie & de Canada, est encore trop rare pour que nous puissions entrer dans quelque détail sur les usages qu'on en peut faire.

Le *Laurier-Sassafras*, n°. 7, nous vient de Canada du côté des Iroquois ; mais il est encore fort rare en France. On sait seulement que son bois qu'on nous apporte de la Floride & d'ailleurs, a un goût piquant aromatique & l'odeur du Fenouil, & qu'on l'emploie comme incisif, apéritif & sudorifique.

Cet arbre est commun à la Louysiane : son bois ne brûle que quand il est excité par d'autre, & il s'éteint si-tôt qu'on l'a retiré du feu.

M. Sarrazin dit que cet arbre se plaît dans les bonnes terres & à découvert, & qu'en Canada on l'appelle simplement *Laurier.*

On cultive en Angleterre deux variétés du Laurier n°. 8 : l'une dont le fruit est rouge ; & l'autre dont le fruit est bleu.

LENTISCUS,

Tome I. Pl. 134.

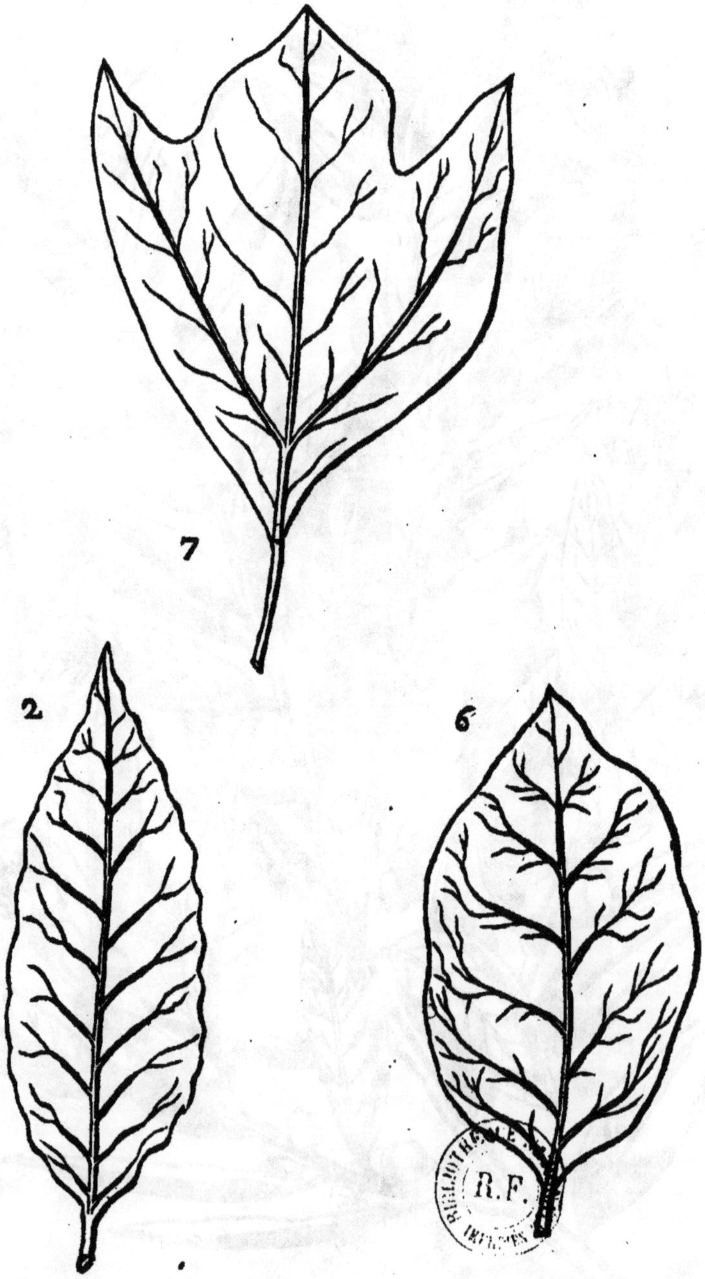

7

2

6

LENTISCUS, TOURNEF. *PISTACHIA*, LINN. LENTISQUE.

DESCRIPTION.

LES Lentiſques portent ſur différents pieds des fleurs mâles & des fleurs femelles.

Les fleurs mâles ſont diſpoſées en grappes, & l'on trouve à la baſe de chacune une petite feuille plate en forme d'écaille. Outre cela chaque fleur a un calyce propre, fort petit & diviſé en cinq; point de pétale, mais cinq étamines courtes, terminées par des ſommets aſſez gros.

Le calyce propre des fleurs femelles eſt diviſé en trois, & fort petit; il n'a point de pétale, mais un piſtil compoſé d'un embryon plus grand que le calyce, & de trois ſtyles terminés par des ſtigmates aſſez gros & velus.

Il faut conſulter, ſur ce qui vient d'être dit, la vignette du *Terebinthus*; ces deux genres ſe reſſemblant beaucoup, ſur-tout par les parties de la fructification.

L'embryon devient une baie oblongue (*ab*), peu charnue, dans laquelle ſe trouve un noyau de forme ovale (*cd*).

Les feuilles des Lentiſques ſont compoſées de pluſieurs folioles rangées par paires ſur un filet commun, qui n'eſt point terminé, comme dans la plupart des feuilles conjuguées, par une foliole unique : cette circonſtance peut ſervir à diſtinguer les Lentiſques d'avec les Térébinthes, ſi l'on veut, comme M. de Tournefort, en faire deux genres. Cet auteur remarque que les Lentiſques de l'Iſle de Scio ont leurs feuilles plus grandes que ceux de Provence.

ESPECES.

1. *LENTISCUS vulgaris.* C. B. P. *Mas & femina.*
   LENTISQUE ordinaire de Montpellier.

2. *LENTISCUS ſativa latifolia*, *SCHINOS Græcorum.*
   LENTISQUE cultivé à feuilles larges, qu'on nomme à Scio SCHINOS.

3. *LENTISCUS ſativa latifolia pubeſcens*, *SCHINOS ASPROS Græcorum.*
   LENTISQUE cultivé, ou LENTISQUE blanc qu'on nomme à Scio SCHINOS ASPROS.

4. *LENTISCUS ſilveſtris ramis rubentibus baccifera*, *VOTOMOS Græcorum.*
   LENTISQUE ſauvage cultivé, dont les rameaux ſont rougeâtres, & qui porte des baïes qu'on nomme à Scio VOTOMOS.

5. *LENTISCUS ſilveſtris foliis oblongis*, *acutis*; *baccifera*, *PISCARI Græcorum.*
   LENTISQUE ſauvage cultivé, à feuilles oblongues & pointues, qui porte des baies; & qu'on nomme à Scio PISCARI.

6. *LENTISCUS omnium minima.*
   Très-petit LENTISQUE, ainſi nommé à Trianon. On l'y a élevé de graines venues de Scio.

LENTISCUS Peruviana. Voyez MOLLE.

CULTURE.

Le Lentiſque ſe multiplie aiſément des ſemences qu'on tire de Provence & du Levant; mais il craint le froid: ainſi on ne peut eſpérer de parvenir à l'élever en pleine terre, qu'en le mettant en eſpalier à une bonne expoſition, & qu'en prenant un grand ſoin de le couvrir en hyver.

Malgré ces précautions, il convient de ne le riſquer en pleine terre, que lorſqu'il ſera devenu un peu gros.

Il croît naturellement en Languedoc, en Provence, en Italie, en Eſpagne, aux Indes; & on le cultive dans l'Iſle de Scio pour en recueillir le Maſtic dont les Turcs ſont un grand uſage.

La culture de cet arbre ne conſiſte qu'à le provigner. On a par ce moyen beaucoup de jeunes pieds vigoureux, qui fourniſſent plus de Maſtic que les vieux : c'eſt pour cela, dit M. de Tournefort, que les Lentiſques de l'Iſle de Scio ne ſont point raſſemblés en boſquets, ni plantés en haie ou en quinconce ; mais qu'ils ſont répandus par buiſſons dans les campagnes. On ne les laboure qu'en hyver ; pendant l'été on ſe contente de tenir le deſſous des arbres bien net d'herbes & de feuilles, afin que le maſtic qui tombe à terre en ſoit plus propre.

M. Digeon Drogman, chargé du Vice-Conſulat de Scio ; & M. Couſineri, tous deux Correſpondans de M. Peyſſonel, Conſul de France à Smyrne, diſent qu'on greffe les bonnes eſpeces ſur celles qui ſont plus communes ou moins précieuſes ; & que les Turcs croient que ces arbres ne peuvent s'élever de ſemence, ce qui eſt une erreur ; car les ſemences du Lentiſque de Provence levent très-bien ; & M. Peyſſonel a élevé des Lentiſques dans ſon Jardin avec la graine qui lui avoit été envoyée de Scio.

Les Turcs plantent les jeunes Lentiſques en Janvier : ils fleuriſſent en Mars. On leur fait des inciſions au mois de Juillet ; la réſine coule ordinairement juſqu'à terre ; mais il s'en congele en larmes ſur les branches : celle-ci eſt plus eſtimée que l'autre. On commence à ramaſſer la réſine vers le ſeizieme d'Août ; cette récolte dure huit jours : on fait enſuite d'autres inciſions aux mêmes arbres, la ſeconde récolte commence vers le quatorze de Septembre ; & quoiqu'on ne faſſe plus enſuite de de nouvelles inciſions, le maſtic continue de couler juſqu'au huit de Novembre : on le ramaſſe tous les huit jours ; & après ce temps la récolte n'en eſt plus permiſe.

USAGES.

Le Lentiſque forme un joli arbre qui ne quitte point ſes feuilles pendant l'hyver : mais il eſt trop délicat pour être mis dans les boſquets de cette ſaiſon.

On apporte des pays chauds le bois de Lentiſque. Il doit être nouveau, ſec, difficile à rompre, peſant, point carié, gris au dehors, blanc au dedans, d'un goût aſtringent. Comme on lui attribue la propriété de fortifier les gencives, on en fait des curedents, & on uſe de ſa décoction pour les gargariſmes.

Il entre dans quelques compositions pharmaceutiques en qualité d'astringent. En Italie, on tire du fruit de cet arbre une huile, ainsi que l'on tire celle du Laurier en Languedoc. Voyez pour cela l'article *LAURUS*.

M. de Tournefort dit qu'au Levant on fait, par expression, avec les fruits du Lentisque, une huile que les Turcs préferent à celle d'Olive pour brûler, & pour employer dans leurs médicaments.

Dans l'Isle de Scio, on fait, comme nous l'avons dit, des incisions au tronc & aux grosses branches des Lentisques; & il en découle des larmes résineuses qu'on nomme *Mastic*. Les gouttes de Mastic qui tombent à terre se durcissent & composent souvent des plaques assez grosses. Pour que la récolte soit bonne, il faut que le temps soit sec & serain; car si la terre vient à être détrempée par la pluie, elle couvre ces larmes & les perd. On passe le Mastic dans un tamis clair pour en séparer les ordures : la plus grande partie de cette récolte sert à payer le tribut au Grand-Seigneur. Le Mastic doit être par petits grains, clairs, transparents, luisants, d'un blanc jaunâtre & d'une odeur qui n'est point desagréable. Le Mastic qu'on nomme *en sorte* est mêlé d'impuretés, quoiqu'il vienne du Levant comme celui qui est *en larmes*.

On emploie intérieurement le Mastic pour fortifier l'estomac, arrêter les diarrhées & les vomissements. Il entre dans plusieurs baumes & emplâtres. On l'étend sur un morceau de taffetas, & on l'applique sur la tempe pour calmer les douleurs de dents. Enfin le Mastic se dissout aisément; & il peut entrer dans la composition de plusieurs vernis.

Les Turcs & les Dames du Serrail en mâchent presque continuellement pour rendre leur haleine agréable, fortifier leurs gencives & blanchir leurs dents.

Mrs. Digeon & Cousineri disent qu'on distingue quatre sortes de Lentisques qui fournissent du Mastic, sans compter le sauvage qui n'en donne point. Les Grecs les nomment *Schinos*, *Schinos aspros*, ou Lentisque blanc; *Votomos* & *Piscari* : les deux premiers sont aussi nommés *Lentisques domestiques*; & les deux autres *sauvages cultivés*.

Les *Schinos* & les *Schinos aspros* produisent le plus beau Mastic;

le plus tranſparent & le plus ſec; c'eſt en conſéquence de ces qualités que les Marchands le nomment *Maſtic mâle* : M. Digeon remarque expreſſément que la ſeule différence qu'il y ait entre ces deux Lentiſques, c'eſt que le *Schinos* donne moins de Maſtic que le *Schinos aſpros*. Il y a apparence que ces deux eſpeces ne portent que des fleurs mâles, & ne fourniſſent point de fruit. Nous en ſerons certains quand M. Peyſſonel aura pouſſé plus loin ſes recherches; mais ce qui rend ceci fort probable, c'eſt qu'on eſt obligé de multiplier ces deux eſpeces par boutures & par marcottes, ou de les greffer, au lieu que les autres ſe trouvent naturellement dans les bois. C'eſt une remarque de M. Couſineri.

Le *Votomos* qui donne du fruit, a les feuilles plus petites que les autres, & il étend davantage ſes branches. Il donne très-peu de Maſtic; mais ce Maſtic eſt d'aſſez bonne qualité, & il eſt *mâle*, ſelon l'expreſſion des Marchands.

Ce Lentiſque, à cauſe de ſes petites feuilles, paroîtroit être celui de Provence; au lieu que ceux dont nous avons parlé auparavant ſembleroient être l'eſpece que M. de Tournefort a apportée du Levant, & qui a ſubſiſté long-temps au Jardin du Roi. Mais comme il eſt dit que le *Votomos* donne des baies, on pourroit croire que c'eſt le Lentiſque femelle; & que le *Schinos* eſt le Lentiſque mâle qui féconde les autres. Au reſte on connoît au Levant les Lentiſques ſauvages qui paroiſſent être les mêmes que ceux de Provence.

M. Digeon ajoute que le *Piſcari* forme un plus gros buiſſon que les autres; que ſes feuilles ſont plus longues & plus pointues que celles du *Votomos*; qu'il fournit beaucoup plus de Maſtic que les autres: mais que ce Maſtic eſt de médiocre qualité; les Marchands le nomment *femelle*. Il eſt opaque & gluant: il ſe ſeche difficilement, & s'amollit à la moindre chaleur. M. Peyſſonel s'eſt aſſuré que ce Lentiſque donne des ſemences. M. Couſineri nous apprend encore que les Payſans mêlent de bon Maſtic avec celui du *Piſcari*; & qu'au bout d'un mois ou ſix ſemaines, ce Maſtic forme des pains aſſez ſecs, mais faciles à diſtinguer du bon Maſtic en les rompant.

M. Peyſſonel nous a envoyé des branches d'un Lentiſque qu'il nomme *ſauvage*; les feuilles de celui-ci ſont plus longues, plus étroites & plus pointues que celles des autres eſpeces. Il nous aſſure qu'on ne s'en ſert que pour greffer ſur les *Schinos* & les *Schinos aſpros*, qui ont leurs feuilles aſſez grandes, ovales, & & leur bois chargé d'une eſpece de petit duvet. Le Lentiſque qu'il nomme *ſimple*, ou *Votomos*, a les feuilles un peu plus petites que le blanc, & le bois plus rouge. Ces remarques ſont faites ſur des branches de toutes les eſpeces de Lentiſque, que M. Peyſſonel nous a envoyées parfaitement deſſéchées.

Ce que nous venons de rapporter s'accorde avec ce que je trouve dans une Lettre d'un Voyageur, & dans ce qu'écrit un Grec qui faiſoit ſa demeure à Scio même ; nous croyons devoir donner l'extrait de ces deux Lettres, ne fût-ce que pour augmenter encore la confiance qu'on doit accorder aux Mémoires que M. Peyſſonel & ſes Correſpondans ont bien voulu nous fournir.

Suivant la Lettre du Voyageur dont je parle, on diſtingue à Scio quatre eſpeces de Maſtic : la premiere eſpece eſt en groſſes larmes blanches ; la ſeconde, en larmes ou morceaux moins gros ; la troiſieme, en morceaux plus petits ; & la quatrieme eſt brute. Il ajoute que les Juifs ne font d'autre falſification à ce Maſtic, que de le faire fondre dans de l'eau bouillante pour le purifier & le rendre plus blanc ; après quoi ils le réduiſent en aſſez gros morceaux, afin de le rendre plus commode à la vente. On avoit ſoupçonné que les Juifs le mêloient avec du Sandaraque : mais notre Voyageur dit que cela ne peut pas être, parce que le Sandaraque coûte quatre fois plus au Levant que le Maſtic.

Le Grèc de Scio nous mande que le Maſtic coule des inciſions qu'on fait au tronc & aux branches des Lentiſques dans le mois d'Août & de Septembre ; & qu'on a ſoin de bien battre & de balayer la terre qui eſt ſous ces arbres, afin que le Maſtic qui tombe à terre ſoit moins altéré. Il ajoûte qu'il y a des Lentiſques ſauvages qui ne fourniſſent pas de bon Maſtic, mais qui donnent une réſine preſque auſſi liquide que la térébenthine. Il dit encore que les bons Lentiſques ne ſe trouvent que dans la partie de l'Iſle qui eſt du côté du Sud ; enfin il obſerve que la ſeule préparation qu'on donne au Maſtic, eſt de trier les grains qui ſont les plus beaux & les moins chargés d'impuretés.

Tome I. Pl. 136.

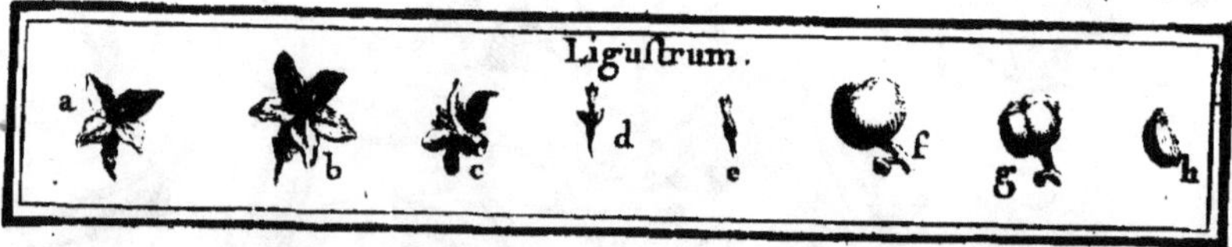

LIGUSTRUM, Tournef. & Linn. TROENE.

DESCRIPTION.

LES fleurs (*ab*) du Troêne ont un petit calyce d'une seule piece, divisé en quatre ; & un seul pétal (*c*) qui a la forme d'un tuyau dont les bords sont divisés en quatre parties ovales. On ne trouve dans l'intérieur que deux étamines & un pistil qui est formé d'un embryon & d'un style (*de*) fort court, & surmonté d'un stigmate qui est divisé en deux parties.

L'embryon devient une baie arrondie (*fg*), dans laquelle on trouve quatre semences (*h*) aussi arrondies d'un côté, mais plates & anguleuses sur les côtés où elles se touchent.

Les fleurs du Troêne sont rassemblées en épi comme celles du Lilas.

Ses feuilles sont simples, lisses, oblongues, non dentelées, opposées deux à deux sur les branches. Dans les hyvers doux, elles restent sur les arbres jusqu'au printemps ; mais elles tombent quand les gelées ont été très-fortes.

ESPECES.

1. *LIGUSTRUM.* J. B.
   Troene.

2. *LIGUSTRUM foliis è luteo variegatis.* H. R. P.
   Troene à feuilles panachées de jaune.

3. *LIGUSTRUM foliis argentatis.* Breyn. Prod.
   Troene à feuilles panachées de blanc.

CULTURE.

Le Troëne s'éleve aifément de femence ; mais comme il en leve beaucoup dans les bois, on y trouve fuffifamment de jeunes plans. On peut greffer les Troënes panachés fur les communs, ou les multiplier par marcottes.

USAGES.

Comme les Troënes ne fe dépouillent que quand les gelées ont été très-fortes, on fera bien de les mettre dans les bofquets d'automne. On pourra auffi en mettre dans ceux d'été; car ces arbriffeaux font jolis au commencement de Juin, lorfque leurs fleurs font épanouies.

Les efpeces, 2 & 3, font eftimables à caufe de leurs feuilles panachées.

Comme les Troënes ne font point délicats, on peut en mettre dans les remifes; car les oifeaux fe nourriffent de leur fruit.

Les branches des Troënes font flexibles; on les emploie pour faire des liens & de petits ouvrages de vannerie.

La décoction des feuilles ou des fleurs de Troëne eft recommandée pour les maux de gorge, pour les ulceres de la bouche, & pour raffermir les gencives dans les affections fcorbutiques.

LILAC,

Tome I. Pl. 137.

LILAC, TOURNEF. *SYRINGA*, LINN. LILAS.

DESCRIPTION.

LE calyce de la fleur (*a*) du Lilas eſt petit, d'une ſeule piece, figuré en tuyau dont le bord eſt diviſé en quatre. Le pétale (*b*) forme auſſi un tuyau aſſez allongé, dont les bords ſont diviſés en quatre parties arrondies, creuſées en cuilleron.

On ne trouve dans l'intérieur que deux étamines fort courtes, terminées par de petits ſommets, & un piſtil (*cd*) qui eſt formé d'un embryon allongé & d'un ſtyle aſſez court qui porte un ſtigmate diviſé en deux.

L'embryon devient une capſule (*e*) oblongue, applatie, pointue, ſemblable à un fer de pique, diviſée en deux loges (*fg*), dans chacune deſquelles on trouve une ſemence (*h*) oblongue, applatie, pointue par les deux bouts, & bordée d'une aîle membraneuſe.

Les fleurs ſont raſſemblées par bouquets ou épis aſſez gros.

Les feuilles ſont de figure très-différente, ſuivant les eſpeces, mais toujours oppoſées deux à deux ſur les branches.

ESPECES.

1. *LILAC.* Math.
LILAS des bois à fleur d'un bleu pâle.

2. *LILAC flore albo.* Inſt.
LILAS des bois à fleur blanche.

3. *LILAC flore ſaturatè purpureo.* Inſt.
LILAS à fleur pourpre.

4. *LILAC flore albo, foliis ex luteo variegatis.* M. C.
LILAS à fleur blanche dont les feuilles sont panachées de jaune.

5. *LILAC flore albo, foliis ex albo variegatis.* M. C.
LILAS à fleur blanche dont les feuilles sont panachées de blanc.

6. *LILAC Ligustri folio.* Inst.
LILAS de Perse à feuilles de Troêne & à fleur pourpre.

7. *LILAC Ligustri folio flore albo.*
LILAS à feuilles de Troêne & à fleur blanche.

8. *LILAC laciniato folio.* Inst.
LILAS de Perse à feuilles découpées & à fleurs bleues.

LILAS des Indes, voyez *AZEDARACH.*

CULTURE.

On n'est pas dans l'usage de multiplier les Lilas par les semences, parce qu'ils reprennent très-aisément de marcottes; & l'on trouve presque toujours des drageons enracinés auprès des gros pieds.

Les Lilas viennent assez bien dans les terreins les plus arides; & même on en voit d'assez beaux dans les ruines des vieux Châteaux sur des murs écroulés. Les Lilas de Perse aiment néanmoins une terre un peu substantieuse; car si la terre est trop aride, ils se couvrent de mousse, & ne font que languir. On les taille au ciseau ou au croissant pour en former des palissades ou des boules.

USAGES.

Les especes, 1, 2, 3, 4, 5, ont leurs feuilles simples, entieres, unies, larges par le bas, terminées en pointe par le bout, sans aucune dentelure; & elles sont d'un verd qui tire un peu sur le bleu: elles conservent leur verdure jusqu'aux gelées; mais elles sont sujettes à être dévorées par les cantharides.

Ces Lilas sont de grands arbrisseaux qui se chargent dans le mois de Mai de belles grappes de fleurs, qui répandent une odeur des plus agréable; ainsi il convient d'en mettre dans les bosquets du printemps. On pourra planter dans les remises les especes n°. 1 & 2.

Les Lilas de Perse forment de plus petits arbrisseaux ; ils fleurissent aussi dans le mois de Mai ; on doit donc les mettre comme les autres dans les bosquets du printemps. On en distingue de deux especes : les uns, dont les feuilles sont entieres comme celles du Troêne, ont leurs fleurs blanches ou tirant un peu sur le rouge ; les autres, qu'on nomme à feuilles découpées, ont sur le même pied des feuilles entieres, & d'autres qui sont découpées si profondément qu'elles paroissent formées de deux, trois, quatre, cinq & quelquefois six folioles. La fleur de cette espece tire plus sur le bleu que celle de l'espece précédente.

La poudre & la décoction des semences du Lilas sont astringentes.

Tome I. Pl. 138.

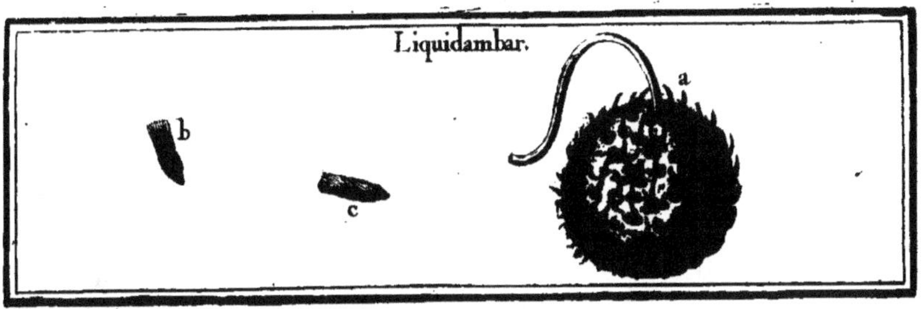

LIQUIDAMBAR, Boerh. & Linn.

DESCRIPTION.

Le Liquidambar porte des fleurs mâles & des fleurs femelles sur les mêmes pieds.

Les fleurs mâles sont rassemblées de maniere qu'elles forment un épi qui sort d'un calyce composé de quatre feuilles ou folioles ovales, creusées en cuilleron, & alternativement plus grandes l'une que l'autre. On n'apperçoit point de pétales, mais beaucoup d'étamines courtes qui font une espece de houppe.

Les fleurs femelles sont rassemblées en boules à la base des épis mâles; leur calyce est semblable à celui des fleurs mâles; elles n'ont point de pétales, mais beaucoup d'embryons allongés, rassemblés en forme de sphere (*a*) avec deux styles garnis d'un stigmate dans leur longueur. Chaque embryon devient une capsule oblongue (*b*) qui n'a qu'une loge; & chaque capsule est renfermée dans des alvéoles qui sont creusées dans le fruit, lequel a la forme d'un globe. C'est dans ces capsules que l'on trouve les semences qui sont oblongues (*c*) & terminées par un appendice membraneux.

Les feuilles de l'espèce n°. 1 ressemblent beaucoup à celles de l'Erable à feuilles de Platane; mais elles sont plus petites, & elles sont posées alternativement sur les branches.

Celles du n°. 2 sont longues, étroites, profondément laciniées, & elles ressemblent aux feuilles de l'*Asplenium* ou *Ceterac*.

ESPECES.

1. *LIQUIDAMBAR*. C. B. P. ou *Stirax arbor Virginiana Aceris folio*. Raii Hist.
   LIQUIDAMBAR de la Louysiane à feuilles d'Erable, ou LE COPALME.

2. *LIQUIDAMBAR foliis oblongis sinuatis*. Linn. Spec. Plant. ou *Myrica foliis oblongis alternatim sinuatis*. Linn. Hort. Cliff. ou *Gale-mariana Asplenii folio*. Pet. Mus.
   LIQUIDAMBAR à feuilles longues & découpées.

M. Peyssonel nous a envoyé des fruits d'une troisieme espece de Liquidambar, qu'il avoit reçue du Golfe de Boudron & de Stanchir. Ces fruits different de ceux du n°. 1, en ce que les boules sont moins grosses, & que les pointes qui terminent les enveloppes des semences sont beaucoup plus petites & plus déliées. D'ailleurs les semences qui nous sont venues du Levant sont bien plus fines que celles du n°. 1 qu'on nous envoie de la Louysiane.

CULTURE.

On multiplie l'espece n°. 1 par les semences qui nous sont envoyées de la Louysiane : cet Arbre aime la terre humide, & se plaît à l'ombre ; mais il faut avouer qu'on ne connoît pas encore bien ici la maniere de le cultiver ; car ceux que nous avons en France sont languissants. Je crois que cet arbre craint les fortes gelées.

M. Peyssonel, Consul à Smyrne, en nous envoyant les fruits de la troisieme espece dont je viens de parler, marquoit expressément que cet arbre croît, comme le Saule, le pied dans l'eau ; c'est ce qui m'a déterminé à planter l'espece n°. 1 dans cette position. Mais il n'y a que le temps qui puisse apprendre s'il réussira mieux ainsi.

Il ajoûte que dans les mêmes endroits il croît aussi des arbres tout semblables à ceux dont nous parlons, mais qu'il n'en découle point de résine : il nous promet sur cela des éclaircissements.

USAGES.

Les feuilles de l'arbre, n°. 1, sont d'un beau verd; & quand on les écrase, elles répandent une odeur fort agréable. Cet arbre fournit le Liquidambar des boutiques qui est une résine liquide, claire, tirant sur le jaune, qui nous est apportée de la nouvelle Espagne : cette résine pour être bonne doit avoir une odeur fort agréable. On dit que pour en faciliter le transport, on la fait quelquefois sécher au soleil ; alors c'est une résine concrete. On nous a envoyé de la Louysiane une résine liquide d'une odeur admirable. Le Liquidambar liquide, qui est le plus estimé, est regardé comme un excellent baume. Il passe pour émollient, maturatif, résolutif, détersif & antihystérique.

Les fruits que M. Peyssonel nous a envoyés pour être ceux de l'arbre qui donne le Storax, ont la forme de ceux du Liquidambar *Aceris folio*, qu'on nous envoie de la Louysiane.

Néanmoins on trouvera dans cet Ouvrage, au mot *Styrax*, un arbre d'un autre genre d'où cette résine aromatique découle; mais comme on vend dans les boutiques du Storax en larme, d'autre en pain, & d'autre liquide, ces différentes substances peuvent être produites par des arbres de différent genre : ce qui confirme dans cette opinion, c'est qu'un Voyageur m'écrit que le Storax en larme est fourni par un arbre dont il me donne la description, & qu'on ne peut douter être le *Styrax folio Mali Cotonei* ; & il me marque expressément que le Storax liquide est fort différent, & qu'il découle d'un arbre d'une autre espece.

Cet arbre est vraisemblablement celui dont M. Peyssonel nous a envoyé les fruits & des semences qui ont levé. Mais le Storax qui découle de cet arbre qu'on pourroit nommer le Liquidambar, est d'une odeur très-agréable & fort différent du Storax liquide de nos boutiques, que nous soupçonnons être une composition.

Le bois de l'arbre, n°. 1, est extrêmement souple; & quoiqu'il soit tendre, il se tourmente si prodigieusement en se séchant, qu'il n'est presque d'aucun usage. On ne l'emploie même guere pour brûler, parce qu'il répand une odeur trop forte. Néanmoins comme cette odeur est gracieuse lorsqu'elle est modérée, les Missionnaires en mettent dans leurs encensoirs en place d'encens.

Le Liquidambar, n°. 2, est un arbrisseau que quelques Auteurs ont pris pour un *Gale*; ses fruits sont aromatiques.

Fin du Tome premier.

LIQUIDAMBAR. N°. 1. Page 368*

Tome I. Pl. 139.

www.ingramcontent.com/pod-product-compliance
Lightning Source LLC
Chambersburg PA
CBHW060910220326
41599CB00020B/2912

* 9 7 8 2 0 1 2 7 7 3 8 1 3 *